SOCIÉTÉ NATIONALE D'ENCOURAGEMENT A L'AGRICULTURE.

COMPTE-RENDU DES TRAVAUX

DU

CONGRÈS BETTERAVIER

Tenu à Paris les 6 et 7 Février 1882

PUBLIÉ, AU NOM DU BUREAU

Par A. LADUREAU

Directeur de la Station agronomique du Nord et du Laboratoire régional de l'Etat,
Professeur d'agriculture à l'Institut industriel et agronomique,
Président du Comité de chimie de la Société industrielle du Nord de la France.

PRIX : **3 fr. 50**.

Séances des 6 et 7 Février. — Travaux annexés. —
Notes diverses.

LILLE

L. DANEL, IMPRIMEUR-EDITEUR

Rue Nationale.

—

1882.

COMPTE-RENDU DES TRAVAUX

DU

CONGRÈS BETTERAVIER

COMPTE-RENDU DES TRAVAUX

DU

CONGRÈS BETTERAVIER

Tenu à Paris les 6 et 7 Février 1882

PUBLIÉ, AU NOM DU BUREAU

Par A. LADUREAU

Directeur de la Station agronomique du Nord et du Laboratoire régional de l'Etat,
Professeur d'agriculture à l'Institut industriel et agronomique,
Président du Comité de chimie de la Société industrielle du Nord de la France.

Séances des 6 et 7 Février. — Travaux annexés. —
Notes diverses.

LILLE

L. DANEL, IMPRIMEUR-EDITEUR

Rue Nationale.

—

1882.

CONGRÈS BETTERAVIER

Lors de la distribution des prix et récompenses décernés par la *Société des Agriculteurs du Nord* aux cultivateurs qui avaient apporté les plus grandes améliorations à la culture de la betterave à sucre, il fut décidé par le bureau de la Société Nationale d'Encouragement à l'agriculture, d'accord avec celui de la Société des Agriculteurs du Nord, que l'on réunirait à Paris en un Congrès qui aurait lieu au mois de Février, les représentants de la Culture et ceux de l'Industrie sucrière ; le but de cette réunion devait être de discuter, d'étudier en commun toutes les conditions de la production de la betterave à sucre, l'amélioration de cette racine au point de vue des intérêts agricoles et industriels et enfin, tout ce qui pouvait amener un grand développement de cette culture.

C'est dans ce but que la lettre de convocation suivante fut adressée à tous les présidents de Comices et Sociétés agricoles de la région betteravière.

SOCIÉTÉ NATIONALE
D'ENCOURAGEMENT A L'AGRICULTURE
56, rue Basse-du-Rempart
BOULEVARD DES CAPUCINES

Paris, le 15 janvier 1882.

« Monsieur le Président et cher collègue,

» La culture industrielle de la betterave, qui est la base de la
» production intensive du blé et de la viande, a éprouvé dans ces
» dernières années un temps d'arrêt.

» Les causes en sont complexes. On peut citer les droits de
» régie exorbitants qui pesaient sur la fabrication du sucre, la

» concurrence extérieure surexcitée par les primes d'expor-
» tation, et l'imperfection de la culture.

» De ces divers obstacles, le premier a été abaissé par le
» dégrèvement ; le second paraît devoir faire l'objet d'une pro-
» chaine révision de tarifs internationaux ; quant au troisième ,
» l'imperfection de la culture, il doit être résolument abordé
» par l'initiative individuelle du producteur secondé par les
» Sociétés et Comices agricoles.

» Dans le courant de l'année 1881, la Société des agriculteurs
» du Nord, de concert avec la Société nationale d'Encourage-
» ment à l'Agriculture, a organisé un concours entre les culti-
» vateurs des sept arrondissements du Nord. L'objet de ce
» concours, vous le savez, était de provoquer la production d'une
» betterave riche en sucre, en vue de généraliser le mode
» d'achat à la densité. .

» Les essais pratiqués par près de cinq cents concurrents ont
» démontré que ce desideratum pouvait être obtenu, comme
» l'attestent les résultats proclamés à la distribution des récom-
» penses de Lille.

» Il a paru utile de généraliser les enseignements dus à la
» féconde initiative de la Société des agriculteurs du Nord.

» Dans ce but, la Société nationale d'Encouragement à l'Agri-
» culture, qui est déjà entrée dans la voie pratique des Congrès
» spéciaux, a décidé, d'accord avec la Société des agriculteurs
» du Nord, qu'elle réunirait dans un Congrès betteravier, les
» représentants des régions où la culture de la betterave est
» ou peut être utilement développée.

» Elle espère, Monsieur le Président, que votre Société
» voudra bien s'y faire représenter par des délégués.

» Veuillez agréer, Monsieur le Président, l'assurance de
» otre considération la plus distinguée.

» Le Sénateur, Président
de la Société nationale d'Encouragement
» à l'Agriculture ,

» Le Secrétaire général,

> DE LAGORSSE.   FOUCHER DE CAREIL. »

PROGRAMME DU CONGRÈS.

1° Études des principales conditions de la culture de la bette-rave, choix des graines, sélection : — labours, engrais ; — semailles, leur époque, soins à y apporter ; — écartement des plants ; — expériences faites à ce jour.

2° Des divers modes d'achat des betteraves, à la densité, à la richesse saccharine ; recherche des betteraves les plus propres à sauvegarder les intérêts du producteur et du fabricant.

3° Rédaction des compromis de vente des betteraves.

4° Valeur de la pulpe, au point de vue de l'alimentation du bétail.

5° Questions relatives à la législation des sucres. Impôts, droits de douane, tarifs de transport, etc.

6° Comment remédier aux inconvénients résultant des primes obtenues indirectement par les producteurs allemands, belges et autrichiens.

7° Etude des conditions les plus convenables pour favoriser le développement de la culture de la betterave et de l'industrie du sucre.

Le Congrès se réunit donc à Paris dans les vastes salons de l'Hôtel Continental, le lundi 6 et le mardi 7 février. On lira plus loin le compte-rendu sténographique de ces deux intéressantes séances.

A deux heures, **M. Caze**, député, qui occupe le fauteuil de la présidence, déclare la séance ouverte, et s'adresse en ces termes à l'Assemblée :

Messieurs, j'ai un très pénible devoir à remplir : celui de vous apprendre que notre cher Président de la Société nationale d'encouragement à l'agriculture, M. Foucher de Careil, se trouve empêché par une indisposition soudaine, de présider à l'ouverture de ce Congrès ; je vais vous donner lecture de la lettre que je viens de recevoir de lui :

Paris, le 6 février 1882.

« Monsieur et cher vice-président,

« Je me trouve, par suite d'une indisposition, dans l'impossi-
» bilité d'ouvrir la première séance du Congrès betteravier,
» comme je l'avais espéré jusqu'au dernier moment. Je me soigne
» pour être sur pied demain ou mercredi pour notre assemblée
» générale.

» Je vous prie d'être mon interprète auprès des délégués qui
» ont bien voulu répondre à l'invitation de la Société nationale
» d'encouragement à l'agriculture ; qu'ils reçoivent nos sincères
» remerciements pour l'empressement avec lequel ils ont
» accueilli cette invitation.

» Ce Congrès spécial laissera, j'en ai l'assurance, une trace
» brillante dans les fastes de l'industrie agricole. Il réunit les
» notabilités de la science et de l'industrie, des membres auto-
» risés des Sociétés d'agriculture et des Comices, des délégués
» du Comité central des fabricants de sucre. Il est impossible que
» de la discussion dans de telles conditions d'autorité et d'impar-
» tialité ne jaillisse pas la lumière.

» Je suis heureux de penser que la séance d'ouverture sera

» présidée par l'ancien Sous-secrétaire d'État au ministère de
» l'agriculture,

Messieurs, je n'avais pas lu cette lettre avant de vous
en donner connaissance,

» par un des Vice-présidents de la Société nationale. Nous
» étions ensemble à la distribution des récompenses à Lille à
» la suite du concours institué dans le département du Nord.
» Depuis lors, des événements imprévus ont modifié l'aspect
» de la politique, mais l'institution que nous devions au prési-
» dent du Conseil du ministère précédent est maintenue. Le
» ministère de l'agriculture reste heureusement debout.

» Je vous envoie la lettre que je viens de recevoir de M. de
» Mahy, Ministre de l'Agriculture dans le nouveau Conseil. Elle
» est de nature à lui plaire, car elle lui prouvera que la tradition
» se renoue et que les intentions sont les mêmes en haut lieu.

» Je souhaite encore la bienvenue à Messieurs les délégués au
» Congrès betteravier et vous prie d'agréer mes affectueux
» compliments. »

Le Président de la Société nationale
d'encouragement à l'agriculture,

A. FOUCHER DE CAREIL.

Voici maintenant, Messieurs, la lettre qui m'est annoncée par
M. Foucher de Careil, et que lui a adressée M. de Mahy
Ministre de l'agriculture :

» Paris, le 5 février 1882.

« Monsieur le président et cher sénateur,

» J'aurais été bien heureux de pouvoir me rendre à l'invi-
» tation que vous me faites l'honneur de m'adresser au nom
» de la Société Nationale d'Encouragement à l'agriculture.
» Vous avez bien voulu m'en dire quelques mots dans l'entre-
» tien que j'ai eu l'avantage d'avoir avec vous ces jours derniers,
» et je vous avais promis d'être des vôtres. Je ne prévoyais
» pas hélas ! le deuil qui me frappe en ce moment. Vous con-
» naissez les liens qui m'unissaient à M. La Serve. Vous com-
» prendrez donc ma douleur et vous m'excuserez.

» Je vous prie d'être mon interprète auprès de la Société et
» des Agriculteurs. Veuillez leur exprimer mes regrets, les

» assurer de mon dévouement et leur dire que tout ce que j'ai
» de bonne volonté est au service des grands intérêts qui me
» sont confiés.

» Agréez, Monsieur le Président et cher Sénateur, l'assu-
» rance de ma haute considération et de mes meilleurs senti-
» ments »

Le Ministre de l'Agriculture,

De Mahy.

Après ces lettres émanant d'autorités politiques et agricoles, j'ai à vous donner communication, Messieurs, d'une autre
lettre qui nous apporte les regrets d'une autorité purement
scientifique, celle de M. Grandeau, doyen de la Faculté des
sciences de Nancy.

Nancy, le 3 février 1882.

« Mon cher président et ami,

« Il m'est absolument impossible de m'absenter en ce moment;
» j'ai des affaires urgentes de *service* qui me retiennent ici impé-
» rieusement.

» Deux maîtres de conférences de la Faculté viennent d'être
» appelés comme professeurs à Dijon et à Montpellier. Il faut les
» remplacer et m'occuper de leur trouver des successeurs ; j'ai
» deux réunions officielles de la Faculté, demain et lundi, et je
» ne puis me dispenser de les présider ni les ajourner. Le
» Ministère de l'Agriculture est maintenu, c'est un grand point
» pour le succès de nos idées. Excusez-moi auprès de nos collè-
» gues et croyez à mon vif et sincère attachement.

L. Grandeau.

M. Caze prononce ensuite l'allocution suivante :

Avant que les discussions ne s'ouvrent, je désire inviter le
Congrès à constituer son bureau.

La Société Nationale d'Encouragement à l'Agriculture a pris
l'initiative du Congrès, mais elle n'entend pas en avoir le
monopole ; nous sommes dans une réunion absolument libre, et
la liberté des réunions se traduit, comme première manifesta-
tion, par la constitution d'un bureau. Par conséquent, Messieurs, je vous proposerai de désigner un certain nombre de

vice-présidents, qui prendront à tour de rôle, selon leurs convenances respectives, la direction de nos débats ; comme plusieurs régions de la France sont représentées ici, je crois qu'il serait utile que les personnes appartenant à chacune de ces régions voulussent bien se concerter pour désigner, par chaque groupe, un certain nombre de nos vice-présidents.

Je sais qu'il est assez difficile pour une réunion de faire ainsi des choix *ex-abrupto* ; aussi m'excuserez-vous, peut-être, Messieurs, de vous donner quelques indications, que je vous prie de considérer uniquement comme des indications.

Nous avons ici, en première ligne, et comme organisateurs du Congrès, les représentants de la Société des Agriculteurs du Nord. Je suis convaincu que la Société adhérera à l'idée d'appeler à son bureau plusieurs membres de cette importante Société ; je me permettrai de désigner notamment son président actuel, M. Tellicz, son président de l'année dernière, M. Macarez, et l'honorable M. Vion. *(Approbation)*.

Voilà pour le Nord ; il faut maintenant choisir dans le Centre.

Nous avons ici des représentants de l'Industrie betteravière des départements de Seine-et-Oise et de Seine-et-Marne, par exemple, ainsi que des représentants de la même industrie dans l'Ouest ; nous désirerions que quelques-uns de ces Messieurs voulussent bien aussi prendre place au bureau.

Plusieurs voix. M. Decauville !

M. le Président. J'entends prononcer le nom de M. Decauville ; je le présente à vos suffrages comme vice-président *(Adhésion)*. — Quel sera le représentant de la région de l'Ouest ?

Plusieurs voix. — M. le vicomte de Lambilly !

M. le Président. Je présente aussi M. le Vicomte de Lambilly. *(Assentiment)*.

Ces choix ayant obtenu l'approbation du Congrès, j'invite les personnes qui en ont été l'objet à prendre place au bureau, pour nous assister de leur expérience et de leurs conseils.

M. Vion. Je demande la permission de dire un mot : nous sommes ici à un autre titre que celui d'agriculteurs ; la plupart d'entre nous sont bien des agriculteurs, c'est vrai; mais ils ont été aussi envoyés au Congrès comme délégués du Comité central des fabricants de sucre. A ce titre, je me permettrai de décliner l'honneur qu'on a bien voulu me faire, et je resterai où je suis, au milieu de mes collègues, afin que, si la discussion rend nécessaire une observation de la part de notre groupe qui représente l'élément industriel, je puisse la préparer avec eux. Nous assistons au Congrès avec toute déférence et toute sympathie, mais nous désirons ne pas prendre de rôle actif dans la direction des débats. Nous sommes les fils de l'agriculture, et, en enfants bien élevés et déférents, nous laisserons volontiers la parole à nos grands parents.

M. le Président. Nous ne pouvons que prendre note de la déclaration que vient de faire M. Vion; et puisqu'il préfère prendre une part qui sera évidemment très féconde, à la discussion au lieu de la diriger, nous ne pouvons aussi qu'en être très satisfaits.

Dès lors le nombre des vice-présidents, par suite du refus de M. Vion......

M. Vion. Non, pas du refus, M. le Président, mais de l'impossibilité......

M. le Président. .... de l'impossibilité morale où se trouve M. Vion d'en faire partie, le bureau se trouve composé de quatre membres, ce sont MM. Telliez, Macarez, Decauville et de Lambilly.

(Ces Messieurs prennent place au bureau).

Il s'agit maintenant pour le Congrès de désigner des Secrétaires; je prendrai la liberté de lui signaler MM. Dubar, secrétaire-général de la Société des Agriculteurs du Nord, et Ladureau, le savant directeur de la Station agronomique du Nord; ce sont des plumes très exercées en ce qui touche les questions sucrières et betteravières. — et pour bien d'autres questions aussi, bien entendu, — mais c'est surtout à ce point de vue que nous faisons appel aujourd'hui à leur talent.

M. Dubar. Ne serait-il pas plus naturel de désigner un secrétaire appartenant à la Société Nationale d'Encouragement à l'Agriculture ? Je me permettrai de nommer M. de Lagorsse, Secrétaire général de cette Société ; il réside à Paris, et d'ailleurs il saura diriger ce travail bien mieux que nous.

M. de Lagorsse. Messieurs, je n'ai pas assurément toute la compétence que l'on m'attribue. *(Mais si ! mais si !)*. Cependant, je serai à la disposition du Congrès.

D'ailleurs, notre tâche sera facilitée par la présence d'un sténographe qui recueillera tous les discours, toute la discussion ; j'espère qu'ainsi nous pourrons former un volume des délibérations de ce Congrès.

Par conséquent, c'est plutôt pour nous aider dans la besogne administrative du présent Congrès que pour rédiger ses procès-verbaux, que nous venons prier MM. Dubar et Ladureau de s'asseoir au bureau, sauf à prendre part à la discussion quand il leur plaira de le faire.

M. Dubar. M. Ladureau et moi voulons bien accepter ces fonctions ; mais nous sommes seulement de passage à Paris, et nous ne pouvons pas nous charger d'une grande somme de travail de rédaction, surtout après les séances.

M. Ladureau. Je me permettrai une observation : nous appartenons tous deux à la Société des Agriculteurs du Nord ; il serait peut-être préférable de choisir M. Dubar et un membre d'une autre société ?

M. le Président. Je proposerai alors un nom bien connu de tous les betteraviers : celui de M. Vilmorin. *(Assentiment)*.

M. Vilmorin. Je demande à n'accepter aucune fonction, pour garder, moi aussi, la liberté de mon temps et de ma parole : je compte intervenir dans la discussion.

M. le Président. Messieurs, en présence de cette grève de la modestie, on ne sait comment constituer le bureau ; par conséquent, nous serons obligés de faire violence à MM. Ladureau et Dubar ; le Congrès leur pardonnera volontiers leur qualité de membres de la Société des Agriculteurs du Nord, qualité qui nos yeux, devient un titre. Je les invite donc à venir siéger, et je vous invite, Messieurs, à les y engager par un vote, car il faut absolument l'autorité du Congrès, — la mienne ne suffirait pas — pour les décider à accepter ces fonctions.

(Le Congrès vote, à l'unanimité, pour la nomination de MM. Dubar et Ladureau aux fonctions de secrétaires. Ces MM. prennent place au bureau).

M. le Président. La discussion est ouverte.

M. Macarez. Je demande la parole.

M. le Président. La parole est à M. Macarez.

M. Macarez. Messieurs, au nom de la Société des Agriculteurs du Nord et du Conseil général du département du Nord, j'ai un dépôt de documents à faire sur le bureau du Congrès ; ces documents se rapportent tous à l'objet de ses délibérations. La lecture complète en serait un peu longue, mais si vous le permettez, Messieurs, j'en lirai quelques extraits. *(Lisez ! lisez !)*

Je donnerai connaissance d'abord d'un extrait d'un rapport sur la culture de la betterave et l'industrie sucrière dans l'arrondissement de Cambrai. Cette industrie y est née en 1826, et le travail a été fait en 1875.

> « *Des quarante usines, qui ont été construites pendant les cinq*
> » *périodes décennales de la fabrication du sucre, dans l'ar-*
> » *rondissement de Cambrai, huit ont complètement disparu.*
> » *Il n'en restait, en 1875, que trente-deux.*

> » De 1826, époque de la création de la première fabrique de
> » sucre, à 1835, l'arrondissement de Cambrai ne compte que
> » neuf usines qui s'y sont établies successivement.
> » Ces usines ne travaillent ensemble que 14 millions de kilo-
> » grammes de betteraves. Elles ne produisent, pour la consom-
> » mation, que 700.000 kilos de sucre. Les pulpes et les mélasses
> » sont peu utilisées et ne produisent, par conséquent, ni viande,
> » ni alcool. A peine un quart de ces usines ont, comme moteur,
> » des machines à vapeur.

» Elles ne donnent au Trésor qu'un revenu insignifiant basé
» sur les quatre contributions directes, et la culture de la Bette-
» rave ne s'étend que sur 360 hectares.

» Les terrains cultivables ne se paient que 3.000 francs l'hec-
» tare. La production du blé n'est que de 400.000 hectolitres et
» les nourrisseurs n'ont dans leurs étables que 18.000 têtes de
» bétail.

» En 1875, il existe dans l'arrondissement de Cambrai trente-
» deux usines ; plusieurs ont des raperies comme annexes et ont
» une importance telle que l'une d'elles, celle d'Escaudœuvres,
» près Cambrai, se trouve être la plus importante des usines qui
» ont été construites à ce jour dans le monde entier.

» Ces usines sont mues par 237 machines à vapeur représen-
» tant une force de 3.248 chevaux-vapeur et elles consomment
» annuellement 93.900 tonnes de charbon.

» Elles occupent pendant l'hiver plus de 7.000 ouvriers à qui
» elles paient près de 4 millions de salaires.

» Elles ont mis en œuvre, en 1875-1876 : 694.580 000 kilos de
» betteraves qui ont donné à la culture 173.750.000 kilos de
» pulpe, soit de quoi produire plus de 1.700.000 kilos de viande.

» Elles ont produit 38.474.365 kilogrammes de sucre, soit *la
» douzième partie de la production générale en France*, et
» 24.525.000 kilogrammes de mélasse représentant 60.000 hec-
» tolitres d'alcool à 100°.

» Cette production provient de l'ensemencement en betteraves
» de 17.755 hectares de terre dont 13.363 hectares cultivés dans
» l'arrondissement de Cambrai.

» Les Fabricants de sucre de l'arrondissement de Cambrai ont
» payé aux cultivateurs : 16 millions de francs ; à divers : 9 mil-
» lions, et ont procuré au Trésor une recette d'environ 49 millions
» d'impôts directs ou indirects.

» La terre, qui ne se payait en 1835 que 3.000 francs l'hectare,
» valait en 1875, pour les terres propres à la culture de la bette-
» rave, de 7 à 8.000 francs l'hectare.

» La production du blé s'élevait au chiffre de 684.416 hecto-
» litres et on entretenait dans les étables de l'arrondissement
» plus de 32.500 têtes de gros bétail.

» De l'avis de tout el monde, cette prospérité est due à l'In-
» dustrie sucrière.

» De ces faits il résulte, et la statistique du Cambrésis l'a

» démontré, que dans les communes où se sont installées des
» fabriques de sucre, la propriété a presque doublé de valeur, et
» que la production du blé et du bétail y a gagné considérablement
» en quantité et en qualité ; que l'ouvrier y vit mieux, y est mieux
» logé et que la population, au lieu de décroître, a augmenté.

» Des routes, des chemins de fer se sont construits pour desser-
» vir ces localités et le tableau de la circulation générale, dressé
» en 1869 par M. Raillard, Ingénieur en chef du département,
» démontre que c'est dans le canton de Solesmes, là où il y a le
» plus de fabriques de sucre, que la circulation est la plus active
» de tout le département (sur certaines routes circulent, en
» vingt-quatre heures, 2.462 colliers).

» L'industrie sucrière a donné naissance à une foule d'autres
» industries dont l'existence dépend uniquement de sa prospérité.

» Cette industrie représente dans l'arrondissement de Cambrai
» un capital de 25 millions de francs. »

Je puis mettre sous les yeux des membres de cette assemblée
les tableaux qui représentaient l'état de prospérité de l'arrondissement de Cambrai ; depuis 1875, cette prospérité a disparu
absolument ; et nous sommes en voie de retourner vivement
vers 1826. La preuve s'en trouve dans un rapport lu au Conseil
général en août 1879 ; il y est dit :

« III. — Les Conseils d'arrondissement dans leur dernière
» session, ont émis des vœux en faveur de l'agriculture et des
» industries qui s'y rattachent, entre autres :

» Celui de Dunkerque demande l'établissement d'un droit
» compensateur qui permette à l'agriculture de résister à l'afflux
» des céréales qui lui viennent de l'étranger.

» Celui de Cambrai : Que, dans les tarifs de douane actuel-
» lement à l'étude dans les Chambres, il soit tenu compte de
» la situation de plus en plus mauvaise de l'agriculture fran-
» çaise, et que celle-ci soit traitée sur le pied d'égalité avec
» l'industrie. « Libre-échange pour tous ou protection égale. »

» Celui de Valenciennes :

» 1° Que la loi sur les bouilleurs de cru, qui donne à ceux-ci
» des avantages exorbitants au détriment du trésor public, et
» crée aux distillateurs du Nord une concurrence déloyale, soit
» abrogée ;

» 2° Que les sucres étrangers, belges, hollandais, allemands,
» russes, autrichiens, etc. : jouissant dans leurs pays respec-
» tifs de primes considérables, tant à l'intérieur qu'à l'exportation,
» soient imposés, à leur entrée en France, de droits compensa-
» teurs sous forme de surtaxe, que le projet de tarif général
» des douanes soit modifié en conséquence, et surtout qu'à
» l'importation, les poudres blanches soient, comme auparavant,
» assimilées aux raffinés ;

» 3° Que le projet de loi sur le vinage et le sucrage des vins,
» présenté par le Gouvernement, mais rejeté par la Chambre des
» Députés, soit repris de nouveau en y ajoutant la faculté de
» sucrage pour la fabrication de la bière et des boissons fermen-
» tées en général ;

» 4° Que les sucres soient dégrevés des droits énormes
» auxquels ils sont imposés et qui sont certainement un obstacle
» au développement de la consommation. »

....

·« Les bureaux de bienfaisance, les hospices, sont généralement
» dotés, dans le Nord, de nombreuses parcelles de terre ; c'est de
» la location de ces terres que ces établissements hospitaliers
» tirent les 9/10 des ressources dont ils ont besoin pour accomplir
» leur œuvre de bienfaisance.

» Ou il faut conserver ce revenu, ou il faut renoncer à secourir
» tout ou partie des malheureux, malades et indigents.

» Eh bien, depuis quelques années, le renouvellement des baux
» de location de ces terres avait fait baisser, dans de notables pro-
» portions, le revenu de ces hospices ; aujourd'hui, cette baisse
» s'accentue tellement. qu'elle est devenue désastreuse pour eux.

» Les Hospices de Valenciennes, par exemple, avaient cette
» année à renouveler les baux de 164 hectares 52 ares 17 centiares
» de terres. divisés en 133 parties situées dans 21 communes de
» l'arrondissement de Valenciennes. La location publique avait
» été fixée au 22 juin dernier, et pour parer à la diminution des
» offres prévues, on avait modifié le cahier des charges tout en
» faveur des cultivateurs.

» Malgré cela, sur les 133 parties de terre à relouer, 78 seule-
» ment ont trouvé preneurs, avec une réduction de plus de 20 %
» sur la location précédente. faite il y a 9 années ; le reste, soit
» 55 parties, n'a pu être reloué !

» Et c'est dans l'arrondissement de Valenciennes, le plus

» renommé jadis par sa culture intelligente et de premier ordre,
» que ces faits se passent ; on pourrait même y citer des communes
» où, depuis plusieurs années, il y a des terres incultes !

» Cette renommée de l'arrondissement de Valenciennes est
» tellement incontestable, qu'elle était encore rappelée cette
» année, lors du Concours régional de Lille, vis-à-vis le premier
» magistrat de notre département, par le représentant au concours
» du Ministre de l'agriculture et du commerce.

» Ce représentant citait la culture de cette partie de la région
» du Nord comme devant être prise pour modèle, et voilà ce qui
» s'y passe ! »

....

Messieurs, je tenais à faire le dépôt de ces documents, dont
je n'ai lu qu'une partie, mais qui sont à la disposition de ceux
qui voudront en prendre connaissance, pour bien faire comprendre, surtout aux personnes étrangères à la région du Nord,
l'importance du Congrès betteravier.

M. le Président. Je remercie M. Macarez de sa communication ; les documents en question seront annexés au procès-verbal
de la séance. D'après l'ordre des inscriptions, la parole est à
M. Dubar.

M. Gustave Dubar, *Secrétaire général de la Société des
Agriculteurs du Nord.* Messieurs, la Société des Agriculteurs
du Nord s'est beaucoup occupée depuis sa création de la culture
de la betterave ; elle a organisé, l'année dernière, un concours
dans le but de récompenser les cultivateurs qui seraient arrivés
à produire une betterave satisfaisante à la fois pour le cultivateur
et pour le fabricant de sucre. Elle attend beaucoup de ces concours qui vont être continués pendant plusieurs années ; elle
considère qu'ils peuvent être fort utilement pratiqués sur d'autres
points du territoire.

C'est pour cette raison qu'elle m'a chargé de vous dire pourquoi
et comment ils ont été organisés.

Lors de la crise agricole qui a si vivement éprouvé nos campagnes, dans ces dernières années, la Société réunit, en un
Congrès ouvert à tous, les cultivateurs de la région du Nord, et
essaya de trouver avec l'aide des plus compétents, les moyens
de préparer à l'agriculture des années moins désastreuses.

L'une des principales conclusions votées par ce Congrès portait que la culture de la betterave étant le pivot de l'agriculture progressive, des mesures devaient être prises pour en favoriser le développement et pour sauver de la ruine les industries qui la travaillent.

Il n'est pas nécessaire de connaître à fond l'agriculture du Nord pour savoir que la culture de la betterave y joue un rôle considérable, que c'est dans les arrondissements où cette culture s'est le plus développée que le paysan est le plus riche ; c'est là que la terre a acquis une valeur autrefois inconnue.

C'est que la culture de la betterave n'est pas seulement par elle-même une culture très rémunératrice, elle est encore le point de départ de toutes les autres. Elle ne réussit que par un travail raisonné du sol et elle oblige le cultivateur à adopter des assolements excellents. Les cultures qui suivent celle de la betterave, et notamment le blé, peuvent se passer d'engrais, et c'est ce qui nous permet d'affirmer que le seul moyen de ne pas créer des droits de douane élevés sur les céréales, c'est de provoquer le développement de la culture de la betterave et de mettre cette culture dans des conditions telles qu'elle gagne les engrais et la main-d'œuvre dont le blé bénéficiera l'année suivante.

C'est ainsi qu'on peut éviter d'imposer les céréales, la nourriture du pauvre, que nous souhaitons de voir entrer librement, mais non pas jusqu'à ruiner la culture indigène et à mettre nos approvisonnements de la denrée la plus indispensable à l'alimentation publique à la merci de l'étranger.

. La betterave ne donne pas seulement le blé à bon marché, elle donne encore la viande. Le résidu de la fabrication du sucre, la pulpe, sert pendant l'hiver d'alimentation au bétail, et remplace avantageusement les fourrages, qui sont toujours d'un prix élevé. Aussi pouvons-nous chaque année faire venir de tous les points de la France une grande quantité de bétail maigre que nous livrons à la consommation, après l'avoir engraissé pendant la période de la fabrication du sucre.

Cette fabrication s'effectue fort heureusement pendant les mois d'hiver ; elle donne au paysan, pendant cette période de chômage, un travail bien rémunéré, elle l'empêche de déserter les champs et d'aller augmenter le nombre des déclassés des grandes villes.

Vous comprenez, maintenant, Messieurs, l'importance que

notre Société attache à la culture de la betterave, à son développement, à son amélioration. Vous vous expliquez l'émotion dont elle fut saisie, lorsqu'elle reconnut que cette culture merveilleuse allait décroissant.

En effet, en 1879 et 1880, la France ne produisait guère que 300.000 tonnes de sucre, alors que la production avait atteint 462.000 tonnes en 1873, et qu'elle eût dû s'élever à 600.000 tonnes si le mouvement progressif d'avant 1860 s'était continué.

. L'effet dans les campagnes de la décroissance de cette culture fut très rapide : la terre diminuait de valeur, les baux mis en adjudication par les admintstrations des Hospices subissaient des réductions importantes, des terres autrefois disputées et payées à prix d'or ne trouvaient plus preneurs.

Il fallait conjurer au plus vite un mal aussi grave, et la Société des Agriculteurs s'empressa d'en rechercher les causes :

C'étaient d'abord des droits de régie écrasants, qui formaient comme un obstacle invincible au développement de la consommation du sucre ;

C'était la concurrence extérieure, singulièrement surexcitée par les primes d'exportation, plus ou moins déguisées, qu'obtiennent à la sortie de plusieurs pays d'Europe nos concurrents les plus sérieux et qui ne trouvent pas leur compensation dans nos droits d'entrée ;

C'est aussi l'imperfection de la culture qui a pour résultat de surélever le prix de revient du sucre indigène, ce qui donne plus de prise à la concurrence étrangère.

Nous avons couru au plus pressé et dès le mois de janvier 1880, joignant nos efforts à ceux du Comité des fabricants de sucre, nous allions demander à M. Magnin, alors ministre des finances, un large dégrèvement. Nous garderons longtemps le souvenir de cette entrevue, dans laquelle l'honorable ministre, saisissant toute l'importance de la question qui lui était soumise, promettait de consacrer immédiatement les magnifiques excédants que donne le budget de la France, à l'amélioration du sort des cultivateurs. Ce sera, nous dit-il en terminant, pour le 1er janvier prochain.

Ce fut pour le 1er octobre de la même année ; le ministre des finances avait tenu sa promesse, et trois mois avant la date qu'il s'était fixée à lui-même, il abaissait des 3 septièmes la taxe intérieure sur les sucres. L'agriculture du Nord en sera éternellement reconnaissante à ce ministre de la République, et le nom de M. Magnin ne sera pas oublié.

Le dégrèvement des sucres n'était pas seulement une œuvre utile pour nos campagnes, un soulagement réel pour le consommateur, c'était encore une habileté économique. En effet, l'abaissement de ce droit sur le sucre a provoqué en un an une consommation telle que les chiffres de 1881 dépassent de 28 % ceux de 1880 ; avant peu le droit de 40 fr. rapportera au Trésor autant et davantage que le droit de 73 fr.

Mais il ne faut pas que le gouvernement s'arrête dans la voie où il est entré ; un droit de 40 fr., c'est encore une surélévation de plus de 60 % de la valeur du produit : c'est trop. L'Angleterre a supprimé complètement son droit sur les sucres, comprenant qu'il y avait là une question d'hygiène pour le pays ; il en est résulté un développement énorme de la consommation : l'Anglais consomme 26 kilog. de sucre par année, tandis que le Français n'en consomme guère que 8 kilog. Une nouvelle réduction du droit peut donc être réalisée à bref délai, sans danger pour le Trésor, au grand avantage de la culture, et nous souhaitons qu'elle soit aussi large et aussi prochaine que possible. Mais si ce dégrèvement, que les données de la statistique recommandent autant que les intérêts du consommateur, ne pouvait être immédiatement réalisé, nous réclamerions l'abaissement à 20 fr. des droits afférents aux sucres employés au sucrage des vendanges, du cidre, des poirés et à la fabrication de la bière.

Le droit sur le sucre largement abaissé, on peut sans inconvénient renoncer à ces classifications compliquées qui, tout bien établies qu'elles soient, laissent toujours la porte ouverte à la fraude, pour n'avoir plus qu'un droit unique ; c'est alors que la fabrique de sucre, n'ayant plus intérêt pour mieux vendre à fabriquer des produits de basse qualité, améliorerait dans une mesure inappréciable ses procédés de fabrication et produirait presque des raffinés.

Comme la réduction du droit, la compensation loyale et rigoureuse à la frontière des primes d'exportation dont bénéficient les sucres que nous envoient la Belgique, la Hollande, l'Autriche et l'Allemagne, s'impose au législateur, et on se demande quels peuvent bien être les motifs qui retardent si longtemps la solution d'un problème aussi simple.

Nous réclamons la lutte à armes égales; nous la refusera-t-on longtemps encore ?

Mais j'ai hâte, Messieurs, d'arriver à la troisième cause générale de la diminution de la culture de la betterave, celle qui nous a amenés à créer le concours dont j'ai tout spécialement à vous entretenir.

La qualité de la betterave produite en France tend à diminuer. Un fabricant de l'arrondissement de Cambrai, qui a relevé soigneusement les densités moyennes des betteraves qu'il a travaillées chaque année, constate que :

$$de\ 1851\ à\ 1861\ la\ densité\ était\ de\ 5°22$$
$$1861\ à\ 1871\ de \qquad 5°29$$
$$1871\ à\ 1876\ elle\ tombe\ à \qquad 4°95$$
$$1876\ à\ 1880\ elle\ baisse\ encore\ à\ 4°50$$

La décroissance est bien marquée et d'autant plus grave que, dans les pays étrangers qui nous font concurrence, le rendement de la betterave va sans cesse augmentant. Nous ne retirons plus que 5 % de sucre de betterave, dit M. Georges, l'honorable président du Comité des fabricants de sucre, et nos concurrents d'Allemagne en retirent à peu près 10. Quand le mal est arrivé à ce degré d'acuité, il est dangereux de le dissimuler un seul instant, il faut le guérir et aller droit aux grands remèdes.

Si les cultivateurs ont laissé peu à peu tomber la qualité de la betterave, c'est qu'ils ont été amenés à ce résultat par leur intérêt apparent, sinon par leur intérêt réel.

La vente de la betterave se fait au poids, et le cultivateur est conduit tout naturellement à planter de préférence les espèces qui donnent le plus de poids à l'hectare. Aussi avons-nous vu le rendement en poids atteindre 90.000 kilos à l'hectare et même dépasser ce chiffre fabuleux. Ces poids énormes ne sont obtenus qu'au détriment du sucre, et le fabricant ne travaille qu'à perte ces racines qui paraissent avoir été préparées dans un tout autre but que la fabrication du sucre.

Dans les premiers temps, le cultivateur acceptait plus facilement la graine du fabricant, qui choisissait naturellement la plus riche en sucre ; mais, comme nous le disait naïvement un cultivateur, on apprend plus vite à gagner qu'à perdre, et on n'a pas tardé à savoir qu'avec une espèce différente, le voisin avait obtenu quelque 10.000 kilogr. de plus à l'hectare, et qu'il avait gagné bien davantage, quoique sa betterave fût beaucoup moins riche en sucre.

A qui la faute, sinon au fabricant qui payait d'un prix égal la betterave d'un bon rendement et la betterave d'un rendement médiocre?

On en est donc arrivé à rechercher uniquement la betterave qui donne du poids, au grand détriment du fabricant, au grand détriment de la culture elle-même, qui a pensé en périr.

Une commission spéciale composée par moitié de cultivateurs et de fabricants et présidée par un savant chimiste, dont la fabrique et la culture proclament la compétence, M. Corenwinder, rechercha avec le plus grand soin le moyen de remédier au mal. Toutes les sociétés de la région, toutes les notabilités agricoles furent consultées : toutes condamnèrent le mode de vente actuel, qui est défectueux et qui provoque entre la culture et la fabrique un antagonisme des plus regrettables. Toutes déclarèrent qu'il fallait que le cultivateur fût amené par son propre intérêt à fabriquer de la betterave riche et qu'il fallait qu'on lui en payât la qualité.

Cette commission examina les diverses conditions de vente qui lui furent proposées, et après un long et consciencieux examen, elle donna la préférence à l'achat à la densité, qui a le grand avantage d'être simple, pratique, facilement compréhensible, malgré un certain appareil scientifique, et qui, depuis longtemps, est accepté par un assez grand nombre d'intéressés.

Je ne vous dirai pas, Messieurs, comment on procède pour établir rapidement la densité de la betterave ou plutôt du jus qui en est extrait : la Société a fait préparer une brochure dans laquelle tous ces renseignements sont donnés avec la plus grande clarté ; elle y joint des explications sur la graine, aujourd'hui préparée dans plusieurs établissements qui ont poussé jusqu'à ses dernières limites la recherche des meilleures semences, et qui font l'honneur de l'industrie agricole du Nord.

Pour propager les bons procédés de culture, pour provoquer l'adoption par tous les fabricants et cultivateurs de l'achat et de la vente à la densité, notre société a décidé d'organiser un concours et elle en a fixé en ces termes le but et les conditions :

Récompenser les cultivateurs qui auraient pratiqué la culture de la betterave à sucre dans les conditions les plus propres à donner satisfaction à la fois aux intérêts du producteur et à ceux du fabricant ;

Les instituteurs qui auraient le plus fait pour vulgariser l'usage du densimètre, comme ceux qui se seraient livrés à des expériences de culture ayant pour objet de faire reconnaitre quelles seraient les betteraves les plus propres à réaliser, dans le sol de la commune à laquelle ils appartiennent, le meilleur rendement en poids et en sucre.

Déjà, nous avons adressé à un certain nombre d'instituteurs un densimètre ; nous continuons à en envoyer à tous ceux qui nous en feront la demande.

On demande beaucoup aujourd'hui aux instituteurs. mais leur zèle et leur dévouement sont sans limites, et c'est surtout en contribuant au progrès agricole qu'ils peuvent être utiles au pays. -

Tel fut en résumé, Messieurs, le programme du Concours de la Société, et nous insistons sur ce point, notre but n'a pas été de pousser à la culture de certaines espèces exceptionnnelles qui, si elles donnent satisfaction au fabricant, ne sont pas avantageuses à la culture. Une betterave rémunératrice à la fois pour le cultivateur et le fabricant de sucre, tel est l'objectif que nous avons toujours eu devant les yeux.

Notre premier concours a dû être organisé à la hâte, et dût notre œuvre être imparfaite, nous n'avons pas voulu perdre une année. Le nombre des candidats a dépassé nos espérances, et c'est grâce au zèle et à l'activité des commissions d'arrondissement que nous avons pu en quelques semaines contrôler les déclarations de plus de cinq cents concurrents.

Cette vérification est chose délicate, elle exige des déplacements nombreux, de minutieuses analyses, et pour continuer son œuvre, la Société devra constituer une organisation toute spéciale. Cela exigera de l'État de nouveaux et importants sacrifices, mais nous comptons sur le bienveillant concours du Ministre de l'Agriculture, car il s'agit de détruire notre phylloxera à nous : la mauvaise betterave.

Certes, nous ne pouvons que nous louer de l'accueil que nous avons reçu, quand nous avons recherché des subsides : la Société Nationale d'Encouragement à l'Agriculture a mis à notre disposition 7 grandes médailles d'or ; la Société des Agriculteurs du Nord, dans la mesure de ses moyens, s'était inscrite la première, et un grand nombre' de ses membres y joignaient d'importantes souscriptions personnelles ; l'ex-Ministre du Commerce et de l'Agriculture, M. Tirard, et l'honorable Directeur général de l'Agriculture, M. Tisserand, sur les instances de M. le sénateur Testelin, président du Conseil général, nous ont donné ce que la caisse des subventions conservait de disponible, nous promettant de faire plus et mieux l'année prochaine ; le Conseil général, dont la sollicitude pour l'agriculture est incessante, la Compagnie du Nord, qui s'intéresse vivement à la prospérité de notre région, le Comité des fabricants de sucre ont complété, par leurs subventions, notre premier budget.

L'œuvre est commencée, et nous espérons produire cette saine agitation qui, plus que les récompenses encore, engendre les perfectionnements et le progrès. A l'initiative privée de nous seconder ; à Messieurs les cultivateurs, d'adopter les mesures propres à produire une betterave plus riche: elles vous sont recommandées par les plus habiles d'entre vous.

A Messieurs les fabricants, de faciliter la mise en pratique de l'achat à la densité, en payant largement les degrés supplémentaires de la betterave riche. Le cultivateur qui, dans les bonnes années, aura perçu un prix plus élevé pour sa betterave, ne sera pas étonné, lors d'une mauvaise récolte, de subir une réduction.

Les cultivateurs qui, suivant la routine la plus condamnable, chercheraient à produire uniquement du poids au détriment de la densité, le fabricant qui refuserait de payer la richesse saccharine excédante, imiteraient le paysan de la fable qui tua la poule aux œufs d'or. Ils ruineraient complètement et définitivement la fabrique de sucre française.

Aide-toi, le gouvernement t'aidera ; que les fabricants et cultivateurs commencent par améliorer, en commun, le merveilleux produit qui seul a pu sauver notre agriculture, et ils auront le droit de demander au gouvernement ce qu'il peut donner ; le gouvernement ne peut faire à son gré les bonnes récoltes, bien qu'on lui reproche quelquefois les mauvaises, mais nous attendons de lui des tarifs douaniers équitables, des moyens de transport rapides et économiques, des tarifs qui soient au moins aussi avantageux pour les produits indigènes que pour les marchandises d'importation, des dégrèvements d'impôt qui rendent à la production française l'essor dont elle a tant besoin.

Telles sont, Messieurs, les données qui résultent du concours de la Société des agriculteurs du Nord ouvert l'année dernière. Le compte-rendu a été imprimé et nous avons fait apporter un certain nombre d'exemplaires de cette publication pour les distribuer aux membres du congrès, ainsi que le programme du concours de l'année prochaine et les brochures destinées à vulgariser les procédés de bonne culture de la betterave. Tous ces imprimés sont à votre disposition.

Qu'il me soit permis, en terminant, de remercier la Société Nationale et des médailles d'or qu'elle nous a généreusement offertes pour notre concours, et du Congrès qu'elle a eu l'heureuse idée d'organiser. Toutes les questions relatives à la culture de la betterave vont être traitées ici par les hommes les plus compétents, nous sommes convaincus qu'il en résultera un progrès sérieux, une propagande salutaire *(Applaudissements)*.

M. le Président. Messieurs, vous avez entendu les développements donnés par M. Dubar ; il vous indique pour ainsi dire les travaux que son questionnaire réclame pour être joints à l'énumération des travaux déjà accomplis.

Maintenant, donc, Messsieurs, nous sommes en plein sur le terrain qui nous réunit, en face des diverses questions que la culture de la betterave soulève et j'ai, dès à présent, à consulter le Congrès sur la direction quelconque que nous avons à prendre. Evidemment il n'y a de bonnes discussions que celles qui sont dirigées avec méthode et dans un ordre convenu à l'avance. On ne peut pas, si l'on veut arriver à un résultat utile et sérieux, mêler les questions ; il importe donc de les diviser et de les traiter une à une ; mais il est, cependant, de ces questions qui ont un caractère d'urgence exceptionel et plus marqué, enfin qui préoccupent plus vivement les esprits. Vous avez vu vous-mêmes la série de ces questions je vais en conséquence consulter l'assemblée sur la priorité à donner à l'une ou à l'autre, pour ouvrir la discussion sur celle qui vous paraîtra mériter la première place. Je donnerai donc la parole à celui des membres de l'assemblée qui aurait, à cet égard, une indication à communiquer au bureau.

M. Vilmorin. Je crois, Messieurs, que l'ordre de la discussion se trouve déjà tout indiqué et qu'il répond à ce que tout le monde peut attendre ; c'est l'ordre du programme établi par un accord préalable. Les questions se tiennent toutes, de sorte que si une question est traitée au fond, les autres seront amenées accessoirement. En les prenant l'une après l'autre dans l'ordre du programme et en nous y appesantissant le moins possible nous pourrons arriver à épuiser toutes les matières dont l'éclaircissement est le but que se propose le Congrès.

M. le Président. Messieurs, on vous propose de suivre l'ordre indiqué dans le programme. En fait, cet ordre n'est qu'indicatif ; l'intérêt, la curiosité de l'assemblée pourraient se porter plutôt sur les 2°, 3° ou 4° du programme. Je pense bien qu'il faut prendre le programme par un de ses bouts et le suivre, mais enfin le Congrès peut désirer commencer par un point plutôt que par un autre ; il pourrait vouloir examiner d'abord, au lieu du choix des graines et des espèces, les questions relatives aux contrats de vente, à l'impôt, aux droits de douane etc., etc.. et, Dieu-merci ! sur ce sujet, il ne manque pas de points douloureux qui font dresser les oreilles à quiconque a souci de l'industrie betteravière.

Je demande donc aux membres de cette assemblée s'ils entendent suivre rigoureusement l'ordre du programme, ou bien s'ils préfèrent commencer par l'examen d'une des questions que je viens d'indiquer, sauf à suivre les déductions qui pourraient surgir et les questions accessoires qui en découleraient ?

Puisqu'aucune proposition n'est faite à cet égard, je propose de commencer par le 1° du programme :

Une voix. C'est en effet ce qui vaut le mieux — C'est ce que nous allions vous demander.

M. le Président. Alors, s'il n'y a pas d'opposition, j'ouvre la discussion sur le 1° du programme : « Étude des principales con-« ditions de la culture de la betterave : choix des graines, sélec-« tion — labours, engrais — semailles, leur époque, soins à y « apporter ; — écartement des plants, — expériences faites à ce « jour. —

Quelqu'un demande-t-il la parole ?

Un membre. Nous croyons que M. Ladureau a préparé un travail sur cette question.

M. le Président. M. Vilmorin et M. Pagnoul ont aussi demandé la parole — La parole est à M. Ladureau.

M. Ladureau. Messieurs, la Société des Agriculteurs du Nord dont j'ai l'honneur de faire partie a bien voulu me confier la périlleuse mission de vous exposer le résultat des travaux de nos devanciers et de ceux que nous avons accomplis nous-mêmes sur toutes les questions qui touchent à la culture et à la production de la betterave. Je ne suis pas habitué à prendre la parole devant un auditoire aussi nombreux et aussi distingué, et si, en remplissant cette tâche, je suis surpris par quelque défaillance, vous serez assez indulgents pour l'attribuer à mon inexpérience.

Dans cette première question, il y a mille choses à examiner ; je vais autant que possible, les prendre chacune à son tour et, surtout, commencer par le commencement. Un premier fait résulte de nombreuses expériences faites par les hommes de science et par les agriculteurs : il est reconnu que quand, avant l'hiver, on a eu la précaution de pratiquer des labours profonds de défoncement allant jusqu'à 0,35 et 0,40 centimètres, on a obtenu des betteraves bien pivotantes, bien pointues et d'autant plus riches en sucre que le labour a été plus profond, parcequ'elles ont trouvé dans la terre ainsi remuée les sels qui lui sont nécessaires et qu'alors elles ont envoyé librement leurs racinés dans le sol. Il est possible que l'on obtienne des betteraves très racineuses et néanmoins riches en sucre ; mais alors, elles entrainent avec elles une quantité de terre considérable qui augmente les frais à faire pour le transport à l'usine, sans compter les frais aussi plus considérables du travail difficile de l'extraction et ceux qu'il faut faire encore pour enlever la terre attenant aux racines.

Choisissez donc la betterave présentant la forme pointue et bien pivotante ; pour l'obtenir, le système des défoncements à 40 centimètres avant l'hiver est celui que nous devons préconiser.

L'éloignement des betteraves les unes des autres exerce une influence très grande sur leur rendement en poids à l'hectare et sur leur teneur en sucre. Nous avons toujours reconnu, dans nos expériences répétées chaque année, que c'est en mettant environ 10 betteraves par mètre carré, c'est-à-dire en rapprochant les plants à 0,25 centimètres les uns des autres dans les lignes distantes de 0,40 centimètres, que l'on obtenait les meilleurs résultats à ce double point de vue.

En ce qui concerne les engrais, Messieurs, voici le résultat de mes observations personnelles : une bonne demi-fumure avant l'hiver, après les labours profonds ; puis, au printemps, avant de donner le second labour, une fumure à l'aide d'un engrais rapidement assimilable tel que le phospho-guano, le guano dissous, le nitrate de soude, le sulfate d'ammoniaque, et surtout les superphosphates de chaux, les engrais chimiques en un mot. Nous avons remarqué que le superphosphate est une excellente chose: il donne toujours un résultat très satisfaisant et nous ne pouvons faire mieux que de préconiser son emploi.

Surtout, Messieurs, évitons l'excès des engrais azotés ; toutefois, on peut en les prodiguant, augmenter le rendement en poids, mais c'est aux dépens de la richesse en sucre.

Evidemment, avec le nitrate de soude, le sulfate d'ammoniaque, nous pouvons arriver à un rendement de 90.000 à 100.000 kil. et même jusqu'à 110.000 kil. de betteraves à l'hectare ; mais ce ne sont plus des betteraves à sucre que nous obtenons : elles ne présentent plus que 2 degrés à 2 degrés 1/2 de densité, soit 3 ou 4 0/0 de sucre presque impossible à extraire : et le cultivateur doit se résigner à faire manger ces betteraves par son bétail ; je le répète, ce ne sont plus des betteraves à sucre. C'est là un fait remarquable.

Laissez donc de côté les engrais exclusivement azotés ; vous en seriez toujours victimes. Il en est de même des engrais à azote organique tels que les déchets de laine, le cuir et la laine torréfiée, qui peuvent donner de grandes quantités d'azote à la betterave. Nous avons reconnu que, quand on exagérait la dose des engrais organiques, on produisait plus d'azote nitrique dans la betterave que quand on avait mis à même sur le sol des nitrates alcalins en proportion convenable. Ceci prouve que la betterave est une plante nitrifère, qui fabrique du nitre ou du salpêtre, et que, lorsqu'on lui donne de l'azote ammonical ou organique, elle en forme quoi? du salpêtre. Vous savez que dans les sels d'exosmose on trouve 47 0/0 de salpêtre et quelquefois davantage. On a même proposé d'avoir recours à ce procédé, pour en extraire le salpêtre et fabriquer la poudre à canon.

Donc, évitons l'excès dans l'emploi des engrais azotés ; parceque la betterave renferme alors trop de salpêtre, ce qui rend le travail d'extraction difficile.

Maintenant, pour l'époque des semailles, nous avons reconnu que plus on s'y met tôt, mieux cela vaut. On peut constater dans le rendement une différence de 30 %, selon qu'on a semé en mars ou que l'on a attendu avril ou mai pour faire ses semailles. En effet, la betterave a besoin d'un certain nombre de jours de chaleur pour arriver à sa première maturité et ce degré ne peut être atteint que si l'on commence à semer de bonne heure ; alors on peut récolter au mois de septembre et les betteraves sont riches en sucre.

Pour l'influence de la graine, elle est extrême ; en employant des graines de provenances diverses, dans les mêmes conditions de culture, on peut obtenir des rendements variant de 40.000 à 80.000 kil. de betteraves, dont les premières auront une densité de 6° avec 14 % de sucre, tandis que les autres ne présenteront que 4° de densité avec 7 à 8 % de sucre ; c'est donc un des coefficients les plus importants de la culture de la betterave. Si la betterave est bien choisie, la culture progresse, même avec de mauvaises méthodes ; à plus forte raison, progressera-t-elle si vous employez de bonnes méthodes.

La grosseur de la graine est de peu d'importance ; j'ai fait des expériences avec des graines passées à différents cribles, et, que la graine soit grosse ou petite, on obtient le même rendement avec la même richesse saccharine ; il n'y a donc pas de raison de s'arrêter à cette différence, parce que la grosse graine contient deux ou trois germes, tandis que dans la petite, il ne s'en trouve qu'un ou deux.

Voici encore une observation intéressante : Quelquefois la terre ne se ressuie pas assez tôt pour permettre de semer de bonne heure, et il faut attendre le mois de mai : c'est là, nous l'avons dit, une mauvaise condition de semaille. La betterave germe lentement et il lui faut de 15 à 18 jours pour apparaître à la surface. Nous avons remarqué que l'on pouvait obvier à l'inconvénient des semailles tardives en faisant préalablement germer la graine en la maintenant dans un tonneau avec de l'eau à la température de 30 ou 35 degrés, pendant quelques heures. Quand la graine est gorgée d'eau, on fait écouler celle-ci au moyen d'un double fond et l'on obtient ainsi une graine qui germe facilement en 48 heures. Si on emploie cette graine ainsi germée, que l'on appelle « la graine préparée » elle sort de terre immédiatement ; il ne faut pas plus de trois jours pour avoir une levée presque complète. Voilà donc une méthode qui permet aux cultivateurs et aux fabricants, quand les semailles ont été tardives, de gagner une quinzaine de jours.

Il existe une autre pratique que je dois rappeler et qui consiste à praliner les graines : il est reconnu qu'elles ont besoin, au début de la germination, d'une assez grande quantité d'acide phosphorique et de chaux ; nous avons fait des expériences multiples desquelles il résulte que, quand on enrobe les graines dans le phosphate de chaux précipité, c'est-à-dire dans un phosphate de chaux porté à un état d'assimilabilité assez grand, on obtient une levée plus régulière, et la betterave est en état de résister plus facilement aux attaques des insectes : c'est là un résultat intéressant et sur lequel j'ai cru devoir appeler votre attention.

Au cours de la végétation, l'usage des engrais paraît devoir être écarté avec soin. Dans certains cantons, on arrose les plantes jeunes avec du purin; les engrais flamands sont distribués à l'état liquide ; dans d'autres, on met du sulfate d'ammoniaque ou du nitrate de soude au cours de la végétation. Il est très peu de pratiques aussi funestes que celle-là à la qualité de la betterave ; certainement, elle aide beaucoup à la production, elle peut donner 20.000, 30.000 kil. de plus à l'hectare ; mais cependant elle doit être sévèrement prohibée, car on ne peut obtenir ainsi que des racines mauvaises et pauvres en sucre.

L'effeuillage doit être aussi proscrit ; un certain nombre de cultivateurs y ont recours pour donner à l'automne cette nourriture aux bestiaux ; or, il est reconnu qu'elle leur répugne à cause de son amertume, et en outre, c'est un aliment médiocre et qui peut donner des indispositions passagères. Enfin, il est prouvé que la qualité de la betterave en est diminuée, sans que pour cela le poids en soit augmenté. La betterave perd une quantité de sucre que l'on peut évaluer à 15 ou 20 % d'après les expériences de M. Corenwinder, si l'on pratique cette ablation de la feuille sur la périphérie de la plante. Il importe donc aux cultivateurs de s'en abstenir, et aux fabricants de l'interdire aux planteurs qui leur livrent des betteraves.

L'époque la plus favorable pour la récolte est le mois de septembre, quand l'été a été assez chaud : on n'a pas à craindre ainsi que les pluies de l'automne fassent perdre à la betterave de sa richesse saccharine ; mais malheureusement, le cultivateur a intérêt à attendre les pluies parceque, par suite de la pousse qu'elles déterminent, la betterave peut gagner 10 ou 15 % de plus en poids !

Le jour où la vente de la betterave, au lieu d'être faite au poids, aura lieu à la densité ou à la qualité, — vous vous prononcerez sur ce point, — on arrachera les betteraves de septembre à octobre.

Messieurs, je crois que voilà, à peu près, tout ce que j'avais à dire sur la culture de la betterave ; si j'ai oublié quelque chose, mes confrères de la Société des agriculteurs du Nord voudront bien se charger d'y suppléer, ils voudront bien relever mes erreurs si j'en ai commis quelques-unes. La plupart des points que je viens de traiter devant vous ont fait l'objet de travaux personnels dont j'ai publié les résultats, depuis une dizaine d'années dans les journaux scientifiques et agricoles, où chacun pourra les trouver.

Je vous remercie, Messieurs, de l'attention bienveillante avec laquelle vous avez écouté les observations que je viens d'avoir l'honneur de vous présenter. *(Applaudissements).*

M. Pagnoul. (*Directeur de la Station agronomique du Pas-de-Calais*). Je demande à ajouter quelques observations à celles de mon cher collègue M. Ladureau, avec qui je suis du reste parfaitement d'accord.

Les moyens à employer pour obtenir de bonnes betteraves sont aujourd'hui bien connus et peuvent se résumer en quelques mots : employer de bonnes graines, préparer convenablement la terre, ne pas abuser des engrais azotés, laisser au moins dix racines au mètre carré et hâter la maturité autant que possible.

Je présenterai seulement quelques observations sur l'utilité du rapprochement et sur les avantages que présente une betterave hâtive.

Rapprochement. — Je crois que tout le monde est maintenant d'accord sur les avantages du rapprochement qui donne toujours une betterave plus riche, contenant moins de matières étrangères et souvent un rendement plus fort. La première expérience que j'ai faite à ce sujet date de 1869. Elle m'a donné :

	Petite distance.	Grande distance.
Rendement en poids.............	48.000 kil.	56.000 kil.
Sucre pour 100.............. ...	14.5	11.9
Rendement en sucre	6.960 kil.	6.640 kil.
Sels pour 100 de sucre	2.2	7.0

Le rendement en poids était donc ici un peu plus faible avec la petite distance, mais le rendement en sucre était plus élevé et il faut noter surtout que le sucre extractible devait l'être beaucoup plus, vu la très faible proportion des sels et par suite des matières mélassigènes.

Toutes les expériences qui ont été faites depuis ont confirmé ce premier résultat. Souvent même le rendement en poids s'est trouvé plus élevé avec la petite distance ; j'en prendrai un seul exemple :

	Distance de 44 c. sur 20.	Distance de 50 c. sur 50.
Rendement en poids	80.900	63.100
Sucre pour 100.................	12.2	10.2
Sels pour 100 de sucre	4.2	7.1

Ici, par conséquent, tout est favorable à la petite distance ; le rendement en poids, le rendement en sucre et la qualité.

Je citerai encore l'exemple suivant qui m'a paru présenter beaucoup d'intérêt. Sur un champ qui avait reçu une graine très riche mais qui avait été fumé avec excès, la levée s'était faite très mal. J'ai pris un échantillon sur un point où les racines étaient restées très serrées, un autre où elles étaient plus espacées et enfin une racine qui se trouvait isolée au milieu d'un espace complètement vide. Voici les principaux chiffres qui ont été fournis par l'analyse :

	Racines serrées.	Racines espacées.	Racine isolée.
Poids	838 gr.	1.482 gr.	6.300 gr.
Sucre pour 100..........	16.0	9.3	6.7
Sels pour 100 de sucre ...	4.0	7.1	13.3

On peut voir par cette expérience quelle est l'influence funeste des vides.

Relation entre le sucre et les sels. — Les chiffres qui précèdent mettent encore en évidence une autre loi fort importante : c'est le rapport inverse qui existe toujours entre le poids du sucre et celui des sels. Plus une racine est riche en sucre, plus elle est pauvre en sels et réciproquement. Toutes les expériences que j'ai faites depuis 12 ans confirment cette loi, mais je me bornerai à citer les résultats obtenus par M. Leloup et publiés également dans l'un des bulletins de la station. Ils sont en effet plus concluants, ayant porté sur 63 échantillons de betteraves amenées à sa fabrique et obtenues dans les conditions les plus diverses. Il les a divisés en 4 groupes selon la densité :

Densités.	Densité moyenne.	Sucre p. 100.	Sels p. 100 de sucre.
De 4 à 5	4.48	8.13	12.16
De 5 à 6	5.51	10.96	6.43
De 6 à 7	6.23	12.79	4.90
Au-dessus de 7	7.11	14.50	2.93

Entre le sucre et les matières azotées. — La relation est la même pour les matières azotées ; elles sont d'autant plus abondantes dans les racines que celles-ci sont moins riches en sucre. Voici l'un des résultats que m'ont donné les expériences faites pour vérifier cette relation :

Sucre........................	10.30	14.93
Matières azotées	1.82	1.18
Id. p. 100 de sucre.........	17.60	7.94

Ces résultats s'accordent avec ceux qui ont été publiés par M. Dehérain et par M. Ladureau.

Avantages des engrais salins. — Les engrais salins rapidement assimilables sont préférables au fumier, au point de vue de la richesse de la betterave ; ils donnent lieu en effet à un développement rapide des organes foliacés et les nitrates qu'ils renferment sont décomposés et ne se retrouvent plus dans la racine lors de la récolte. Le fumier au contraire fournit des nitrates dans la dernière période de la végétation qu'il prolonge d'une manière toujours funeste à la richesse et à la qualité. En outre ces nitrates n'ayant pas le temps de se transformer peuvent se retrouver dans la racine quelquefois en quantité considérable au moment de l'arrachage.

J'en citerai deux exemples pris dans les bulletins de la station :

Ier exemple.	Engrais chimiques. 1300 k.	Fumier. 40.000
Rendement	75.000	94.000
Sucre p. 100....................	10.6	8.3
Sels p. 100 de sucre	6.0	9.8
Rendement en sucre.............	7.950 k.	7.790 k.

2e exemple.	Nitrate de soude.	Fumier seul en grand excès.
Poids	820 k.	4.920 k.
Sucre.........................	13.51	4.42
Sels alcalins p. 100............	0.402	1.066
Nitrates p. 100................	0.042	0.728
Sels p. 100 de sucre	2.97	24.12
Nitrates p. 100 de sucre........	0.31	16.47

La seconde terre n'avait jamais reçu la moindre trace de nitrate.

Influence de la lumière. — L'influence funeste d'une végétation tardive me semble trouver son explication dans le rôle que joue la lumière dans la production du sucre. J'ai entrepris, depuis trois ans, des expériences à ce sujet ; voici quelques-uns des résultats obtenus.

J'ai fait construire des châssis, les uns en verres transparents, les autres en verres noircis, qui ont été placés au-dessus d'un certain nombre de betteraves et à quelques décimètres du sol, afin de maintenir une circulation d'air. La lumière sous la cloche noire était encore celle du crépuscule ou d'un jour très sombre. En 1879, l'expérience a été commencée le 9 juin ; les betteraves ont été arrachées le 18 août et m ont donné :

	A l'air libre.	Sous cloche transparente.	noircie.
Poids	857	850	35
Sucre p. 100	6.96	4.76	3.09
Sels p. 100	0.713	0.787	1.270
Nitrates p. 100...........	0.213		1.040

La végétation, sous la cloche noire, s'éiait donc complètement arrêtée, et il est à noter surtout que les nitrates se trouvaient en quantité considérable dans la racine. Ces sels n'avaient pu se transformer pour produire les matières azotées nécessaires au développement de la plante. Il semble donc que la lumière joue, dans l'assimilation de l'azote nitrique, un rôle analogue à celui qu'elle remplit dans l'assimilation du carbone.

L'année suivante, la même expérience fut faite, du 26 juin au 2 août ; voici les résultats :

	A l'air libre.	Sous cloche transparente.	noircie.
Poids	460	450	24
Sucre p. 100	9.45	5.75	1.66
Sels p. 100.............	0.764	1.2I4	1.451
Nitrates p. 100..........	0.113	0.366	1.197

On voit que tout se vérifie, particulièrement pour ce qui concerne les nitrates.

D'autres plantes ont été recouvertes, le 2 août, sur la même parcelle et ont donné, le 13 septembre, comparativement à celles qui étaient restées à l'air libre :

	A l'air libre.	Sous cloche transparente.	noircie.
Poids	1017	950	667
Sucre p. 100	10.42	8.54	4.69
Sels p. 100.............	0.560	0.713	1.420
Nitrates p. 100	0.050	0.264	0.551

Les betteraves sous cloche noire n'avaient donc augmenté que de 200 grammes dans cette période de 40 jours et avaient perdu près de 5 pour 100 de sucre.

Il est donc facile d'expliquer, d'après ces résultats, les avantages d'un développement rapide des organes foliacés et d'une maturité hâtive. Les feuilles sont les organes producteurs du sucre, comme l'a démontré M. Corenwinder, mais leur travail ne peut s'opérer qu'à la condition de pouvoir mettre en œuvre la force qui réside dans la lumière solaire. Il importe donc qu'elles puissent fonctionner pendant les mois où la lumière est abondante, à cause de la longueur des jours et de la sérénité du ciel. Le

sucre créé par les feuilles et emmagasiné dans la racine est des
tiné à l'alimentation des nouvelles feuilles naissantes qui consomment avant de produire, de sorte que si, dans les derniers
mois, la végétation se prolonge sous l'influence d'un temps
chaud et humide, favorisé par de fortes fumures à décomposition
lente, l'ensemble des organes foliacés devient plus consommateur
que producteur et la plante s'appauvrit

Telles sont, Messieurs, les observations que je voulais soumettre
au Congrès. (*Applaudissements*).

M. le Président. J'adresse, au nom de l'Assemblée, nos
remerciements à M. Pagnoul pour son intéressante communication ; les renseignements et les chiffres qu'il a donnés sont
précieux, et nous lui serons reconnaissants de vouloir bien nous
remettre les notes sur lesquelles il les a consignés.

M. de Lagorsse. Pour le bon ordre de nos travaux, je prie
les personnes qui feront des communications de vouloir bien nous
les remettre par écrit, sinon le jour même, du moins plus tard.

Nous avons l'intention de publier un compte-rendu très détaillé
des séances du Congrès, et il serait très désirable que ces notes
nous fussent données promptement.

Les orateurs recevront communication de la sténographie,
mise au net, de leurs discours ; nous les prions également de nous
retourner le plus tôt possible les corrections qu'ils auront appor-
tées à cette traduction sténographique.

M. le Président. La parole est à M. Pichard, Directeur de la
station agronomique de Vaucluse.

M. Pichard. — Messieurs, nous venons faire dans cette réunion, comme on l'a dit au début de la séance, l'inventaire des
ressources que présente le sol de la France au point de vue de
la culture de la betterave ; nous venons aussi rechercher les
moyens d'améliorer les conditions de cette culture.

Je me suis occupé, depuis trois ans, dans le département de
Vaucluse, comme directeur de la station agronomique, de la
culture de la betterave, et ce sont les résultats que j'ai obtenus
que je viens vous soumettre ; je l'ai trouvée en très grand dis-
crédit dans ce département lorsque j'y suis arrivé ; elle y avait

été essayée il y a 45 ans par le marquis de Forbin-Janson et elle y avait donné des résultats déplorables. A cette époque, on ignorait encore un fait qui est aujourd'hui connu de tout le monde, c'est que pour avoir des betteraves riches, il faut les avoir petites, afin que le sucre s'accumule dans les racines ; il en résultait qu'on cultivait de préférence des betteraves tendant à se développer beaucoup avec d'énormes racines, mais très pauvres en sucre.

Ce fait, que je connaissais, m'a porté à diriger la culture dans le sens de l'écartement des racines.

Une autre considération qui m'a fait aussi adopter cette idée, c'est que la betterave est une plante originaire du Midi. Le Nord, en effet, n'est pas la patrie de la betterave : c'est le Midi ; la preuve, c'est qu'elle ne peut pas se reproduire normalement dans le Nord, où il faut la soustraire l'hiver à la gelée pour lui permettre de faire sa graine l'année suivante. Or, dans les bonnes régions du Midi, elle peut très bien végéter en terre toute l'année ; par conséquent son existence, au point de vue de la reproduction, y est bien plus assurée que dans le Nord.

Or, c'est un fait connu de tout le monde et vulgarisé aujourd'hui, comme une loi physiologique commune aux végétaux et aux animaux, qu'une plante et un animal sont beaucoup plus aptes à recevoir des modifications en sens divers, quand l'action modificatrice est exercée sur eux dans le milieu naturel par excellence, celui où l'être vivant peut vivre et se reproduire. On pourra donc exercer sur ces êtres, dans ce milieu, des modifications bien plus grandes.

Je savais aussi par expérience que, pour les animaux, l'engraissement est bien plus facile à provoquer sur les races indigènes que sur les races exotiques.

Or, l'accumulation du sucre dans la racine de la betterave est un fait pour ainsi dire maladif ; la plante n'a pas naturellement cette tendance à conserver le sucre ; elle a au-contraire une tendance à l'épuiser pour arriver plus vite au but de son existence qui est la production du fruit, de la graine.

Eh bien, je crois qu'on aura d'autant plus de chances de ne pas compromettre le tempérament de la plante, que l'on agira sur elle dans le milieu qui lui est le plus naturel.

Ce sont ces considérations qui m'ont porté à m'occuper de la culture de la betterave dans le Midi et à penser que je pourrais le faire avec succès.

J'ai dû me placer dans des conditions ordinaires et qui n'avaient rien d'exceptionnel, afin de détruire ce préjugé que la betterave ne pouvait pas vivre dans le Vaucluse, qu'elle y était très pauvre en sucre, et que de plus, le sucre qu'elle produisait n'était pas cristallisable : toutes opinions dont nous verrons la fausseté.

J'ai donc fait, je le répète, des betteraves dans des conditions ordinaires, en n'employant que du fumier comme engrais, sur des terrains de très bonne qualité, des alluvions du Rhône, terrains profonds, suffisamment meubles, et qui permettaient à la racine de se développer considérablement. La quantité de fumier employée n'a pas dépassé 3 kilog. par mètre ; 30.000 kilog. à l'hectare. Enfin je dois ajouter que bien souvent, je me suis tenu au-dessous de cette quantité ; du reste, comme je l'indiquerai tout à l'heure, moins on charge en fumure, mieux on réussit à tous les points de vue, à celui du rendement en sucre comme à celui du poids total de racines à l'hectare.

L'expérience a porté sur des graines fournies par la maison Vilmorin ; je semais naturellement la betterave blanche à sucre, à collet rose, à collet vert, à collet gris, la betterave Vilmorin améliorée.

Je tenais à faire des expériences sur diverses graines, afin de ne pas me placer dans des conditions particulières et anormales.

Mes expériences ont commencé en 1879. Cette première année je me suis borné à pratiquer une fumure de 2 à 3 kilog. par mètre carré, et à expérimenter sur quatre variétés de graines, avec un écartement qui allait, pour ce que j'appelle les petites betteraves, à $0^m,40$ entre les lignes et 0^m15, dans les lignes ; pour les moyennes, à $0^m,40$ entre les lignes et à $0^m,25$ dans les lignes ; et pour les grosses, à 0^m80^c entre les lignes et à 0^m50^c dans les ligues.

Pendant tout le cours de la végétation, aucun traitement spécial n'a été apporté aux feuilles.

La végétation s'est faite d'une façon assez régulière, certaines parcelles ont été arrosées, d'autres n'ont reçu que les eaux du ciel ; ceci est un point très important, vous le savez, Messieurs, dans un pays où il ne pleut qu'en très petite quantité ; il fallait donc tenir compte de cet aspect de la question.

La récolte a été faite, la première année, à la fin d'octobre ou dans les premiers jours de novembre ; elle m'a donné déjà des

résultats très satisfaisants ; la teneur en sucre , dans les betteraves petites , va de 12 à 14 °/₀ ; dans les betteraves moyennes ,
de 10 à 11 °/₀ ; mais, dans les grosses , la teneur en sucre a été
bien inférieure ; elle n'a été que de 5 , 6 ou 7 °/₀ ; ce qui confirme
tous les faits qui ont été constatés dans le nord. Quant au poids
des betteraves , il variait beaucoup dans ces conditions ; il était
de 5 à 600 grammes pour les petites , de 1 à 2 kilog. pour les
moyennes ; et les grosses betteraves pesaient de 4 à 6 k. De plus,
les grosses betteraves ont une tendance, qui s'est manifestée sur
plusieurs racines , à être creuses et à être envahies par des
champignons ; la culture doit donc en être complètement écartée ;
c'est le développement des grosses betteraves qui a été une des
causes de l'insuccès d'il y a quarante ans, alors qu'on s'était livré
à cette culture sans connaître encore les faits, acquis aujourd'hui,
qui doivent diriger le cultivateur dans l'écartement des racines.

En 1880 , l'expérience fut de nouveau reprise à peu près dans
les mêmes conditions , avec quatre variétés de graines , avec une
fumure allant de 1 à 2 kilogrammes ; cette année là , la teneur
en sucre a été un peu moins élevée que l'année précédente. Le
rendement en poids fut considérable ; il s'éleva à 80 et
90.000 kilog. à l'hectare pour les betteraves petites et moyennes.

En outre , j'ai fait une expérience sur laquelle j'appelle
l'attention du Congrès. J'ai semé des betteraves avec un
petit écartement, de $0^m,25$ sur $0^m,15$; elles se développèrent
d'une manière très-égale ; j'eus un rendement en sucre de
10.7 °/₀, et , en poids de racines , de 124.000 kilog., pour 1 k.
de fumier par mètre carré ; je crois que , dans ces régions,
c'est un rendement qu'on peut obtenir facilement dans ces
conditions.

Enfin , les expériences se sont continuées en 1881. J'avais été
amené, l'année précédente, à craindre que , les betteraves étant
restées en terre jusque dans le courant de novembre , il ne
fût arrivé un moment où le sucre se fût transformé pour servir,
l'année suivante, au développement de la plante. Il n'en fut rien ;
j'ai fait des expériences, cette année , pour saisir le moment où
le sucre était dans la plante à sa quantité *maxima* ; pour cela
je fis faire une série d'études dans le cours de la végétation ; ces
expériences ont porté sur des betteraves à collet rose , et
blanches à collet vert ; il y a eu neuf séries d'expériences sur les
premières et sept sur les secondes. Les résultats auxquels je

suis arrivé sont ceux qui ont été déjà indiqués en partie par les précédents orateurs, MM. Ladureau et Pagnoul : à savoir que la teneur du sucre va constamment en augmentant. Mais pour les betteraves non arrosées, — car, ainsi que je l'ai dit, l'expérience avait été faite en arrosant certaines plantes et en n'arrosant pas certaines autres, — la teneur en sucre atteignait, dès le 19 août, 17 °/₀ dans les petites betteraves ; il est vrai que le poids à l'hectare correspondant à ce *maximum* n'était que de 30.000 kilog. environ ; mais à la suite de ce *maximum*, les pluies étant survenues, il y eut une décroissance assez marquée.

Il y a eu, un mois après, un minimum de 8 °/₀, puis la teneur s'est relevée peu à peu et atteignait au 15 novembre celle des betteraves arrosées. En somme, jusqu'au 15 novembre, la teneur a toujours été en s'élevant. J'ai eu l'occasion de constater, d'abord, que la quantité des cendres salines était proportionnellement plus considérable dans les grosses betteraves que dans les petites, et en raison inverse de la quantité en sucre ; ensuite que la quantité d'azote était plus considéble dans les betteraves en sucre que dans les autres. Tous ces faits vous ont déjà été signalés ; mais il était important de s'assurer de leur réalité pour savoir comment la betterave pouvait végéter dans la région du Midi.

En résumé, je puis affirmer que la culture de la betterave est pratique dans les sols ayant la constitution que j'ai indiquée ; cette constitution n'est pas rare dans les terrains qui bordent le Rhône et la Durance et qui sont très favorables à cette culture. J'ai remarqué aussi que les engrais agissaient d'une façon très lente lorsqu'ils sont mis dans le sol au moment même des semailles. Avec des engrais rapides nous obtiendrions un rendement plus élevé ; cela n'est pas douteux pour moi.

Messieurs, je vais déposer sur le bureau le résultat de mes expériences. Il pourra être publié à la suite des travaux de notre Congrès si le bureau le juge utile.

(Voir les travaux annexés).

(Au cours de la précédente communication, **M. Caze** *est remplacé au fauteuil de la présidence par* **M. Telliez.**

M. le Président. La parole est à M. Vilmorin.

M. Vilmorin. Messieurs, je ne me présente pas devant vous porteur d'un mémoire ou de documents préparés à l'avance ; je pense qu'il n'y a qu'à prendre le programme et à vous présenter l'un après l'autre les différents points qu'il indique, pour entrer dans le vif de la question et arriver de la sorte à formuler des opinions, des résolutions qui, à la vérité, ne sont pas des lois, mais qui acquièrent du moins toute l'autorité que leur communique la présence et l'intervention des hommes compétents réunis ici. J'ai assisté d'une façon suivie à vos assemblées précédentes et je me félicite de retrouver beaucoup de membres que j'ai rencontrés dans les réunions antérieures, chaque fois qu'il s'est agi de la culture de la betterave et des grands intérêts qu'elle touche ; car, vous me permettrez de le dire incidement, c'est depuis bien longtemps, depuis le moment où l'on a senti poindre la décroissance dans la culture de la betterave, que mes idées se sont fixées sur ce point et que mes efforts se sont portés sur l'adoption des mesures nécessaires pour parer à une décadence imminente.

Le premier orateur que vous avez entendu a rappelé que c'était en 1875 que la production de la betterave avait atteint son maximum ; une Association agricole de St-Quentin commençait alors ses expériences.

Dès 1875 également, le Comice agricole de Lille, sur la proposition de notre collègue, M. Ladureau, réunissait à Lille, en février et en mars, un congrès sucrier auquel assistaient toutes les notabilités agricoles et industrielles de la région du Nord et où d'importantes résolutions ont été prises, concernant les meilleurs procédés de culture de la betterave et le mode d'achat le plus rationnel de ces racines.

En 1876, une grande Société Agricole, qui pour n'être pas officiellement représentée ici n'est pourtant pas absente de cette enceinte, la Société des Agriculteurs de France, consacrait une grande partie de la session générale annuelle à la question de l'achat des betteraves à la densité.

L'année suivante une réunion eut lieu à Compiègne, réunion dans laquelle tout ce qui a rapport à la culture de la betterave, le choix des graines, les procédés de labour, les engrais, les compromis de ventes, etc..., tout cela fut examiné et discuté ; de sorte que, nous rappelant les résolutions votées à cette époque, nous y retrouverons ce qui est aujourd'hui l'expression de vérités constatées.

Le 1° du programme comprend : « Choix des graines, sélection » — labours engrais — semailles, etc. » Nous chercherons donc ensemble à définir ce que c'est qu'une « bonne betterave » et à déterminer quels sont les moyens de l'obtenir.

Qu'est ce qu'une bonne betterave? A cette question, il est impossible de répondre mieux et plus juste que l'orateur précédent : la betterave bonne, la « betterave *phénix* » comme l'a dit M. le Président, est celle qui donne le plus beau bénéfice au producteur ! Il est inutile de s'étendre là dessus ; on ne peut pas dire que c'est la betterave très riche en sucre, car il faut laisser aux intérêts leur libre jeu et, dès qu'on a trouvé un moyen de faire payer la betterave ce qu'elle vaut, il doit être laissé à l'option du cultivateur de faire des betteraves plus ou moins riches en sucre.

L'emploi que l'on peut avoir à faire de la pulpe peut engager à choisir la betterave qui ne contiendra que 12 % de sucre plutôt que celle qui en donnera 18 %. C'est donc en ces termes que je propose de formuler la réponse :

« La meilleure betterave est celle qui donne satisfaction à la fois aux intérêts du producteur et du fabricant de sucre, c'est-à-dire celle qui joint à une richesse en sucre et à une pureté de jus satisfaisante pour le fabricant, des qualités extérieures et un rendement en poids satisfaisant pour le cultivateur. »

M. le Président. La formule adoptée par la Société des Agriculteurs du Nord pour indiquer dans quelles conditions devaient être attribuées les récompenses qu'elle décerne aux cultivateurs, se rapprochait de celle de M. Vilmorin. Il y était dit que les récompenses devaient être accordées aux cultivateurs qui avaient obtenu dans l'ensemble de leur exploitation des betteraves de nature à concilier à la fois l'intérêt du cultivateur et celui du fabricant, au point du vue du poids et de la richesse en sucre.

M. Vilmorin. Je n'ai aucune préférence pour ma rédaction et, si celle de la Société des Agriculteurs du Nord est préférable, je suis prêt à l'adopter.

M. le Président. Elle a pour elle tout simplement l'antériorité ; mais elle a été travaillée avec soin : la récompense était donnée au cultivateur qui avait obtenu le produit le plus propre à concilier à la fois les deux intérêts.

M. Vilmorin. Je crois que l'idée est absolument la même.

(M. Vilmorin relit sa formule). C'est évidemment la même chose, c'est là même intention ; nous sommes tout à fait d'accord.

M. le Président. Alors je vais consulter l'Assemblée puisque, comme l'avous dit, il convient que le Congrès adopte une résolution pour définir la meilleure betterave.

*(**M. le Président** donne lecture de la définition de la Société des Agriculteurs du Nord) :*

Tout ceci, Messieurs, a pour but de bien établir ce point important de savoir si l'on veut admettre qu'il faut à la fois le poids et la qualité pour que la betterave arrive à son maximum de rendement.

M. Woussen. Si vous soumettez à la discussion de l'Asssemblée la rédaction qui vient d'être lue tout à l'heure, je voudrais faire une observation sur la position de la question ?

M. le Président. Voici la rédaction proposée par M. Vilmorin :

« La meilleure betterave est celle qui donne satisfaction à la fois aux intérêts du producteur et du fabricant de sucre, c'est-à-dire celle qui joint à une richesse en sucre et à une pureté de jus satisfaisantes pour le fabricant des qualités extérieures et un rendement en poids satisfaisants pour le cultivateur. »

Une voix. La définition est excellente.

M. le Président. Quelqu'un demande-t-il la parole ?

M. Taffin-Binauld. Je demande la parole pour appuyer la définition présentée l'année dernière et qui figure encore au programme des récompenses décernées par la Société des Agriculteurs du Nord pour l'année 1882.

La question a été examinée par les membres de cette Société à ce point de vue qu'il fallait mettre, non pas le cultivateur, non pas le fabricant, mais le producteur français de sucre et d'alcool a même de lutter avec les producteurs de l'étranger.

La question est avant tout une question de concurrence internationale ; et, pour la résoudre, il n'y a qu'un moyen, c'est de produire à bon marché.

La production à bon marché, c'est le produit que nous cherchons tous à réaliser dans notre intérêt et le cultivateur n'est pas resté en arrière dans cette voie. Mais comme, jusqu'ici, il n'était payé qu'en raison du poids de sa récolte, et nullement du sucre qu'elle pouvait contenir, le cultivateur a cherché à produire la betterave au meilleur marché possible, en faisant le raisonnement suivant :

Il s'est dit qu'en culture, il y a une somme de frais généraux qui restent invariables, quel que soit le produit récolté, tels sont le loyer de la terre, les labours, sarclages, déplantages, etc. etc., et que plus il arriverait à répartir ces frais sur un poids considérable de betteraves, moins chaque kilogramme lui coûterait. C'est ainsi qu'il a été amené à choisir les espèces les plus lourdes et les moins riches, et à employer des doses excessives d'engrais. Il a atteint son but : le bon marché de la betterave ; mais par contre, il a réalisé dans ces mêmes récoltes une excessive cherté de sucre.

Pour remédier à cet état de choses, que faut-il ? Il faut d'abord que cultivateurs et fabricants ne considèrent plus la betterave, les uns en la cultivant, les autres en la payant, que comme du sucre à l'état rudimentaire, et quelle sera alors la meilleure culture ? ce sera celle qui produira la plus grande somme possible de sucre à l'hectare, parce que, suivant le calcul très judicieux que nous venons d'indiquer, ce sera aussi le moyen de produire le sucre au meilleur marché possible dans la betterave.

Je suis donc d'avis d'adopter la formule de la Société des Agriculteurs ; *que la meilleure betterave est celle qui fera rapporter à l'hectare la plus grande somme de sucre industriellement extractible* parce que cette définition me paraît mieux préciser le but, qu'il faut rechercher et atteindre, c'est-à-dire le bon marché du sucre et de l'alcool.

M. Woussen. Les intentions de cette conclusion sont excellentes ; mais j'y vois un danger que l'orateur n'a pas vu et que je demande la permission de signaler tout de suite. L'orateur propose cette formule : la bonne betterave est celle qui produit le plus de sucre à l'hectare : je le répète, je vois un danger dans cette rédaction : supposez que, dans un hectare, j'aie produit 100.000 kil. de betteraves donnant 6 °/₀ de sucre........

M. Taffin-Binauld. Je vous demande pardon de vous interrompre ; mais je prévois l'objection ; j'ajoute à la formule ces mots: « avec une densité qui ne soit pas inférieure à 5 degrés 5/10. Cela se trouve du reste indiqué dans la formule adoptée par la Société des Agriculteurs.

M. Woussen. Oh ! alors, du moment que vous ajoutez ce correctif, je n'ai plus rien à dire.

M. Vilmorin. Messieurs, un seul mot ; par le fait, nous sommes tout-à-fait d'accord, la betterave qui donne le rendement le plus considérable, qui est la plus riche est évidemment la bonne betterave, celle qui donnera le plus de sucre.

M. Vion. M. Taffin reprend l'ancienne formule de la Société des agriculteurs du Nord ; pourquoi ne la joindrait-on pas à celle de M. Vilmorin ? On pourrait faire suivre l'une de l'autre en ajoutant entre les deux les mots : « c'est-à-dire. »

C'est la même idée ; elles ont le même but ; l'une serait ainsi le commentaire et le complément de l'autre. — Essayez de cette rédaction, M. le Président ?

M. le Président. La formule de M. Vilmorin et celle de la Société des agriculteurs du Nord sont absolument la même ; il y aurait donc lieu à joindre à l'une et à l'autre celle de M. Taffin : « la meilleure betterave est celle qui donnera le plus de sucre à l'hectare. »

M. Woussen. En y ajoutant cette garantie indispensable, admise par M. Taffin lui-même : « avec une densité minima de 5°,5. »

M. le Président. La rédaction de M. Vilmorin me semble plus satisfaisante ; je mets donc aux voix la formule de M. Vilmorin.

M. Vion. En la faisant suivre de celle des Agriculteurs du Nord après l'intercalation des mots : « c'est-à-dire ».

M. Woussen. Oui, l'une complète l'autre.

M. Vilmorin. Messieurs, permettez-moi de vous rappeler ce que je vous ai dit déjà : la bonne betterave est le produit de deux facteurs : d'abord la bonne graine, et ensuite la bonne culture.

D'abord, la bonne graine ! J'ai pensé qu'il était délicat pour moi, d'entrer dans l'examen de cette question ; en outre, j'ai voulu laisser la plus grande latitude à la discussion relative à la définition de la bonne betterave. En Russie, le maximum en sucre est de 16 à 18 ; en France, il est de 13 à 14, et là même, il faut tenir compte de certaines conditions économiques telles que, par exemple, l'alimentation du bétail. La bonne betterave sera donc celle qui donnera le plus gros bénéfice, à la fois au cultivateur et au fabricant.

Ce qui est absolument important, c'est que de la qualité de la graine dépend en grande partie la bonne récolte, et nous pourrons dire : le bon choix de la graine est d'une importance capitale pour la récolte ; une mauvaise culture peut la gâter sans doute ; mais, à conditions égales, une bonne graine donnera toujours la meilleure betterave. *(Assentiment).*

Je ne crois pas, Messieurs, avoir besoin d'insister plus longtemps !

Voix nombreuses. *Non, non, non !*

Maintenant, comment s'y prendre pour faire de bonne graine de betteraves ? Il y a là un problème qui est assez délicat. On doit, pour faire de bonne graine, s'appuyer sur les lois de l'hérédité, qui veulent que des qualités qui ont été présentes chez un parent, chez un reproducteur, se retrouvent, dans des proportions plus ou moins complètes, mais enfin se retrouvent dans sa descendance.

Par conséquent, il ne peut pas y avoir d'autre manière sûre de faire de bonne graine que d'analyser les betteraves dont on se sert pour faire des porte-graines. Là dessus encore tout le monde est absolument d'accord, et il est résulté d'expériences très nombreuses et de communications faites aux sociétés savantes, un fait que je crois acquis d'une façon générale ; c'est que tout autre procédé que celui de l'analyse chimique de la betterave, et de l'appréciation de la densité, appuyées par d'autres opérations permettant de juger de la pureté des jus , tout autre système, dis-je, est insuffisant et incomplet. A cet égard il n'y a rien de nouveau à dire ; il n'y a pas non plus de résolution à proposer au Congrès ; mais il y a un certain point qui ne me semble pas avoir été traité jusqu'à présent, et sur lequel, Messieurs, je vous demande la permission d'appeler votre attention ; c'est qu'il faut que ces mères, que ces racines dont on fait l'analyse, et sur l'analyse desquelles on se base pour conclure que le produit, la descendance, aura les qualités voulues, soient des racines venues et cultivées dans des conditions normales. Il faut que les qualités qui se révèleront à l'analyse soient véritablement des qualités inhérentes à la race et non pas des qualités pour ainsi dire accidentelles et exceptionnelles.

Or, un grand nombre d'expériences qui ont été faites et qui nous ont été communiquées montrent que, si vous prenez une betterave d'une richesse moyenne, — disons d'une densité de 6, et contenant environ 13 % de sucre, — et que vous la soumettiez à une culture extrêmement serrée, sa richesse montera de suite à 15 ou 16 %. Les expériences faites par M. Dehérain, qui ont été publiées , et celles que citaient tout à l'heure MM. Ladureau et Pagnoul, vous font voir des quantités de 15 à 16 % de sucre dans la betterave comme résultat d'une culture extrêmement serrée. Eh bien, si vous faites des porte-graines à raison de 20 à 30 par mètre carré, dans des terres très fumées et défoncées d'une manière exceptionnelle, vous arrivez à produire des betteraves dans lesquelles la bonne forme, la très grande richesse, etc. ne sont pas des qualités inhérentes à la race, mais l'effet d'un travail artificiel.

(Parfaitement juste ! — Très bien ! — Très vrai !)

Si vous obtenez ainsi des betteraves où l'on trouve 15, 16, 17 % de sucre , il ne s'en suivra pas le moins du monde que leur descendance, mise dans les conditions normales de la culture ordinaire, doive vous donner des plantes ayant une richesse approchant de celle-là.

Il y a encore un autre danger : Si vous avez affaire à une race qui a une tendance à être racineuse, les racines latérales ne se développeront pas dans les conditions de la culture serrée ; mais l'année suivante la nature reprendra le dessus, et vous aurez des racines latérales très fortes.

Je prie, en conséquence, le Congrès de se prononcer sur cette question, et de dire qu'il est bon que les produits pris pour porte-graines aient été cultivées dans les conditions normales de la grande culture.

Vous savez parfaitement, en effet. que des manifestations accidentelles ne sont pas héréditaires ; je vous demande, Messieurs, la permission de vous citer un exemple : De temps immémorial, en Chine, on a l'habitude de réduire les pieds des femmes à un très petit volume, au moyen d'opérations chirurgicales ; cependant les chinoises ne naissent pas avec des pieds plus petits que les autres. Eh bien ! des betteraves réduites à l'état de fuseaux, je dirai presque de bâtons de sucre, par une culture exceptionnelle, ne seront pas nécessairement les mères de betteraves de même qualité, lorsqu'on les placera dans des conditions normales.

Or, on fait de la betterave pour la produire industriellement et pratiquement. Par conséquent, il faut que le porte-graine donne des produits dont on puisse obtenir des résultats dans la grande culture.

Je pense qu'il serait bon que le Congrès formulât à cet égard une opinion positive. — Voulez-vous me permettre, Messieurs, de vous proposer une rédaction :

« Pour faire de bonne graine de betterave, il faut employer des mères cultivées dans des conditions normales et non des racines amenées par une culture exceptionnelle à présenter des caractères de richesse et de forme qui ne sont pas inhérentes à la race elle-même. »

M. Woussen. Je tiens à dire, Messieurs, que l'un des délégués de la Société des Agriculteurs du Nord, M. Brabant, a précisément demandé que lecture fût immédiatement donnée au Congrès d'un petit travail, qui rentre dans le même ordre d'idées où vient de se placer M. Vilmorin. Il était utile, je crois que je fisse cette observation de la part de M. Brabant, puisque, je le répète, ce sont les mêmes idées.

M. le Président. Si la formule proposée par M. Vilmorin es sutfisante, le fait qu'elle aurait été produite auparavant sous une autre forme n'est pas une raison suffisante pour empêcher le Congrès de l'adopter. (*Aux voix !*)

Un membre. N'y aurait-il pas lieu d'ajouter que les porte-graines doivent être, au préalable, analysées ?

Plusieurs voix. Cela va de soi !

M. Vilmorin. Il est facile d'intercaler cela dans la formule ; ce serait alors :

« Le Congrès est d'avis que, pour faire de bonnes graines de betterave, il est nécessaire de faire usage de racines reproductrices analysées, après avoir été cultivées dans des conditions normales, et non de racines amenées par une culture exceptionnelle à présenter des caractères de richesse et de forme qui ne sont pas inhérentes à la race elle-même. »

M. Woussen. Demain je remettrai à M. le secrétaire général le travail que M. Brabant a envoyé ; il porte sur le même sujet et aboutit aux mêmes conclusions que celui de M. Vilmorin. (V. p. 244).

M. le Président. Je mets aux voix la résolution proposée par M. Vilmorin.

La résolution est adoptée.

M. Vilmorin. Cette question, Messieurs, est la dernière de celles dont je désirais vous entretenir. Je crois que nous n'avons plus maintenant qu'à demander à nos collègues du Nord, qui nous ont donné tout à l'heure de si précieux détails sur les procédés de culture, sur les labours, etc., de vouloir bien nous remettre, eux aussi, une formule précise : je leur laisserai la parole. (*Approbation*)

M. Woussen. Je voudrais, Messieurs, dire quelques mots de plus sur la question des engrais, qui a été traitée tout à l'heure.

Il y a quelques années encore, lorsque l'on offrait un engrais un cultivateur, il demandait, avec beaucoup de raison : Combien y a-t-il d'azote ? Je le répète, il avait raison, et c'était un progrès ; car, quelques dizaines d'années auparavant, le cultivateur employait des engrais : il savait à peu près par expérience lesquels étaient bons, lesquels étaient moins bons, lesquels étaient médiocres ; mais sauf les agronomes et les savants, personne ne s'inquiétait encore de savoir quels étaient les éléments que contenaient les engrais. Donc, je le répète, il y a quelques années, les cultivateurs en général ont commencé à demander : combien y a-t-il d'azote ? Et c'était très heureux.

Depuis lors, par suite des soins pris par les agronomes et des publications qu'on a faites, les cultivateurs commencent à demander aussi, quand on leur présente un engrais, — ils commencent seulement ! — et ils ont raison encore : — Combien y a-t-il de phosphate ? C'est un progrès encore ; cependant, il n'en est qu'à son début. On commence à s'y habituer. Mais ils ne demandent pas encore : Combien y a-t-il de potasse ?

Je n'ai pas, Messieurs, la prétention, ce serait ridicule de ma part, de vous apprendre que la potasse est nécessaire, qu'il faut restituer la potasse à la terre. Les travaux à cet égard ont été faits par des personnes qui ont bien plus d'autorité que moi ; je vous citerai entre autres les travaux tout récents de M. Georges Ville et ceux de M. Joulie ; mais enfin, la connaissance de la nécessité de la potasse n'est pas encore vulgarisée, et ce que je viens seulement demander, c'est que l'on commence maintenant à la vulgariser aussi.

Il est évident, il est certain que cette question a autant d'importance que celle de l'azote, dont on ne parle même plus ; on sait qu'il faut de l'azote ; on en donnera toujours à la terre, et on lui en donnera même trop ; on commence à savoir qu'il faut du phosphate ; mais, en général, on ne se rend pas encore compte, je ne dirai pas seulement de l'utilité, mais de l'indispensabilité, si je puis me servir de ce mot, de la potasse. Je crois que beaucoup de mécomptes ont lieu par suite de l'absence de la restitution de la potasse. Cette restitution ne se fait pas, parce qu'on n'y pense pas encore, parce que ce n'est pas encore vulgarisé ; et aussi, il faut bien le dire, parce que c'est un élément qui coûte cher et qu'on trouve difficilement.

Il est bien possible que, dans certains pays où l'on se dit : C'est étonnant, nous mettons de l'engrais et même des engrais chimiques, nous avons un système de restitution, et cependant la betterave ne pousse plus bien, les récoltes sont beaucoup moins bonnes qu'autrefois, — cet état de choses, tient, — et je crois qu'il en est ainsi en grande partie, — à ce que l'on restitue à la terre de l'azote , des phosphates , de la chaux , mais de la potasse jamais.

Je vais citer un exemple où le hasard m'a fait constater cette vérité d'une manière très évidente , je dirai presque très saisissante.

J'ai , dans ma culture , un champ de quatre mesures — quelle que soit la mesure ; — au courant de l'année , un cultivateur de mes amis , pour des convenances particulières , me demanda de lui prêter un *quartier*, c'est-à-dire une des quatre mesures de mon champ , en me donnant en échange une autre mesure , pour l'année seulement. Ce champ était d'une terre bien uniforme et jusqu'alors il avait donné des récoltes également uniformes.

Dans les trois mesures que j'avais gardées , j'avais mis de l'avoine ; et le cultivateur dont je parle avait mis de l'œillette sur le quartier que je lui avais prêté pour cette année là , (je dirai en passant que c'est une plante très épuisante pour la potasse , elle en prend beaucoup ;) mais en ce moment je ne pensais pas à cela.

L'année d'après il me rendit mon champ , je mis donc en hiver sur les quatre mesures le même engrais et la même quantité d'engrais sans me préoccuper de ce que l'assolement avait été différent , et je semai des betteraves. Je fus tout étonné de voir que , dans le quartier que j'avais prêté à ce cultivateur, la levée se fit très mal ; je dus même y resemer, et la récolte fut très mauvaise. Je me demandai pourquoi , et l'idée me vint que peut-être c'était l'effet d'un épuisement de potasse plus fort dans ce quartier que dans les autres par suite de la culture de l'œillette.

L'année d'après , je remis des betteraves encore , et je répandis une dose de potasse beaucoup plus forte sur cette mesure là. Cette fois , la récolte a été uniforme. C'était la preuve, pour ainsi dire matérielle , de la nécessité absolue , non seulement , comme c'est probable pour toutes les cultures , mais notamment pour la culture de la betterave , de la restitution de la potasse. Je le répète encore : c'est connu, on sait qu'il faut de la potasse ; mais je crois qu'il serait utile que notre Société d'encouragement pour l'agriculture profitât de la notoriété qui est acquise à ce qui se passe dans nos réunions, pour commencer, à partir de ce jour, à chercher à vulgariser l'idée que l'emploi de la potasse est nécessaire, de même que l'on a pu vulgariser, jusqu'ici la connaissance et l'usage de l'azote et des phosphates.

J'ajouterai quelques mots seulement, c'est qu'on s'est effrayé bien à tort de la cherté de la potasse ; il est évident que si l'on va tout simplement l'acheter sous cette forme, on la payera très cher ; mais si, au nitrate de soude, on substitue du nitrate de potasse, on reconnaîtra que cela revient beaucoup moins cher que si on achetait séparément la potasse. J'ai fait ce calcul dans un engrais où l'azote se trouve constitué moitié de tourteau et moitié de nitrate de soude ; je suppose que le tout revienne à 23 francs les 100 kil. ; eh bien, si à cette moitié de nitrate de soude, vous substituez une même quantité de nitrate de potasse, de manière à donner à peu près la même quantité d'azote, vous avez tout simplement un engrais qui revient à 26 francs au lieu de 23 francs ; et, s'il faut 1.000 kil. à l'hectare, vous voyez que c'est une dépense bien minime pour arriver à donner de la potasse à la terre.

Si je suis parvenu à appeler votre attention, Messieurs, sur la nécessité de vulgariser l'emploi de la potasse dans le système des engrais restituants, tout en continuant, bien entendu, à y ajouter aussi des superphosphates de chaux, comme on doit le faire, je crois que j'aurai rendu un grand service à l'agriculture *(Applaudissements)*.

M. Ladureau. Messieurs, je ne comptais pas entrer dans de grands développements en ce qui concerne l'emploi des engrais dans la culture de la betterave. Le peu que j'en ai dit en commençant me paraissait devoir suffire, mais puisque l'on insiste sur l'utilité des phosphates et de la potasse, je vais revenir sur ce sujet et vous communiquer ce que l'expérience m'a enseigné.

En ce qui concerne l'emploi des phosphates, on a dit et écrit depuis de longues années, que l'usage de ces engrais dans les terres du Nord, ne présente aucune utilité, que l'on ne voit pas la place où on les a employés, que les récoltes ne s'en ressentent en aucune manière, que les divers sols de notre région en renferment de telles quantités qu'il est tout à fait inutile d'en ajouter encore.

C'est M. Feneuille, pharmacien à Cambrai, qui a le premier reconnu, il y a quelque quarante ans, que l'emploi des phosphates ne donnait lieu à aucun excédent de récolte. Ces expériences ont été renouvelées par le savant regretté M. Kuhlmann, puis par M. Corenwinder, et enfin par nous-même dans un grand nombre de terres différentes de notre région. Soit que l'on employât les vieux noirs, les phosphates fossiles finement pulvérisés, ou même les superphosphates, le résultat était toujours le même, presque négatif.

En faisant l'analyse des sols expérimentés, on reconnaissait qu'ils renfermaient des quantités notables d'acide phosphorique sous forme de phosphate de chaux, de fer et d'alumine, dans beaucoup d'entre eux, on trouvait une partie de cet acide phosphorique soluble dans l'acide acétique.

La présence de ces quantités élevées d'acide phosphorique dans les terres du Nord doit être attribuée, en partie du moins, à l'emploi des doses considérables d'engrais humain liquide, dit engrais flamand, probablement parce que les cultivateurs flamands y ont eu recours depuis des temps immémoriaux.

M. Corenwinder, analysant, il y a quelques années, les terres d'une localité voisine de Lille, Marcq-en-Barœul, où tous les cultivateurs fument leurs champs depuis des siècles avec les déjections liquides des habitants de Lille, y trouva une quantité très considérable de phosphates.

Il n'en est cependant pas de même dans tous les sols de notre fertile contrée, ainsi que va le montrer l'expérience dont nous allons rendre compte.

Quelques cultivateurs de notre région, ayant remarqué ou appris que, par suite de la richesse naturelle du sol en phosphates, l'emploi de ces sels était sans utilité, et qu'ils pouvaient obtenir de belles et abondantes récoltes par l'emploi d'engrais purement azotés, tels que les sels ammoniacaux, les nitrates de soude et de potasse, les déchets de laine, cuirs torréfiés, sangs desséchés, etc., se sont livrés à ce mode de culture et ont ainsi à peu près dépouillé leur sol des provisions de phosphates qui s'y étaient accumulées depuis des siècles.

C'est ce que nous avons été appelés à constater à diverses reprises depuis quelques années, à la suite de l'abus des engrais azotés dont nous venons de parler, abus consommé par les cultivateurs dans le but d'obtenir des rendements de 80 à 100.000 kil. de betteraves à l'hectare.

Nous avons reconnu récemment un autre mode d'épuisement

du sol, qui, jusqu'ici, n'a jamais été signalé à notre connaissance, et qui doit l'être , afin de prévenir les conséquences fâcheuses qu'il entraîne forcément à sa suite.

Voici en quoi il consiste :

Il y a dans le Nord de la France un assez grand nombre de cultivateurs qui sont en même temps industriels, qui distillent soit la betterave , soit la mélasse des sucreries , soit le maïs , et qui, ne sachant que faire des résidus liquides de leur industrie , connus sous le nom de *vinasses,* les envoient dans leurs champs où il les distribuent par l'irrigation.

Les vinasses renferment tout l'azote, les sels de potasse et une partie des phosphates enlevés au sol par les betteraves , et leur emploi à larges doses, comme il est pratiqué dans le Nord surtout , permet d'obtenir tous les deux ou trois ans une belle récolte de betteraves.

Or , c'est pour cette culture que l'on emploie uniquement les engrais dans toute la région betteravière : le blé , le seigle , l'avoine , les fourrages cultivés après la betterave , se contentent de ce que celle-ci a laissé de matières fertilisantes dans le sol , car on ne leur rend pas de nouvel engrais ; cela pourrait aller ainsi longtemps , si ces récoltes n'enlevaient pas au sol des quantités considérables de phosphates qui sont exportés du domaine sous forme de blé , seigle , avoine, etc.

Qu'arrive-t-il donc si le cultivateur qui emploie ce mode de fumure néglige d'y adjoindre une quantité de phosphate correspondante à celle que les autres récoltes ont enlevée à la terre ? Que celle-ci s'appauvrit un peu à la fois et finit par se dépouiller presque complètement, au moins dans les couches supérieures du sol , de sa provision de phosphates.

C'est le fait que nous avons observé chez M. H.... , cultivateur et distillateur à Houplin (Nord) , qui, depuis une vingtaine d'années , cultivait alternativement la betterave et le blé au moyen d'irrigations pratiquées tous les deux ans sur la même terre avec les vinasses de sa distillerie et une très petite quantité de fumier. Bien que ses récoltes de betteraves fussent toujours satisfaisantes, ce cultivateur avait reconnu que le nombre d'hectolitres de blé qu'il récoltait à l'hectare diminuait progressivement , et il observait, de plus, la grande facilité à verser des céréales qu'il cultivait. M'ayant consulté sur cet état de choses , il ne me fut pas difficile de lui en expliquer la cause , l'analyse de son sol ayant démontré qu'il renfermait en proportions très convenables tous les éléments de fertilité, sauf l'acide phosphorique qui avait complètement disparu de la couche supérieure du sol jusqu'à 0 m. 35 de profondeur.

Voici cette analyse :

Humidité	16,45
Matières organiques, humus, sels volatils	2,78
Argile, sable, sels minéraux fixes	80,77
	100,00

Azote ammoniacal	0,012	
» organique	0,065	0,099
» nitrique	0,022	
Potasse		0,035
Chaux		0,370
Magnésie		0,151
Alumine et oxyde de fer		3,259
Soude		0,084
Chlore		0,091
Acide sulfurique		traces
Acide phosphorique		néant

Nous avons donc conseillé à M. H.... d'employer immédiatement sur toute sa culture des quantités élevées de phosphates de chaux solubles et insolubles, et depuis lors, le rendement en blé redevient satisfaisant et les moissons échappent généralement à la verse qui les atteignait régulièrement chaque année. Il nous paraît utile d'insister sur ce point et d'engager tous les propriétaires ou cultivateurs, chez lesquels cet accident se produit habituellement, à essayer sur leurs terres l'emploi des phosphates et superphosphates. Cela suffira, nous l'espérons, à les débarrasser de ce fléau.

Désirant voir qu'elle était l'utilité de l'acide phosphorique dans le sol, au point de vue de la culture de la betterave que nous étudions depuis quelques années, nous avons établi chez M. H....., dans une partie de son domaine qui n'avait pas encore reçu d'engrais phosphatés, un champ d'expériences dans lequel nous comparâmes l'emploi de deux phosphates fossiles de richesse différente, d'un superphosphate et d'un mélange d'un superphosphate et de sulfate d'ammoniaque, avec une partie du champ n'ayant reçu aucun engrais, afin de servir de base de compa-

raison. Les phosphates fossiles étaient en poudre fine impalpable ;
ils furent répandus aussi uniformément que possible sur la parcelle d'expérimentation. La dose employée de chacun des engrais
essayés correspondait à 100 kil. d'acide phosphorique à l'hectare.
Dans le dernier carré d'essai, on employa en outre 690 kil. de
sulfate d'ammoniaque renfermant 20,80 pour cent d'azote, soit
200 kil. d'azote à l'hectare.

Voici les résultats obtenus :

Nos d'ordre.	ENGRAIS EMPLOYÉ.	Richesse en acide phosphorique.	Poids à l'hectare.	Rendement en betteraves.	Densité du jus.	Sucre par décilitre.	Sels.	Coefficient selin.	Sucre produit par hectare.
			k.	k.					k.
1	Rien.............	»	»	32.400	5°1	10.16	0.95	10.6	3292
2	Phosphate des Ar- dennes.........	34.8	280	33.800	5.2	10.64	0.81	13.1	3596
3	Phosphate de Bour- gogne	29.5	340	33 400	5.3	10 81	0.95	11.3	3610
4	Superphosphate....	13.5	750	44.700	5.1	10.20	0.90	11 3	4559
5	Id. et Sulfaté d'am- moniaque.......	13.5	750	55.400	4.8	9.47	0.87	10.8	5249

Ces résultats nous paraissent très intéressants. Ils montrent
en effet que si la betterave peut donner une récolte, faible il
est vrai, mais ayant cependant quelque importance, dans un
sol complètement privé d'acide phosphorique, elle acquiert
un grand accroissement de poids lorsqu'on lui offre cet aliment
dans un état où elle puisse facilement se l'assimiler, c'est-à-dire
sous forme de superphosphates, qui renferment presque tout leur
acide phosphorique à l'état soluble dans l'eau.

On voit, par ce qui précède, que les 100 kil. d'acide phosphorique soluble en partie, fournis par le superphosphate, ont
augmenté de 12.300 kil., c'est-à-dire d'un bon tiers, le poids des
betteraves récoltées à l'hectare.

Il est assez remarquable que la même quantité d'acide phosphorique donnée sous forme de phosphate tribasique insoluble,

quoique dans un état de division aussi grand que les moyens mécaniques le permettent, n'ait produit qu'une augmentation de 1.000 à 1.400 kil. à l'hectare, augmentation presque insignifiante. Cela montre que dans les terres neutres ou alcalines, comme celles du Nord, l'emploi des noirs animaux et des phosphates fossiles ne peut produire que de très faibles résultats, tandis que les mêmes engrais, employés dans les terres acides de la Bretagne et de la Vendée, ont produit des merveilles. Il faut donc que nous ayons recours aux superphosphates ; on pourra objecter à cette assertion que l'acide phosphorique soluble des superphosphates, rencontrant dans le sol auquel on le mêle, du carbonate de chaux, de l'alumine et de l'oxyde de fer, doit se transformer assez facilement en phosphates insolubles de chaux, de fer et d'alumine, cela est exact, mais il n'en est pas moins vrai, et l'expérience le démontre, que l'état de division extrême où se trouve l'acide phosphorique ainsi précipité, favorise singulièrement son absorption et son assimilation par les plantes.

Il convient de ne pas abandonner l'expérimentation que nous venons de décrire. sans faire remarquer l'effet extrêmement avantageux produit par l'emploi d'un sel azoté, le sulfate d'ammoniaque. Son adjonction au superphosphate a augmenté la récolte de 11.000 kil. environ, ce qui démontre l'utilité des engrais azotés en mélange avec les phosphates dans la culture de la plante saccharifère.

Le but que nous avons poursuivi en vous communiquant ces résultats est d'appeler l'attention des cultivateurs et des hommes de science, qui les guident de leurs conseils, sur l'épuisement de certaines terres produit par l'emploi répété et exclusif d'engrais incomplets, sur la nécessité de rendre au sol tous les éléments essentiels à la végétation qu'on lui enlève par les récoltes, et enfin sur le rôle et l'utilité de l'emploi des phosphates dans les grandes cultures industrielles du Nord de la France, malgré l'opinion généralement accréditée que ces engrais y sont employés en pure perte.

En ce qui concerne la potasse, je regrette de ne pas être tout à fait de l'avis de M. Woussen ; j'ai fait des expériences analogues à celles qu'il demandait tout à l'heure, en mettant sur le même champ 200 kil. d'azote sous forme de nitrate de soude et de nitrate de potasse et j'ai reconnu que l'on récoltait 2,000 kil. de plus à l'hectare avec la soude. J'ai analysé les cendres de ces betteraves et je n'ai pas trouvé plus de potasse dans les cendres de betteraves fumées avec le nitrate de potasse que dans celles des betteraves fumées avec le nitrate de soude.

Je crois donc que la betterave n'est pas une plante aussi exigeante en ce qui concerne la potasse qu'on l'a dit jusqu'ici et que, quand elle a une quantité suffisante de sels de potasse ou de soude à sa disposition, elle peut également prendre l'une ou l'autre de ces deux bases.

Je crois que l'on pourrait faire de très bonne culture de betteraves dans un sol où il n'y aurait que des traces de potasse, c'est-à-dire extrêmement peu, du moment où il y aurait des sels de soude en quantité suffisante.

Il en résulte que la potasse n'est pas une matière absolument indispensable à la culture de la betterave. Il se pourra faire qu'un cultivateur n'ait pas de belles récoltes de betteraves dans un sol où la potasse manque ; mais lorsque, comme dans presque tous les sols du Nord, la terre en contient des provisions assez importantes, il me parait inutile d'en ajouter encore. C'est une dépense qu'on peut supprimer.

M. Woussen. Il est évident que, lorsque le sol en contient assez, il n'est pas nécessaire de lui en donner, ni même de substituer la potasse au peu de soude qu'on lui accorde. Peut-être ne me suis-je pas expliqué assez complètement ; mais ce qu'il y a de certain, c'est qu'à un moment donné, après des cultures successives, il n'y a plus de potasse dans la terre et, alors, il faut lui en restituer. Les récoltes prennent la potasse à la terre, et les betteraves, notamment, en prennent beaucoup, et jamais on ne lui en restitue. On tire de la betterave du sucre et de la mélasse; cette mélasse est transformée en alcool, et les distillateurs emploient les résidus de la distillation à faire de la potasse ; mais de cette potasse on fait du savon, et elle ne rentre plus dans la terre ; j'ai dû, comme question d'avenir, appeler votre attention sur ce fait que la terre s'épuise de potasse et qu'on ne lui en rend rien.

Les Allemands, à qui, sous ce rapport, nous avons bien des choses à emprunter, ont fort bien compris cela : aussi, attachent-ils une importance des plus grandes à leurs mines de Stassfurth, qui sont des mines de potasse.

Nous sommes cependant d'accord en ceci que ce n'est qu'une question de quantité ; quand il existe de la potasse dans la terre, il est inutile de lui en donner ; mais ce qu'il y a à craindre, c'est de laisser la terre s'épuiser en ne lui en donnant jamais, parce que alors, on ne pourrait plus lui en restituer en quantité suffisante qu'au moyen de sacrifices énormes.

M. Vion. Messieurs, je voudrais dire un mot sur l'emploi des engrais en général. Lorsque le cultivateur n'est pas habitué à employer des engrais chimiques, il commence par montrer une vive préférence pour l'azote, il veut de l'azote, parcequ'il voit bleuir ses récoltes.

Quant à l'emploi de l'acide phosphorique, c'est tout autre chose ; le fabricant peut constater exactement que la récolte de betteraves qui provient d'un engrais incomplet, c'est-à-dire dans lequel l'azote domine ou se trouve seul, est moins bonne ; mais il ne se rend pas compte de la cause. Après avoir essayé de l'emploi exclusif de l'azote, le cultivateur se dit : Je mets pour 100 francs d'azote et je récolte pour 200 francs de betteraves, donc je gagne 100 francs ! Il ne voit pas qu'il a employé aussi de l'acide phosphorique, qu'il n'a pas fourni et qu'il a pris dans les réserves du sol. Il ne s'aperçoit pas que le blé qui vient après, s'il a bonne apparence en herbe, manque de vigueur quand il est en tuyaux.

Quant à moi, lorsque des cultivateurs — et c'est ce qu'ils font tous au premier abord — vantent en ma présence l'emploi d'un engrais, je leur dis : Si vous voulez avoir des blés après vos betteraves, il n'y a que la culture du Nord qui puisse vous servir de modèle ; vous prenez dans vos épis de blé, un engrais qui n'est pas l'azote, mais qui est l'acide phosphorique contenu dans la terre.

M. Joulie. Il me paraît utile, Messieurs, d'ajouter quelques mots à ce qui a été dit sur la question de la potasse, car cela intéresse tous les cultivateurs. On vient de déclarer qu'il importe de rendre à la terre la potasse que la culture lui enlève ; cela n'est pas douteux et je n'ai pas à y revenir.

Mais il y a des terres qui contiennent assez de potasse pour fournir à de nombreuses récoltes, sans qu'on leur en ajoute autrement que par le fumier de ferme ; 300 quintaux de fumier de ferme apportent à l'hectare 200 k. de potasse et peuvent fournir très longtemps aux exigences de la culture ; c'est pourquoi les cultivateurs ne s'aperçoivent pas qu'il y ait nécessité de restituer ; mais, pour d'autres terres, cette nécessité devient évidente après deux ou trois récoltes, et je crois utile de signaler le caractère particulier des racines qui indique cette nécessité. Je l'ai déjà indiqué, il y a plusieurs années, dans un travail publié par le *Bulletin des Agriculteurs de France* et, cette année même, dans un numéro de la *Revue des industries chimiques et agricoles.*

Ce caractère consiste précisément dans ce que certains cultivateurs appellent le *grillage :* vers le mois de juillet, les plantes perdent leurs feuilles, qui noircissent, se détruisent et tombent ; le centre de la betterave noircit également et se creuse ; puis, vers la fin d'août ou le commencement de septembre, lorsque les pluies reviennent, la betterave pousse de nouvelles feuilles, qui ressemblent d'abord à de l'oseille, et qui prennent à leur tour un certain développement.

Eh bien, toutes les fois que j'ai analysé des betteraves qui étaient dans ces conditions, je les ai trouvées beaucoup moins riches en potasse que leurs voisines, qui n'avaient pas subi cet accident. Je crois donc pouvoir indiquer ce *grillage*, très connu des cultivateurs, comme le caractère d'une terre qui manque de potasse et sur laquelle il est indispensable d'en ajouter aux fumures ordinaires. *(Très bien ! — C'est très intéressant !)*

M. Woussen. Je suis extrêmement heureux de voir mon opinion confirmée par cette expérience.

M. le président. La parole est à M. Pellet.

M. Pellet. Messieurs, après un très grand nombre d'expériences, on est arrivé à reconnaître que l'azote et les sels minéraux dans la terre sont nécessaires à la production du sucre dans la betterave. M. Pagnoul vous a dit tout à l'heure que, plus la betterave était riche, moins il y avait de cendres ; par conséquent les cultivateurs se disent : Puisque la betterave très fumée produit moins de sucre, il faut donc mettre moins d'engrais dans la terre pour produire de la betterave riche.

Or, c'est précisément le contraire. Plus la quantité de betteraves produite à l'hectare est grande, plus il y a absorption de matières minérales et azotées.

Apres beaucoup d'essais, nous sommes arrivés à des nombres suffisamment rapprochés les uns des autres pour pouvoir donner des chiffres. Quelles que soient les conditions de production de la betterave, lorsqu'il y a 100 k. de sucre formés, on trouve dans le poids des racines et des feuilles correspondant à ces 100 k. de sucre :

> De 1 k. à 1 k. 3 d'acide phosphorique
>   6 k. à 7 k.   d'alcalis (Potasse et soude).
> 2.5 k. à 3 k.   de chaux et de magnésie.
>   2 k. à 3 k.   d'azote.

Que vous ayez de la betterave riche ou pauvre, pourvu qu'elles soient normales, les nombres sont toujours à peu près les mêmes. M. Joulie vient encore, à propos de la potasse, de confirmer nos premiers résultats ; les expériences faites en Autriche par le Dr Hanamann les ont également confirmés.

Par conséquent, du moment qu'on veut produire une grande quantité de sucre à l'hectare, il faut que la terre puisse fournir à la betterave une grande quantité de matières minérales et d'azote.

Voici donc la proposition à laquelle je m'arrête :

1e Pour produire une grande quantité de sucre à l'hectare, il faut que le sol fournisse à la fois une somme totale d'éléments azotés et minéraux proportionnelle au sucre et non pas au poids de la betterave ;

2° La somme totale de ces éléments azotés et minéraux devra être fournie par le sol même ou par des engrais additionnels ;

3° Plus les betteraves seront riches, plus il y aura de cendres dans les feuilles, et moins il y en aura dans les racines ; le contraire aura lieu dans les betteraves pauvres ; c'est-à-dire qu'il y aura plus de cendres dans les racines et moins dans les feuilles.

Le total des cendres, par rapport aux 100 kilos de sucre produit, reste sensiblement le même ; donc les betteraves riches épuisent moins le sol que les pauvres ; mais il ne faut pas perdre de vue que, plus on voudra avoir de sucre dans les betteraves, plus il faudra d'engrais dans le sol.

L'acide phosphorique n'est remplaçable par aucune substance, tandis que la potasse peut être remplacée par la soude, et la chaux par un peu de magnésie. Mais, pour l'acide phosphorique, aucune substance ne peut le remplacer dans ses fonctions relativement à la production du sucre.

Par conséquent, toutes les fois que la terre ne peut fournir 1 k. ou 1 k. 1/2 d'acide phosphorique, il y a 100 kilog. de sucre qui ne se forment pas, quelles que soient les proportions des autres éléments.

L'acide phosphorique est relativement l'engrais au meilleur marché, et celui qui présente la plus grande utilité, puis qu'il a un coefficient de 100 à peu près, tandis que les autres ont un coefficient bien moindre ; toutes les fois donc qu'il manque au sol une quantité d'acide phosphorique représentée par 1, il y a une quantité 100 fois plus grande de sucre qui ne se forme pas ; tandis que, pour la potasse, la soude et les autres matières, la somme totale, d'après les différentes expériences, est d'environ 7 kilos, c'est-à-dire que toutes les fois qu'il y a 7 kilos de sucre dans l'ensemble de la plante, racine et feuilles, il y a une quantité de sels, potasse ou soude, qui est représentée par 7 kilogs.

Par conséquent, lorsqu'il manque 1 d'alcali total, potasse ou soude, le coefficient est de 16 environ ; c'est-à-dire que s'il manque 1 de sels alcalins, potasse ou soude, il manquera 16 de sucre. Donc l'acide phosphorique est beaucoup plus important que la potasse, la soude ou la chaux. De même, la magnésie existe toujours en proportion considérable dans 100 kilog. de betteraves.

Vous savez, Messieurs, que dans beaucoup de cas le sol manque de magnésie. En Allemagne, on commence, dans les analyses, à doser la magnésie.........

Une voix. Dans les engrais ?

M. Pellet...... comme autrefois on dosait la potasse.

D'un autre côté, l'azote est le produit qui varie le plus par 100 kilog.; si l'acide phosphorique, la potasse, la chaux, la magnésie varient peu, l'azote varie dans des proportions considérables, selon la quantité qui en a été mise dans le sol.

Ainsi les betteraves d'Allemagne, qui sont généralement cultivées après la troisième année de fumure, contiennent, d'après les expériences que nous avons faites : 0,8 à 1 kilog. d'azote par 100 kilog. de sucre formé ; au contraire, la moyenne, en France, est de 2 à 3 kilog. d'azote par 100 kilog. ; et des betteraves, à 8 pour cent, ont absorbé jusqu'à 4 kilog. d'azote par 100 kilog. de sucre formé. Une grande quantité d'azote complètement formé dans les betteraves nuit à la bonne qualité de la plante ; il faut donc, autant que possible, chercher à diminuer la quantité d'azote dans les engrais, pour augmenter la quantité de potasse, et surtout d'acide phosphorique, qui ne fera jamais de mal en excès, tandis que l'azote en excès pourra toujours nuire. *(Applaudissements.)*

Je demande à ajouter quelques mots à ce que j'ai dit de la magnésie ; je désire appeler l'attention de tous les cultivateurs de betteraves proprement dits sur l'importance de cette substance.

J'ai eu à m'occuper moi-même des caractères alcalins que présentent tous les sels de magnésie sans exception, silicates et carbonates ; il y a entre eux des analogies très grandes. Je signale aussi cette substitution si remarquable de la magnésie à la potasse et à la soude dans les plantes soumises à la culture, ainsi que les effets qui se produisent, au point de vue de la végétation, par l'emploi de la magnésie, concurremment avec la soude et la potasse.

Je crois donc qu'il y a lieu d'appeler l'attention sur cet élément des engrais et des terres.

M. Joulie. Messieurs, il y a longtemps qu'on s'est occupé de cette question de la magnésie ; et si on n'a pas appelé bien énergiquement l'attention des cultivateurs sur l'utilité de la magnésie dans les engrais, c'est qu'il est très peu de terres qui, en réalité, aient besoin de magnésie. J'ai fait, pour ma part, 1.500 analyses de terres provenant de tous les points de la France ; je n'en ai pas rencontré plus de 5 ou 6 qui fussent des terres manquant assez de magnésie pour qu'il y eût lieu de s'en préoccuper ; c'est donc un des éléments les plus communs dans le sol ; et c'est pourquoi, en général, il n'y a pas lieu de s'en préoccuper. Mais, évidemment, lorsqu'on se trouve en présence de terres manquant de magnésie, il est facile de s'en assurer par l'analyse, et dans ce cas, il devient indispensable d'en introduire pour les engrais, car toutes les plantes en font une consommation importante.

M. Barral. Je ne crois pas, Messieurs, que beaucoup d'entre nous aient eu la bonne fortune, — c'est une mauvaise fortune aujourd'hui, d'assister au Congrès qui s'est tenu en 1852 à Valenciennes. A cette époque, les mêmes questions qui ont été posées aujourd'hui ont été déjà traitées. La betterave, pendant quelque temps, avait cessé de donner de bons produits; on la regardait comme malade. Plusieurs chimistes sont venus alors à Valenciennes, M. Dumas, M. Chevreul, et plusieurs autres aussi illustres; et l'on est arrivé alors à une formule à la création de laquelle a contribué M. Chevreul : c'est qu'il fallait, pour la culture de la betterave comme pour toutes les autres, compléter par l'engrais tout ce qui se trouve déjà dans le sol. Ce n'est, en somme, que ce complément, par rapport à la récolte, qu'on veut obtenir. Il faut donc, avant tout, connaître son sol : quand il contient assez d'éléments fécondants, il n'y a pas besoin d'en ajouter; s'il renferme en abondance de la potasse, de la soude, de l'acide sulfurique et de l'acide phosphorique, il est inutile que vos engrais lui en apportent.

Le premier conseil à donner au cultivateur, c'est donc de connaître son sol; une fois ce conseil donné, une fois qu'il l'a suivi, on peut lui dire : il est nécessaire d'ajouter tel ou tel acide, de la soude, de la potasse, de la magnésie, ou même, dans certains terrains, de la chaux; car il arrive parfois qu'il manque aussi de la chaux, pas dans vos terres du Nord, Messieurs, bien entendu, mais dans d'autres régions, si l'on veut y propager la culture de la betterave.

Je crois donc nécessaire, de signaler ce fait, que toujours le cultivateur doit commencer par étudier son sol, et par savoir quels éléments il doit y introduire au moyen des engrais, s'il veut l'améliorer. (*Applaudissements*).

M. Ladureau. Je ne répondrai qu'un mot à M. Barral, c'est que dans nos terres du Nord comme ailleurs, l'influence de la chaux se fait très souvent sentir d'une manière favorable, ainsi que j'en ai acquis la preuve à maintes reprises.

M. le Président. Je crois, Messieurs, que nous n'avons pas lieu de regretter le temps que nous avons consacré à la question des engrais; cette discussion nous a fourni des renseignements précieux.

Mais c'est surtout de ce que vient de dire M. Barral que je crois qu'il faut tirer une utile conclusion. Il est facile d'apprécier la différence et la valeur des engrais, des amendements à donner à la terre ; il importe seulement, pour le vrai cultivateur, de s'assurer avant tout de la nature de son sol. Je suis donc d'avis que la résolution à prendre par le Congrès est celle-ci : En présence des renseignements qui viennent d'être donnés sur l'utilité de tels ou tels engrais à apporter dans chaque terre, il importe que le cultivateur commence par se rendre compte de la nature du sol.

Si donc vous voulez accepter une formule de résolution dans ce sens, je crois qu'elle sera le complément convenable de la discussion qui vient d'avoir lieu sur l'utilité des engrais.

Cette résolution, Messieurs, pourrait donc être ainsi formulée :

« Le Congrès estime que le premier devoir du cultivateur est « de se rendre compte de la composition de son sol et des éléments « qui lui font défaut, pour déterminer quelle est la nature et les « proportions des engrais complémentaires qu'il doit lui fournir. »

Un membre. Messieurs, je propose d'ajouter : « et les éléments assimilables qui lui font défaut », car l'analyse chimique pourrait donner des éléments en quantité suffisante, mais qui ne seraient pas disponibles et ne pourraient pas être utilisés dans la récolte prochaine.

Une voix. Il y a des éléments non assimilables qui ne font pas défaut...

Le même membre. Pardon, l'analyse les constate, mais ils ne sont pas disponibles.

M. Roberts. Qu'on me permette de dire un mot : dans les milieux où vivent les êtres organisés, quels qu'ils soient, il n'y a rien d'assimilable : les éléments sont absorbables plus ou moins, quand ils sont solubles, mais ils ne sont jamais assimilables que quand ils ont été élaborés par l'être organisé. Le mot assimilable ne sert absolument qu'à déguiser le peu de richesse des engrais phosphatés en phosphates solubles.

Plusieurs voix. C'est un mot dont on se sert. — Il ne faut pas s'y attacher.

M. Roberts. Ce mot est absolument faux ; lorsqu'on vous vend 10 % d'acide phosphorique insoluble, vous pourriez aussi bien avoir 10 % d'acide soluble dans l'eau, et 9 % d'acide insoluble. Il n'y a qu'une chose rationnelle à faire : c'est de procéder comme on le fait en Angleterre et en Hollande, où l'on ne se préoccupe, en matière d'engrais phosphatés, que de ce qui est soluble et de ce qui n'est pas soluble dans l'eau. De cette façon, le cultivateur ne peut être trompé.

J'ai trouvé dernièrement, dans le journal de M. Barral, le fait que voici :

Un engrais, acheté dans une fabrique, et vendu au degré d'acide phosphorique assimilable, fut partagé entre deux cultivateurs ; l'un a eu 12 et une fraction d'acide phosphorique soluble dans l'eau ; l'autre en a eu 5 et une fraction. Cependant le fabricant vend son acide phosphorique soluble dans l'eau de 0.95 c. à 1 fr. 05 c. le kil. ; et il vend le mélange à 0 fr. 80 cent. Par conséquent, le cultivateur qui a eu le moins d'acide phosphorique soluble dans l'eau, a payé son engrais à peu près 2 fr. plus cher que l'autre.

On ne doit donc pas se servir du mot *assimilable*, il est absolument inutile, et il faut systématiquement l'exclure de toutes les formules.

M. Joulie. Le phosphate soluble dans l'eau cesse de l'être quand il est dans le sol ; il n'est pas moins assimilable pour cela.

M. le Président. C'est une affaire de convention.

M. Roberts. Je vous demande pardon, M. le Président ; je ne trouve pas du tout que ce soit une affaire de convention.

M. Vion. Je ferai observer à M. Roberts que l'indication contenue dans sa proposition est insuffisante.

Le Congrès est fait essentiellement en vue des agriculteurs, des cultivateurs ; si nous voulons que cette résolution soit lue et comprise par eux, je crois que nous devons nous éloigner le plus possible des formules scientifiques. *(Approbation.)* Que les mots employés soient plus ou moins exacts théoriquement, peu importe ; à mon sens, la rédaction proposée par M. le Président était satisfaisante, parce qu'elle était fort simple et fort intelligible ; je crois que ce sera certainement la meilleure que nous puissions adopter.

Je le répète, Messieurs, je vous demande de vous écarter le plus possible des formules scientifiques dans vos résolutions ; c'est parfait dans la discussion ; mais dans une résolution cela ne vaut rien.

M. Roberts. Je fais observer encore que le Congrès des Directeurs de Stations Agronomiques, qui a eu lieu l'année dernière, a décidé qu'on ne devait pas se servir, dans les discussions insérées dans ses annales, du mot *assimilable*. Il m'a semblé que c'était là une autorité suffisante pour qu'on en proscrivît l'usage.

M. Joulie. Je crois que le Congrès ferait une excellente chose en votant la proposition, cependant il serait bon de prévenir les cultivateurs que la chimie analytique est encore impuissante à déterminer les quantités d'éléments assimilables dans une terre donnée — c'est à dessein que je dis : « assimilables » et non pas : « solubles ».

Vous trouverez, par exemple, une quantité d'azote qui se chiffrera par 40.000 kil. à l'hectare ; mais cela signifiera-t-il qu'il y a assez d'azote ? Entre 2.500 ou 3.000 kil., que l'on trouve dans une terre ordinaire, et des quantités de 40.000 kil. et plus que j'ai souvent rencontrées, le dosage est bien variable et le chimiste est toujours embarrassé pour dire si la terre a besoin ou n'a pas besoin d'azote.

S'agit-t-il, par exemple, d'un vieux pré défoncé, l'azote s'y trouve en excès et le blé y verse fréquemment ; mais, dans un bois défriché, l'azote est aussi en très grande quantité et cependant le blé n'y verse pas.

Vous voyez donc que la distinction est très difficile et qu'il ne peut pas suffire de porter sa terre chez un chimiste pour savoir s'il y a lieu de lui donner telle ou telle quantité d'azote ; il faut encore tenir compte du degré d'assimilabilité. Dans le cours d'une saison, les matières enfouies dans la terre se transforment dans son sein ; en combien de temps se fera cette transformation ? cela dépendra des influences climatériques et de la perméabilité du sol et du sous-sol, à l'air et à l'eau, toutes conditions qu'il est impossible de déterminer par l'analyse

En résumé, oui, le cultivateur doit avoir recours à l'analyse chimique pour connaître la richesse de fond de sa terre ; mais il ne peut pas lui demander les quantités de tel ou tel élément à employer comme engrais.

M. le Président. Il n'a pas été dit que le cultivateur devra déterminer les quantités d'engrais à employer par l'analyse chimique ; nous disions qu'il déterminera la nature de son sol par l'analyse, et aussi par des observations de toute nature.

M. Joulie. Il m'avait paru nécessaire de bien préciser ce point essentiel.

M. Roberts. Un mot, Messieurs ? Je n'ai pas dit et je n'ai pas voulu dire qu'il n'y avait d'assimilables que les corps solubles ; voici ce que j'ai voulu dire . . . .

M. le Président. Je pense qu'il serait inutile de nous arrêter plus longtemps sur le plus ou moins de propriété d'un mot. Je crois donc devoir clore ici la discussion.

(La résolution, mise aux voix, est adoptée).

M. Woussen. J'aurais aussi à émettre un vœu que je vais exprimer en quelques mots : Tout ce qui a été dit ici, Messieurs, est d'une incontestable utilité pour les agriculteurs ; mais il faut que cela se répande et la publication du compte rendu des séances du Congrès ne suffirait pas pour cela. Le vœu que j'exprime est celui-ci : que, dans toutes les organisations de concours agricoles. la question des engrais soit plus activement, plus sérieusement prise en considération.

M. le Président. Vous nous entraînez au delà du programme.

M. Woussen. Je propose que le Congrès émette le vœu que, dans l'organisation de tous les concours agricoles, il soit tenu compte davantage des questions d'engrais ; ordinairement dans ces concours, on ne voit que des charrues, des batteuses, des chevaux, etc., et jamais on ne voit d'engrais.

Plusieurs voix. Si ! si ! vous vous trompez !

M. Woussen. Oh ! bien rarement.

M. le Président. Si vous voulez nous donner la formule, elle sera remise au bureau. Nous voulons donner à nos résolutions toute la publicité possible ; mais celle que vous proposez est en dehors du programme.

M. Woussen. Alors, c'est tout ce que je voulais dire.

M. Mariage. Mais la première partie du programme n'est pas encore épuisée. Je vois indiquée la question des labours. Les cultivateurs ne sont pas des chimistes, parlons leur un peu des labours, ils n'en seront pas fâchés. Cela rentre dans le pro gramme et je vois que jusqu'à ce moment on n'a pas abordé cette question.

On vous a dit qu'il faut pour une bonne culture de betteraves labourer profondément. Trop souvent, nous voyons gratter simplement la terre en plein hiver pour lui confier la graine ; alors, on n'obtient pas de résultat et on s'en prend aux engrais.

Les cultivateurs en savent plus que nous là-dessus, du moins ils le prétendent, et il est bon de leur dire ce que nous avons constaté. J'ai eu connaissance d'une expérience très concluante à ce sujet ; le fait a été produit devant la Société des agriculteurs du Nord, et l'expérience a été jugée intéressante. Un cultivateur avait un champ présentant quelques irrégularités, il l'avait divisé en plusieurs bandes de terrain d'un mètre de largeur au long desquelles il avait creusé un ruisseau d'une profondeur de 50 centimètres environ en rejetant la terre sur le champ. L'été venu, il remplit le ruisseau avec cette terre et il y sème une graine de qualité bien pivotante, une bonne graine que je ne nommerai pas pour ne pas être accusé de lui faire de la réclame.

Au moment de la récolte, il a été fort étonné de trouver deux espèces de betteraves, les unes excessivement racineuses, de celles auxquelles, à cause de cette particularité on donne le nom *d'araignées ;* les autres, au contraire, sans racines et très lisses. A la place du ruisseau, on remarquait une ligne de betteraves très pivotantes placées entre deux betteraves racineuses et il en était de même jusqu'au bout du champ. Frappé de ces différences , j'ai fait peser ces betteraves , je les ai fait photographier et puis analyser par un chimiste.

Voici le résultat du pesage et de l'analyse :

1° Betteraves cultivées sur défoncement pratiqué avant l'hiver.

Poids moyen..................... 1^k, 397
Densité du jus.. .... 1061, 5
Sucre %......................... 12,97

2° Betteraves cultivées sur labour ordinaire de printemps.
Poids moyen......... .... 1^k, 073
Densité du jus................... 1051, 5
Sucre %......................... 10,37

Eh bien, vous le voyez, avec les mêmes graines dans un même terrain , mais placées dans des conditions différentes, on obtient des résultats très différents. N'est ce pas une raison pour préconiser une fois de plus les labours profonds et pour prouver aux cultivateurs qu'il ne suffit pas de gratter la terre et de lui confier des graines ?

De toutes parts : Très-bien, très-bien ! (*Applaudissements*).

M. Simon Legrand. Depuis longtemps , les cultivateurs qui font des expériences nous communiquent des résultats importants et tout ce qui vient d'être dit à cet égard, je l'approuve : mais ce qu'on oublie, c'est qu'en France on ne tient pas assez compte de l'état de la terre à la sortie de l'hiver : il faut attendre que la terre soit suffisamment sèche. Si vous roulez votre terre humide, vous la rendez compacte et vous vous exposez ainsi à une mauvaise récolte ; la terre n'étant pas poreuse, la betterave tend à sortir trop tôt du sol ; de là une mauvaise récolte en sucre. N'allez donc jamais mettre la graine dans une terre qui n'est pas suffisamment sèche. (*Approbation*).

M. Vivien. Je donne certainement mon appui à tout ce qui vient d'être dit sur les questions ayant trait à la richesse en sucre

des betteraves, aux labours, aux graines et aux engrais et mon
Traité sur la fabrication du sucre relate déjà toutes ces conditions ;
mais il est une question intéressante à laquelle on n'a pas encore
touché, c'est celle des assolements ; permettez-moi quelques mots
à cet égard.

Il faut labourer très profondément et la terre doit être ameublie
aussi bien par la main de l'homme que par la gelée et autres influ -
ences atmosphériques pour avoir de bons résultats ; de là, la
nécessité des labours avant l'hiver ; il faut encore de l'engrais en
quantité suffisante pour obtenir une récolte abondante et pour ne
pas nuire à la qualité de la betterave ; il faut choisir tous engrais
solubles immédiatement assimilables ou en voie de décomposition
quand on se sert d'engrais organiques. Dans les pays étrangers
où l'on obtient, même avec la graine française, des betteraves
très riches, on laboure les terres fin de l'été ou en automne immédiatement après l'enlèvement de la récolte d'été, et on enfouit
sous le labour les engrais organiques nécessaires pour trois ou
quatre récoltes successives. Dans ces engrais, dont les principaux
paux sont les fumiers, tourteaux, laines, etc., tous les éléments
actifs ne sont pas immédiatement assimilables, une partie seulement est soluble : le reste le deviendra à son temps.

Pour éviter les mauvais résultats que donneraient des betteraves semées dans ces conditions, on commence la rotation en
semant sur ces engrais organiques en octobre ou novembre du
blé de saison. L'engrais ayant été mis profondément, on n'a pas à
craindre la *verse*, surtout si dans le cas de fumier ou de terre trop
azotés, on ajoute entre deux labours une certaine quantité de
superphosphate qui contrebalance les effets de la pousse trop
vigoureuse en vert.

Dans ces conditions, les parties assimilables des engrais mis à
la disposition du blé étant bien pondérées, on obtient des tiges
fortes et des épis nourris qui arrivent à pleine maturité.

Immédiatement après la récolte du blé, on procède à un nouveau labour profond, aussi profond que le premier et on divise
ainsi dans toute l'épaisseur de la couche arable. les engrais organiques en voie de décomposition. Au printemps suivant, alors que
la terre a subi l'action de deux labours profonds faits en bonne
saison, par le soleil, de deux hivers successifs, dans de bonnes
conditions à cause des labours qui ont ouvert le sol, on ajoute à
la surface :

500 à 1000 k. d'engrais chimiques contenant :
70 à 140 k. d'azote
60 à 120 k. d'acide phosphorique
40 à 80 k. de potasse.

et on sème les betteraves.

L'assolement se continue en mettant à nouveau du blé ou généralement de l'avoine ou du seigle à l'automne et dans les cas où l'arrière-saison ne le permet pas, on sème des céréales au printemps comme troisième sole, c'est-à-dire, blé, avoine ou orge ; sur une partie des terres on met de la minette, du trèfle ou des vesces et on cultive les dravières, le sainfoin et la luzerne hors sole, puis on recommence la rotation.

Dans ces conditions, qui représentent pour l'ensemble l'assolement triennal, on obtient des betteraves cultivées dans des conditions parfaitement convenables pour concilier les intérêts du fabricant et du cultivateur ; les betteraves peuvent pousser sans racines et être de bonne qualité sucrière, parce que la terre est bien ameublie, les engrais organiques décomposés et les engrais chimiques assimilables.

L'abondance de la récolte dépend de la fertilité du sol et de la quantité d'engrais organiques et chimiques ajoutés.

Cet assolement est bien différent de celui suivi en France et on peut attribuer aux fumures organiques à décomposition lente, mises en terre tardivement et à la veille de l'ensemencement des betteraves, de même qu'aux labours profonds faits tardivement et dans de mauvaises conditions, les ennuis qu'éprouve la culture récoltant des betteraves racineuses, et les ennuis qu'éprouvent les fabricants recevant des betteraves pauvres, chargées de sels, difficiles à laver et à travailler.

Je termine en désirant que mes paroles soient comprises de la culture et entendues des fabricants de sucre pour couper court aux différends qui surgissent entre eux et améliorer le sort de l'agriculture sucrière. (*Approbation*).

M. le Président. Nous avons épuisé cette seconde partie du 1ᵘ « Semailles. Leur époque ; soins à y apporter. Facilités pour semer de bonne heure. » Personne n'a-t-il d'observations à présenter sur ce point ?

M. Vilmorin. J'aurais été heureux d'entendre parler sur cette

question, car chacun connait son pays ; je dois dire que dans les
environs de Paris, les semailles de la deuxième quinzaine d'avril
donnent les récoltes les plus égales et qui réussissent le mieux
dans toutes les régions où se produisent successivement des
périodes de chaleur et de sécheresse. En effet, les semences de
betterave, quand elles atteignent la grosseur d'une petite carotte,
supportent fort bien cette température ; mais si au contraire elles
sont trop avancées quand les chaleurs arrivent, elles ne gros-
sissent plus, et quelquefois elles montent en graîne ; de sorte que
l'on peut dire que, dans les pays qui ne sont pas humides, qui
n'ont pas un été frais et pluvieux, les semailles très précoces ne
sont peut-être pas à recommander.

M. Vion. Il est possible que, dans le Midi, il faille semer plus
tard ; mais dans le Nord, il importe de choisir les premiers jours
d'avril, parce qu'on n'est pas sûr de retrouver le même temps
après le 15 de ce mois. Nous tâchons de ne pas dépasser le commencement de mai ; dans le Nord, où l'on n'est pas sûr du temps,
il y a un principe qui domine tout : c'est celui de ne pas remettre
au lendemain ce qu'on peut faire le jour même. Je ferai donc
toujours cette recommandation, de ne pas attendre plus tard que
les derniers jours d'avril.

J'ai remarqué encore qu'une cessation ou une reprise de beau
temps est quelquefois nuisible aux betteraves ; ce sont là, malheureusement, de ces accidents avec lesquels il y a toujours à
compter, toujours imprévus, auquel la science et l'expérience
ne peuvent presque rien ; mais enfin, il n'y a pas à se désespérer,
car il se peut aussi bien que l'accident produise quelque chose de
plus favorable.

M. le Président. Les deux observations qui viennent d'être
présentées ont leur utilité, mais elles laissent parfaitement entière
la question de l'écartement des plantes.

M. Pellet. L'expérience indique que l'écartement le plus favorable est celui qui donne dix betteraves pour un mètre carré, en
les séparant à 25 centimètres sur la ligne et en donnant aux
lignes un écartement de 40 centimètres. On peut aussi obtenir
10 betteraves au mètre carré en rapprochant les lignes et en
écartant sur les lignes, par exemple, à 33 c. en tous sens. Mais

à cet égard, les cultivateurs procèdent de différentes manières, et les résultats ne sont pas les mêmes. Nous avons reconnu qu'il vaut mieux écarter les lignes et semer serré sur la ligne, au lieu de rapprocher les côtés. Cela dépend beaucoup de la nature des betteraves.

M. Ladureau. Je propose la formule suivante :

Le Congrès estime qu'il est nécessaire, pour obtenir des » récoltes de betteraves abondantes et de richesse satisfaisante, » de rapprocher les plants de manière à en laisser 10 par mètre » carré, ce qu'on obtient en plaçant les betteraves à 40 centi- » mètres entre les lignes et à 25 centimètres dans les lignes. »

M. Vion. La distance de 40 centimètres me paraît trop rapprochée pour permettre le fonctionnement de la houe à cheval ; je demande 45 centimètres.

Un membre. Je demande à dire un mot au sujet de la proposition qui vient d'être faite ; je crois que le Congrès ne doit pas préciser la distance à laquelle il faut semer les betteraves ; cela dépend de l'état dans lequel on trouve la terre ; si la terre n'est pas très riche, si elle n'est pas très grasse, le cultivateur, après avoir semé si serré, n'obtiendra pas de récolte et dira : Le Congrès m'a induit en erreur ; il m'a donné un mauvais conseil. Contentons-nous de dire au cultivateur de semer les betteraves rapprochées autant que possible ; c'est à lui à apprécier dans quelles limites il doit suivre cet avis ; c'est à lui à savoir l'état de fertilité de sa terre, et comment il peut faire pousser ses betteraves.

M. le Président. On pourrait ajouter à cette mention, qu'il y a lieu de moins écarter les lignes à proportion que la terre est plus grasse.

M. Pichard. Il faut tenir compte de diverses considérations : plus la région où l'on opère se rapproche du Midi, plus le resserrement doit être grand. J'ai, moi-même, obtenu un résultat meilleur avec un écartement de 25 centimètres entre les lignes, et de 15 c. sur les lignes, qu'avec des distances de 40 et de 25 centimètres

M. Woussen. Cela dépend des terres.

M. Vion. Et des espèces de betteraves.

M. Woussen. Dans les régions du Nord, il y a avantage à écarter les lignes, et souvent à serrer dans les lignes. Nous sommes généralement privés d'air et de lumière, souvent, pendant des périodes assez longues, il faut donc que le sol puisse les recevoir tous deux à la fois ; ce qui ne se pourrait pas toujours si on plantait les lignes trop près l'une de l'autre. Je pense que la meilleure distance est 0^m 45 cent. Cet écartement facilite aussi les travaux de binage avec les chevaux, travaux qui sont indispensables dans les grandes cultures, dans la proportion de l'importance de celles-ci. Il faut donc écarter les lignes et serrer dans les lignes.

M. le Président. Nous trouvons dans les observations qui viennent d'être présentées, qu'il convient de maintenir, autant que possible, 10 betteraves par mètre carré. Le Congrès est-il d'avis d'insérer cette observation dans sa résolution.

Voix nombreuses. Oui ! oui ! autant que possible !

M. Woussen. Cela dépend des terres.

M. le Président. Voici la résolution que je propose :

« Le Congrès estime que, pour obtenir un bon produit, il faut rapprocher autant que possible les plantes en laissant plus d'écartement entre les lignes qu'entre les betteraves, de manière à laisser 10 betteraves au mètre carré. »

M. Vion. Je ne sais s'il est utile de tant préciser.

M. Vilmorin. Il est très sage, à mon avis, d'indiquer aux cultivateurs qu'ils doivent laisser 10 plants au mètre carré, parce que, dans ces conditions, on en trouve à peu près 8 à la récolte ; et c'est déjà une très bonne proportion. Il y a toujours, au cours de la végétation, quelques racines qui périssent pour une cause ou pour une autre. Je le répète, si les plants sont disposés de telle sorte qu'il y en ait dix par mètre carré, on peut compter qu'il en sera retrouvé 8 lors de la récolte, ce qui est une proportion très satisfaisante.

M. Vivien. Le Congrès ne peut pas formuler de règles de ce genre ; par exemple si, sur une terre qui produisait 30,000 kil. de betteraves à l'hectare, vous mettez 100,000 plants, vous n'aurez plus que des betteraves rachitiques, de mauvaise qualité, qu'il sera impossible de travailler ; c'est ce qui s'est produit dans beaucoup de contrées, où il a été impossible de tirer parti de betteraves semblables. — Vous n'obtiendrez dans ce cas que des betteraves pesant 300 grammes en moyenne, et il y en aura d'un poids si minime parmi elles, qu'elles seront sans valeur et impossible à travailler, ainsi que je l'ai vu cette année en Hollande.

Je demande la permission de relater une expérience que j'ai faite il y a quatre ans : j'ai laissé des betteraves très rapprochées les unes des autres, et elles ont fourni bien moins de sucre que celles auxquelles j'avais accordé plus d'espace.

La distance à choisir devra varier considérablement selon la fertilité du sol. Il n'y a rien à préciser à ce point de vue. — Où il y a de quoi nourrir 100 betteraves, il ne faut pas en mettre 1000, car il n'en subsisterait que la dixième partie. Il faut donc ajouter à la résolution ces mots : « En tenant compte des conditions de fertilité du sol et du climat. »

Un membre. Le nombre de 10 betteraves au mètre carré suppose une fertilité du sol exceptionnelle, et une culture pour ainsi dire intensive.

M. Woussen. Je ferai observer qu'en disant qu'on doit rapprocher les plants autant que possible, nous nous exposerions à faire croire que nous conseillons une distance de 0^m10, ce qui n'est pas vrai.

M. Ladureau. Il serait bon, pourtant, de donner une indication, ne fût-elle qu'approximative, en mettant 8 ou 10 plants au mètre carré si vous voulez ; mais précisons quelque chose.

M. le Président. J'ai deux propositions à mettre aux voix ; d'abord, celle qui consiste à indiquer le chiffre de 8 à 10 plants par mètre carré ; puis celle qui repousse toute mention d'un chiffre.

M, Simon Legrand. Jé proposerais, pour concilier les deux opinions, de mettre dans la formule, que la plantation doit être faite de façon que le poids de la betterave ne dépasse jamais 1 kilogr. — De cette façon vous ne préciserez que le résultat à atteindre, et non le moyen à employer.

M. le Président. Cela me paraît très difficile, de dire...... comment le poids des betteraves ne dépassera probablement pas 1 kilog.

Un membre. D'ailleurs, on ne peut le savoir que plus tard, au moment de la récolte.

M. Simon Legrand. Précisément : au moment de la récolte, on verra quels sont les résultats, et on partira de là pour fixer les semis de l'année suivante.

M. le Président. Je mets aux voix la formule proposée, avec le chiffre de 10 plants au mètre carré, en y ajoutant les mots : « autant que possible. »

La résolution est votée dans ces termes :

« Le Congrès estime qu'il convient, pour obtenir un bon produit, de rapprocher autant que possible les plants, en mettant plus d'écartement entre les lignes qu'entre les betteraves, et en laissant autant que possible dix plants par mètre carré. »

Un membre. Je fais observer que, au cours de la discussion qui vient d'avoir lieu pour préparer cette résolution, une addition proposée par M. Vivien a été prise en considération ; elle consistait en ceci : « les plants doivent être rapprochés autant que possible, et ce rapprochement peut varier suivant les conditions de fertilité du sol et le climat » le nombre de dix plants au mètre carré était ensuite indiqué comme moyen.

M. le Président. L'observation sera consignée au procès-verbal.

M. Barral. Dans le paragraphe du programme que nous venons de discuter, il est question aussi des récoltes ; je dirai, à ce propos, que je voudrais qu'il fût fait de nouvelles expériences sur la machine à arracher les betteraves. Ces sortes de machines, jusqu'à présent, ne sont pas satisfaisantes. Il serait utile, je crois, de les examiner de près dans les concours. J'ai eu l'honneur, à Versailles, d'être le président du jury pour le concours des machines à arracher ; et je pense que de nouveaux essais sont nécessaires, parceque les machines qui ont été expérimentées jusqu'à ce jour ne sont pas, je le répète, complètement satisfaisantes, et voici pourquoi : ayant fait faire l'arrachage à la main et l'arrachage par la machine, nous avons constaté notamment que, tandis que les betteraves arrachées à la main ne donnaient qu'une perte de 10 à 12 $\%$ en betteraves cassées, il y avait de ce chef une perte de 25 à 50 $\%$ pour les betteraves arrachées à la machine. Par conséquent, il y a encore des expériences à faire ; il faut encourager les constructeurs à perfectionner ces machines ; et je crois utile, par conséquent, de soumettre la question à l'expérience.

Un membre. Je me permets de faire un retour sur ce qui a été dit à propos de l'écartement des plants. Je ne veux pas rentrer dans la question qui est épuisée ; mais j'aurais désiré qu'il fut fait cette mention dans la formule de la résolution : « qu'il faut tenir compte de la qualité des graines au point de vue de la germination. » Je parle au point de vue de la qualité et de la quantité de la récolte.

M. le Président Il sera tenu compte de l'observation.

Je remercie le Congrès du concours qu'il a bien voulu me prêter dans l'accomplissement de la mission, heureusement temporaire, qui m'a été confiée par suite de l'indisposition de M. Foucher de Careil et du départ du Vice-président de la Société nationale d'encouragement, M. Caze.

Demain, l'un de Messieurs les Vice-présidents dirigera vos travaux, messieurs ; je termine en vous priant instamment d'arriver exactement pour l'ouverture de la séance, dont l'ordre du jour est fort chargé et qui sera pleine d'intérêt.

La séance est levée à 5 heures 1/2.

Séance du Mardi 7 Février.

<hr>

Présidence de M. FOUCHER DE CAREIL.

La séance est ouverte à 2 heures.

M. Foucher de Careil, Sénateur, Président de la Société Nationale d'Encouragement à l'Agriculture, occupe le fauteuil de la présidence.

M. de Lagorsse, *Secrétaire général,* donne lecture du procès-verbal de la précédente séance.

M. le Président. Quelqu'un a-t-il des observations à faire sur le procès-verbal ?

M. Desprez. Je demande la parole.

Messieurs, j'ai été empêché hier de prendre part aux travaux du Congrès ; j'avais l'intention de lui adresser une communication, qui peut se résumer dans le vœu que je vais vous exposer :

J'émets le vœu que la Société Nationale d'Encouragement à l'Agriculture nomme une Commission chargée d'étudier les voies et moyens pour arriver à installer, dans tous les pays à betteraves, des champs d'expérience établis sur les mêmes bases, afin de faire des essais comparatifs sur les variétés qui peuvent être le plus avantageusement cultivées en France, et sur les moyens d'obtenir les meilleures graines.

M. le Président. Monsieur, ceci n'est point une observation sur le procès-verbal ; c'est un vœu que vous émettez, et qui pourra être soumis, à un autre moment, à l'approbation de l'assemblée.

M. Simon Legrand. Je demande la parole pour la communication suivante :

(L'orateur donne lecture des premières lignes de son manuscrit.)

M. le Président. Monsieur, ceci n'est pas non plus une observation sur le procès-verbal ; vous paraissez avoir l'intention de rentrer dans une discussion qui a été épuisée ; je devrais, dès lors, consulter l'assemblée pour savoir si elle veut vous y autoriser.

M. Simon Legrand. Mais il me semble que la question est extrêmement importante ; c'est la question de la graine.

M. le Président. Je ne doute pas que ce ne soit très important ; mais je dois consulter l'assemblée.

L'ordre du jour est très chargé ; on craint de ne pas terminer l'examen du programme dans la séance d'aujourd'hui. — Je demande au Congrès s'il veut rouvrir la discussion d'une manière incidente. — *(Non ! non !)* Il s'agit, ici, Messieurs, d'une mesure de prévoyance, il est à craindre que d'autres personnes ne répondent à M. Desprez, qu'il ne leur réplique à son tour, et que le débat ne se prolonge. Si le Congrès, comme je crois le voir, est d'avis de ne pas reprendre la discussion terminée hier, les deux communications qu'on vient de lui présenter seront insérées à la suite du procès-verbal. *(Assentiment général.)*

Un membre. Je demande la parole.

M. le Président. Est-ce sur le procès-verbal ?

Le même. Non, monsieur le Président ; c'est aussi pour une communication.

M. le Président. Alors, vous voudrez bien, Monsieur, en remettre le texte écrit sur le bureau ; elle sera annexée au procès-verbal au même titre que les précédentes, et vous aurez par là complète satisfaction.

M. Pichard. Comme conséquence de la communication que j'ai faite hier sur la culture de la betterave dans le Midi, je demande au bureau et au Congrès la permission de déposer un vœu......

M. le Président. Je crois que l'impression de l'assemblée, c'est que nous passions à notre ordre du jour. *(Oui ! oui !)* Si vous voulez bien, Monsieur, déposer votre communication au même titre que les précédentes ?...

M. Pichard. C'est simplement un vœu qui complète une communication déjà faite...

M. le Président. Je le sais bien ; mais vous n'ignorez pas que les vœux doivent être rapportés régulièrement par une Commission et soumis au vote du Congrès ; pour pouvoir être adopté aujourd'hui, le vœu que vous nous présentez aurait dû être déposé hier. Mais, comme nous ne voulons pas éteindre la lumière, si vous voulez bien déposer le texte du vœu, il en sera tenu compte à titre de communication.

Il n'y a pas d'observations sur le procès-verbal ?...

Je le mets aux voix.

(*Le procès-verbal est adopté*).

M. le Président. Messieurs, je tenais à vous apporter mes très grands regrets et mes très sincères excuses de n'avoir pu hier, — après avoir pris en quelque sorte la responsabilité morale de ce Congrès, — venir ouvrir avec vous sa première séance.

Si quelque chose peut diminuer mes regrets, c'est la lecture que je viens de faire, dans la *République Française*, du discours de mon éminent collègue et ami, M. Caze ; j'ai pu voir ainsi que le Congrès n'avait rien perdu à mon absence ; et par conséquent ma satisfaction, croyez-le bien, a été entière. J'ai pu voir, par ce compte-rendu trop abrégé — mais, ainsi qu'on vous l'a déjà dit, nous aurons des comptes-rendus qui seront la sténographie même des séances du Congrès, et je sais que c'est le seul moyen de satisfaire les personnes qui veulent bien prendre part à des discussions aussi sérieuses, aussi précises, aussi spéciales que celles auxquelles vous vous livrez depuis hier — j'ai pu voir, dis-je, par ce compte-rendu incomplet, combien l'initiative que nous avons prise se trouve, grâce à vous, obtenir des résultats que nous n'avions pas même espérés ; j'y ai vu des discussions solides, et, comme je le disais, précises, où l'alliance à laquelle nous tendons, celle de la science et des industries agricoles, est affirmée par des résultats décisifs et par les remarquables débats qui les préparent.

Avant de céder le fauteuil à mon honorable ami M. Caze, qui voudra bien le reprendre, si telle est l'intention du Congrès, ie vous demanderai, Messieurs, si vous n'aviez pas terminé vos travaux dans cette séance, de vouloir bien vous souvenir que le Cercle National, rue Lepeletier, N° 1, est mis à votre disposition, et que vous pouvez vous y réunir dans la matinée de demain, soit en commission, soit même en assemblée générale; il vous suffira d'en exprimer le désir pour que notre honorable secrétaire-général, qui est en même temps le secrétaire-général du Cercle National, se tienne prêt à vous y recevoir; car nous ne voulons pas que vos discussions soient écoutées, et vous pourrez encore demain trouver ainsi une certaine somme de temps à dépenser utilement.

On a parlé d'une séance de nuit, mais nous avons tous remarqué qu'en général que ce sont pas ces sortes de séances qui profitent le plus aux travaux et à la précision scientifiques; nous avons jugé qu'il serait préférable de ne pas mettre le Congrès à une telle épreuve, et de tenir une séance du matin, si cela est nécessaire. (*Très-bien ! et applaudissements*).

Vous voudrez bien, Messieurs, faire connaître vos intentions à cet égard à la fin de la séance.

M. Caze me fait savoir qu'il ne lui est pas possible de me remplacer; M. Telliez m'informe également qu'ayant présidé votre séance d'hier, il entend décliner aujourd'hui cet honneur: c'est l'unique motif pour que nous ne l'appellions pas au fauteuil; je crois être l'interprête de l'Assemblée en priant M. Macarez de diriger aujourd'hui vos délibérations; nous lui en serons tous reconnaissants.

(M. Macarez prend place au fauteuil).

M. le Président. Messieurs, je ne puis refuser, parce que j'estime que l'on doit céder devant une autorité comme celle de M. Foucher de Careil; mais je réclame de vous, d'avance, toute l'indulgence qu'il vous sera possible de m'accorder.

L'ordre du jour appelle le second paragraphe du programme: « Des divers modes d'achat des betteraves, à la densité, à la richesse saccharine; recherche des moyens les plus propres à sauvegarder les intérêts du producteur et du fabricant. »

Je donnerai la parole aux personnes qui se sont fait inscrire. Je prie M. de Lagorsse de vouloir bien me les désigner.

M. de Lagorsse. Personne n'est inscrit.

M. le Président. Alors, je donnerai la parole aux membres du Congrès qui la demanderont. Mais M. Taffin-Binauld n'a-t-il pas manifesté l'intention de parler sur cette partie du programme?......

M. Taffin-Binauld. Si le Congrès le veut bien, Monsieur le Président.

M. le Président. Vous avez la parole.

M. Taffin-Binauld. Messieurs, je n'ai rien préparé à ce sujet, sauf des tableaux qui indiquent quelles peuvent être les influences économiques de la richesse saccharine des betteraves sur le prix de revient du sucre, quand il se trouve dans ces racines, et quand il est fabriqué. Je puis, si vous le désirez, vous donner succinctement les résultats de ces tableaux ; seulement je sais que c'est là une discussion extrêmement aride, et que, pour la suivre facilement, il faudrait que chacun de vous eût les tableaux sous les yeux : je vous demande donc votre indulgence.

Quant au mode commercial d'achat de la betterave, et quant à la substitution à l'ancien mode d'un nouveau, où il soit tenu compte de la valeur des betteraves et de leurs qualités saccharines, je crois que tout a été dit sur ce sujet, et qu'on ne pourrait que faire des répétitions. Plusieurs Congrès ont déjà été réunis pour traiter cette question ; à Lille, en 1875, il y a eu un premier Congrès qui a décidé que l'achat des betteraves à la densité devait être substitué à l'ancien mode d'achat au poids. D'autres congrès, à Arras, à Compiègne, ont suivi celui-là ; et, l'année dernière, la Société des agriculteurs du Nord, à son tour, a réuni les intéressés à Lille, où les mêmes décisions ont été confirmées. S'il se trouvait quelqu'un pour faire opposition à ces conclusions précédemment prises, il faudrait alors les remettre sur le tapis et les discuter de nouveau ; et les arguments en faveur de la thèse opposée auraient lieu de se produire ; mais, en attendant, je crois pouvoir considérer comme un fait acquis pour tout le monde que l'ancien mode commercial, où il n'était pas tenu compte de la qualité, a entraîné à des conséquences ruineuses et désastreuses pour les industries du sucre et de l'alcool ; et, jusqu'à ce qu'on ait prouvé le contraire; il n'y a pas lieu, selon moi, de revenir sur les décisions prises à cet égard.

Quant aux tableaux dont je viens de vous parler plus haut, ils ont été dressés avec l'aide d'une Commission composée d'agriculteurs et de fabricants de l'arrondissement de Lille.

On y voit figurer d'abord les dépenses invariables de culture qui se chiffrent par une somme de 550 francs par hectare.

Ce prix paraîtra peut-être un peu élevé (*non, non*), mais il s'agit d'une contrée où la population est très dense, ou le loyer de la terre est par suite fort élevé, et la main-d'œuvre fort chère.

Les dépenses variables se composent de l'engrais consommé par la betterave, et de son voiturage.

A propos de l'engrais dépensé par hectare, permettez-moi de vous faire remarquer que les estimations faites par les membres de la susdite Commission coïncident presque exactement avec la quantité d'azote enlevée au sol au prix commercial de l'azote.

Dans le tableau n° 1 (voir aux annexes, page 160) on s'est appliqué à faire ressortir, comparativement à la culture allemande, les différents prix de revient : 1° de la betterave ; 2° du sucre dans la betterave rendue à l'usine avant fabrication ; 3° du sucre fabriqué, suivant les divers poids et qualités des récoltes de betteraves.

Il ressort de ce tableau que la betterave allemande coûte au cultivateur près de 31 francs les mille kilog., que le quintal de sucre qu'elle est susceptible de rendre à la fabrication revient également à 31 fr., tandis que la betterave qu'on récolte parfois dans l'arrondissement de Lille avec un rendement de 90.000 kilog. à l'hectare à 4 degrés de densité ne coûte que 17,30 les mille kilog. et que le quintal de sucre contenu dans les betteraves ressort à plus de *76 francs.*

Dans le tableau n° 2 (voir aux annexes, page 161) prenant pour base une récolte de 50.000 kilog. à l'hectare coûtant au cultivateur 1095 francs, on a cherché à faire ressortir : 1° l'augmentation de rendement en sucre et en alcool ; 2° la diminution dans le prix de revient des produits, résultant de l'augmentation de qualité dans la betterave à partir de 4 degrès 5/10 jusque 6 degrès.

Il ressort de ce tableau comparatif que chaque quart de degré de densité obtenu en sus de 4 deg. 5/10 augmente le rendement en sucre par hectare de 244 kilogrammes et diminue le prix de revient du sucre de 3 francs environ par sac.

Les mêmes résultats se font remarquer pour l'alcool.

L'augmentation de rendement par hectare est de deux hecto-litres environ par quart de degré supplémentairement obtenu et la diminutiou dans le prix de revient est comme pour le sucre trois francs par hectolitre d'alcool.

Les efforts tentés par le Congrès du Nord, et par la Société des Agriculteurs n'auraient-ils pour résultat que d'augmenter d'un quart de degré la qualité moyenne des récoltes de bette-raves, que la production indigène en retirerait déjà un immense bénéfice.

La mission d'un Congrès n'est pas de légiférer (nous n'avons pas ce droit), mais uniquement de convaincre. J'ai pensé que les résultats que je viens de faire ressortir étaient de nature à amener la persuasion dans les esprits des intéressés et à faire adopter par les cultivateurs et fabricants, tous les systèmes, (y compris surtout ceux de vente et d'achat à la densité), suscep-tibles de relever la qualité de la betterave.

Je tiens à la disposition du bureau les tableaux dont je viens de donner un résumé.

M. le Président. Messieurs, vous avez entendu M. Taffin-Binauld ; je crois que nous n'avons qu'à lui demander de vouloir bien opérer le dépôt qu'il nous annonce, et à le remercier de sa communication. (*Assentiment*).

La parole est à M. Vilmorin.

M. Vilmorin. Messieurs, nous avons un ordre du jour trop chargé pour nous attarder à enfoncer des portes ouvertes ; et il me semble, — sans vouloir forcer en rien l'opinion du Congrès — que l'opportunité de substituer à l'ancien mode de vente des betteraves un mode nouveau, est à peu près universellement admise. Cependant, je crois que, à raison de la présence ici d'un grand nombre de personnes compétentes, et spécialement d'un grand nombre de fabricants de sucre, il serait intéressant de voir cette opinion appuyée par un vote formel et positif du Congrès. Je n'entre pas dans les raisons qui militent en faveur du mode d'achat à la densité ; vous les connaissez et les comprenez tous ; mais il est certain qu'il y a eu, s'il n'y a plus aujourd'hui, des fabricants de sucre qui n'étaient pas très disposés à entrer dans cette voie, et préféraient voir se continuer l'ancienne manière de faire, où il était possible de spéculer, ou de faire un bénéfice extraordinaire ; ainsi, il arrivait quelquefois que l'on payât 20 francs des betteraves qui en valaient 22, 23 ou 24. C'est ce qui fait que je pense qu'il n'est pas inutile de demander au Congrès de se prononcer sur cette question considérée de la façon la plus large ; c'est-à-dire que le Congrès, selon moi, devrait toucher le moins possible aux détails, et ne s'arrêter qu'au principe.

Je demandais tout à l'heure aux personnes qui m'entourent si, dans la réunion qui a eu lieu dernièrement à Lille, il avait été émis un vœu sur ce sujet ; on m'a répondu affirmativement, et l'on m'a montré un texte ; je vois bien là un vœu, mais il entre dans de trop grands détails, et il aboutit à demander que l'usage du densimètre soit très répandu. En somme, cela va plus loin, et d'un autre côté, si je puis ainsi dire, moins loin que ce que je demande.

Je prendrai donc la liberté de proposer cette rédaction :

« Le Congrès est d'avis que l'ancien mode d'achat des betteraves au poids doit être condamné, et qu'il est désirable de voir la valeur industrielle de la betterave former la base du prix d'achat. »

M. le Président. vous venez d'entendre, Messieurs, le projet de vœu formulé par M. Vilmorin et les considérations qu'il a fait valoir à l'appui, Quelqu'un a-t-il des modifications à proposer au texte de ce vœu ?.........................

Je ferai moi-même une observation :

M. Vilmorin propose de condamner l'achat au poids ; c'est il me semble, trop absolu ; même après l'adoption du système proposé, on ne pourra faire autrement que d'acheter au poids.

M. Vilmorin. Cela est bien entendu : je n'ai critiqué l'achat au poids que lorsqu'il a lieu sans qu'on tienne compte de la qualité. On achètera toujours les betteraves par 1.000 kilog. ; cela est évident, mais on tiendra compte de la qualité, et 1.000 kilog. de betteraves riches s'achèteront plus cher que 1.000 kilog. de betteraves pauvres.

M. le Président. Mon observation n'avait pour but que d'éviter la confusion pour les cultivateurs qui prendront connaissance de nos travaux, et empêcher que votre vœu ne soit interprêté en ce sens, qu'il condamnerait absolument l'achat au poids.

M. Pagnoul. M. Vilmorin vient de dire que tout le monde était d'accord sur le principe de l'achat à la qualité ; mais, dans la pratique, cet accord est loin d'être complet ; et c'est surtout de la part des cultivateurs que vient la résistance : C'est pour cela que je tiens à faire voir que la vente à la densité serait avantageuse, non seulement pour le fabricant de sucre, mais aussi et principalement pour le cultivateur.

J'ai publié l'année dernière, un tableau représentant les majorations et les réfactions à faire, à partir de 5 degrés de densité.

Je ne donnerai pas lecture de ce tableau ; je prendrai seulement trois des chiffres qui s'y trouvent.

Je crois avoir établi, que plus la betterave contient de sucre, moins elle contient de matières salines, et *vice-versa*. et je me bornerai à rappeler encore les essais faits par M. Leloup, sur 63 échantillons de betteraves de qualités diverses ; la teneur en en sucre décroissant, la quantité des matières salines va en progression croissante et très rapide, et il en est de même pour les matières azotées.

C'est du reste aussi la conclusion de plusieurs des travaux publiés sur cette question par mon collègue M. Ladureau.

En prenant seulement le chiffre de densité 5, que j'avais choisi pour base, le chiffre de densité 6, et le chiffre de densité 4, 5 ; et en admettant que le prix soit de 20 fr. par 1.000 kilog. pour les betteraves à 5°, on trouvera qu'il doit être de 25 fr. 50 c. pour les betteraves à 6°, et de 16 fr. 50 seulement pour les betteraves à 4, 5.

Ces chiffres paraîtront peut-être un peu élevés ; cependant, dans un excellent travail, fait par M. Durin, il y a quelques années, le prix de la betterave à 6° était encore plus fort.

En supposant donc que le rendement, avec la betterave à 5, soit de 50.000 kilos, qu'il soit de 43.000 avec la betterave à 6, et de 55.000 avec la betterave à 4.5, le prix de vente de l'hectare de betterave serait de 1.096 fr. pour la betterave à 6 et de 907 fr. pour la betterave à 4.5. Donc, le cultivateur, à ce seul point de vue, retirerait plus de produit d'un hectare à 6 que d'un hectare à 4.5.

Mais, il y a plus : on peut évaluer à peu près à 250 kilos

la quantité de matière saline contenue dans la betterave à 5 ;
à 330 kilos celle que contient la betterave à 4.5, et à 172 kilos
seulement la quantité de matière saline enlevée par la betterave
à 6. Pour la matière azotée, je crois qu'on pourrait prendre
103 kilos pour l'azote contenue dans la betterave à 6 ; 150 kilos
pour la betterave à 5 et 192 pour la betterave à 4.5. Et si l'on
évalue la quantité de matières fertilisantes enlevées ainsi, on
trouve que la betterave à 6 enlèvera au sol pour 275 francs, la
betterave à 5 pour 400 francs, et celle à 4.5 pour 516 francs.
Ce résultat passe inaperçu, mais je crois qu'il a une très grande
importance. *(Très bien ! très bien !)* Les cultivateurs épuisent
leur sol et dépensent beaucoup d'engrais pour faire de mauvaise
betterave. Si l'on déduit du prix de vente celui des matières
fertilisantes enlevées, on trouve que le produit de la vente d'un
hectare de betteraves à 6, est de 821 francs, celui d'un hectare
de betteraves à 5, de 600 francs et celui d'un hectare de betteraves à 4.5: 391 francs. Ces chiffres sont évidemment très difficiles à préciser, mais vous voyez qu'ils présentent une marge assez
considérable pour faire comprendre aux cultivateurs qu'il leur
est très avantageux de faire de la betterave riche plutôt que de
la betterave pauvre. *(Très bien ! Applaudissements.)*

M. le Président L'honorable M. Dehaut a demandé la parole;
je vais la lui donner ; mais avant, je prierai les membres de cette
assemblée qui représentent les agriculteurs de vouloir bien
donner aussi leur opinion. Il ne faut pas que ce soit toujours des
chimistes qui viennent exposer leurs idées. Après M. Dehaut,
M. Lemaire aura la parole.

M. Dehaut. C'est surtout au nom des agriculteurs que je
voudrais parler et c'est la pensée des cultivateurs de la région
à laquelle j'appartiens que je veux traduire. Je crois qu'il est
logique, qu'il est rationnel, que le sucre soit payé au poids
comme sucre, par les sucriers, et qu'ils ne payent pas simplement
au poids de la betterave ; nous n'y faisons donc aucune espèce
d'opposition. Mais ce que nous cherchons, ce sont les moyens
pratiques de faire entrer cette pensée dans l'esprit des cultivateurs, et les moyens pratiques de faire qu'ils y aient confiance.
Ne perdons pas de vue, Messieurs, que dans beaucoup d'endroits, — et je parle ici surtout de ma circonscription, — ce qui

a manqué aux fabricants de sucre, c'est la matière première à travailler ; nous avons vu très souvent les marchandises arriver d'abord très abondamment à la bascule, puis se raréfier, et les manufactures ne marcher qu'un mois ou six semaines, alors qu'elles auraient du travailler pendant deux mois ou deux mois et demi.

Pourquoi cela, Messieurs ? Parce qu'on avait déjà des froissements et des discussions entre sucriers et cultivateurs ; et cela se produisait à la vente au poids. Je n'ai pas besoin de vous expliquer — vous le savez tous — quelles étaient les causes de froissements : c'était le déchet, le *décolletage*, c'était une multitude de choses dont, à coup sûr, les sucriers ont souffert encore plus que les cultivateurs, parce qu'ils n'ont pas développé une culture que je crois, que tous les cultivateurs intelligents croient bonne, et les sucriers parce qu'ils n'ont pas reçu une quantité de marchandises suffisante pour travailler et pour utiliser les immenses engins dont ils avaient fait emplette.

Ce que nous voulons, ce que nous demandons à MM. les sucriers, ce ne sont pas des raisonnements chimiques pour nous convaincre, nous sommes à même d'en apprécier la valeur ; nous sommes convaincu, c'est une besogne faite. — Ce que nous leur demandons, c'est de faire entrer dans l'esprit de tous les cultivateurs, et surtout dans celles des petits cultivateurs, qu'il y a là un moyen facile de contrôle, et c'est ce qu'ils demandent.

J'avais vu au programme cette question : Des modèles de contrats à intervenir entre les sucriers et les cultivateurs. Eh bien, c'est là le point capital, c'est la vraie question, et je voudrais qu'il pût sortir de ce Congrès un modèle de contrat, qui fut formulé par les sucriers et que nous, cultivateurs, qui voulons marcher avec eux, nous puissions apporter à tous les petits cultivateurs qui sont autour de nous en leur disant : Venez, voilà comment on traitera avec vous, voilà dans quelles conditions, voilà comment les prix varieront, voilà les moyens de contrôle que vous aurez, voilà les moyens de surveillance qui vous appartiendront ; et si vous vous êtes plaints quelquefois de n'être pas parfaitement et légitimement traités — je vous demande pardon, c'est la pensée des cultivateurs que je traduis en ce moment — (*Très-bien ! Parlez !*) si vous avez eu quelquefois des craintes, des soupçons plus ou moins justifiés, nous vous apportons un contrat qui vous donnera toute espèce de garanties pour

la vérification et vous pourrez, désormais, faire en toute tranquillité de la betterave ; vous pouvez être assurés que quand on
verra que la betterave est payée plus cher, lorsque sa densité
est plus grande et qu'elle produit plus de sucre, la propagation
se fera tout naturellement. Mais il faut pour cela que nous
puissions apporter à nos cultivateurs un modèle de contrat qui
leur donne toute espèce de confiance. Voilà ce que j'avais à dire
au nom des cultivateurs. (*Très bien ! Applaudissements*).

M. le Président. La question que vient de traiter l'honorable M. Dehaut venait tout naturellement à l'article 3 : Rédaction des compromis relatifs à la betterave. Nous avons, à l'heure
qu'il est, à discuter le paragraphe 2 qui dit : Des différents
modes d'achat etc.

M. Dehaut. Je croyais que cette question était terminée et
que la proposition de M. Vilmorin était adoptée. C'est comme
conséquence de ce vote, et pour répandre la résolution que
nous avions votée, que j'avais demandé la rédaction d'un modèle
de contrat. Je demande pardon à l'assemblée si j'ai parlé trop
tôt.

M. le Président. Du tout, je n'ai fait cette observation que
pour maintenir l'ordre des questions à traiter............ M. Vilmorin a déposé un vœu qu'il soumet à votre approbation, je le
mettrai aux voix lorsque l'un des agriculteurs, qui vient de
demander la parole, M. Pierre Lemaire, aura soumis au Congrès
les observations qu'il désire lui présenter.

M. Pierre Lemaire. Je ne m'attendais pas, Messieurs, à
prendre la parole aujourd'hui, et, si je le fais, ce n'est nullement pour protester contre le mode accepté par vous d'achat
à la densité ; mais j'appellerai l'attention du Congrès sur ce fait,
que cet achat n'est pas toujours exact. La densité ne correspond
pas toujours mathématiquement à un rendement donné. Nous en
avons fait l'expérience cette année au Concours de Lille.

Dans l'arrondissement d'Avesnes, un élève de M. Pagnoul a été
chargé de faire des analyses, et il s'en est parfaitement acquitté,
mais nous avons remarqué que la richesse saccharine et la
pureté du jus correspondaient très peu à la densité ; il y a là

un défaut, il y a une rectification à faire sur laquelle j'appelle l'attention des savants ; la proportion exacte nous manque, elle n'est pas établie d'une façon suffisamment mathématique.

M. Mariage. Je demande la parole.

M. Pierre Lemaire. Maintenant, j'entends souvent parler d'un rendement de 50.000 kilos à l'hectare, cela me paraît bien exagéré. J'appartiens au département du Nord, où certes nous ne cultivons pas plus mal qu'ailleurs. Eh bien, ce rendement de 50.000 kilos à l'hectare est très rare et constitue à mon avis une exception (*Dénégations*). Je parle, je vous l'ai dit, de ma contrée. J'ajoute que lorsqu'on veut arriver à des densités aussi élevées que celles qu'on a indiquées, il est évident que le rendement de 50.000 kilos n'est pas possible. Il faudra, pour l'atteindre, encore bien des enjambées en avant dans le perfectionnement de la culture.

Pour me résumer, j'appelle tout particulièrement l'attention du Congrès sur ce fait que la densité ne répond pas toujours à la richesse saccharine. Ainsi, nous avons vu des betteraves indiquant au densimètre 5, 1 et 5, 2, qui possédaient une richesse saccharine plus grande que des betteraves à 6.

Voix diverses. Mais non ! — Ce n'est pas possible ! — Il y a eu erreur ?

M. le Président. Je crois que M Lemaire commet une erreur ; il y a sur ce point des tableaux précis, et les chimistes sont tous d'accord à ce sujet ; M. Mariage a demandé la parole, mais MM. Vilmorin et Taffin-Binauld l'avaient demandée avant lui. Comme il ne s'agit que d'une explication, si ces deux honorables membres y consentent, je donnerai d'abord la parole à M. Mariage.

Il n'y a pas d'opposition ?...

La parole est à M. Mariage.

M. Mariage. Je désire rassurer M. Lemaire sur les conséquences qu'il vient de signaler de cette différence de richesse qui existe entre la betterave à 5 ou à 6 et la betterave à 4. Le sucre, vous a-t-il dit, n'est pas toujours en rapport avec la densité.

Je vais mettre les cultivateurs bien à l'aise. Quand il n'y a pas concordance, c'est au désavantage de la fabrication et en faveur des cultivateurs ; et si l'on faisait justement les choses, il faudrait faire une déduction plus forte sur la densité en dessous que l'augmentation que l'on fait sur la densité en dessus. Du moment que la fabrication accepte la corrélation telle qu'elle existe, elle est tout entière en faveur de l'agriculture.

M. Lemaire. Nous sommes d'accord sur ce point.

M. le Président. La parole est à M. Vilmorin.

M. Vilmorin. Si j'ai demandé la parole, c'est simplement pour soumettre à l'assemblée un vœu qui doit terminer et sanctionner nos délibérations sur le principe et non sur le détail. *(Marques d'approbation).* Nous devons être reconnaissants à ceux de nos collègues qui nous donnent leur avis et celui des contrées qu'ils habitent, mais je crois que, si nous suivons logiquement l'ordre des choses, nous arriverons à traiter tous les points qui les occupent. Sur la question de principe, il n'y a pas de doute. L'honorable M. Telliez vient de me communiquer une résolution dont la rédaction me paraît très supérieure à la mienne et je suis heureux de vous la soumettre :

« Le Congrès estime qu'il est utile de remplacer désormais l'achat de la betterave au poids brut seulement par l'achat à la fois au poids et à la qualité, l'estimation de la qualité devant être basée sur la valeur industrielle de la racine. »

Voix diverses. Aux voix ! aux voix !
Ce n'est pas suffisamment clair !
Comment estimerez-vous cette valeur industrielle ?

M. Vilmorin. Je croyais avoir réussi à vous faire comprendre qu'il me semblait intéressant, dans cette question très grave et très délicate, de séparer d'une part le principe et, d'autre part, de s'occuper plus en détail des moyens d'action ; c'est pour cela que je n'en parle pas dans cette rédaction, quitte à venir encore vous demander plus tard quelques instants d'attention pour examiner quels seront les moyens, à la fois satisfaisants pour les fabricants et les cultivateurs, d'estimer cette valeur industrielle. La valeur industrielle de la betterave, c'est avant tout, par dessus tout, sa richesse en sucre. La pureté du jus est, pour une certaine part, dans cette estimation, mais comme cette pureté est à peu près sans aucune exception corrélative à la richesse, dès qu'on a des betteraves très riches, on les a très pures, et, par conséquent, d'une grande valeur industrielle. Pour moi, valeur industrielle et richesse sont deux termes synonymes.

M. le Président. Je mets aux voix le vœu présenté par MM. Telliez et Vilmorin.

(*Le vœu est adopté*).

M. Vilmorin. Ceci n'est qu'une chose tout à fait vague et qui reste en l'air à moins d'être complétée par un autre vœu que nous devons également émettre ; mais ce vœu il faut le discuter, car il est tout à fait indépendant du premier.

Quel sera le moyen par lequel on arrivera à déterminer cette richesse ou cette valeur industrielle de la betterave ? Il y a là dessus deux idées qui sont absolument différentes. Un très grand nombre de personnes se sont ralliées à cette pensée que la prise de densité était une manière très bonne et très satisfaisante d'estimer la richesse ; d'autres, au contraire, pensent qu'il faut avoir recours à l'analyse chimique.

Voix nombreuses. Mais non ! — Ce n'est pas possible ! — Ce n'est pas pratique !

M. Vilmorin. Je vous expose, avec l'impartialité la plus absolue, deux systèmes différents ; je ne suis, quant à moi, partisan ni de l'un ni de l'autre ; cependant, je ne puis pas admettre qu'il n'y ait pas de nombreux partisans du système de l'achat à l'analyse chimique complète, attendu que, ces jours derniers encore, j'ai vu en Belgique, des compromis de vente de betteraves établis sur cette base. Au commencement, au milieu et à la fin de la campagne, une prise d'échantillons de 50 kilos est faite d'une façon authentique ; l'analyse complète est faite par les soins du fabricant et du cultivateur. On prend ensuite la moyenne des analyses faites aux différentes époques, et cette moyenne sert de base au prix d'acquisition pendant toute la campagne.

Un membre. La même chose existe en France dans quelques contrées.

M. le Président. Le Congrès entend-il mettre en discussion la question de savoir quelle est la meilleure manière de reconnaître la qualité de la betterave ? Dans ce cas, je donnerai la parole à M. Vilmorin sur ce sujet.

M. Vilmorin. La question en elle-même n'était pas divisée. C'est moi qui, pour simplifier les choses et les rendre plus claires, ai cru devoir la couper en deux. Le programme, qui est très bien fait, nous dit : Des divers modes d'achat de la betterave au poids, à la densité ou à la richesse saccharine.

Il distingue donc là deux choses différentes. Je vous ai exposé l'une des manières de faire ; l'autre consiste simplement dans la constatation de la densité du jus, et l'établissement de la valeur de la betterave proportionnée à cette densité. Chaque manière de faire a ses avantages, chaque manière de faire à ses petits inconvénients.

On nous disait tout à l'heure, que la densité ne donne pas une appréciation absolument exacte, scientifiquement correcte de la valeur de la betterave ; c'est une chose absolument vraie ; mais lorsque nous comparons un système qui peut donner une erreur, si on la porte au maximum, de 5 ou 6 $^o/_o$ sur la richesse d'une betterave, avec un procédé comme celui de l'achat au poids, qui donne des erreurs de plus de 100 $^o/_o$, je crois qu'il y a un très grand avantage à adopter le moins inexact. On peut vous dire qu'il n'y a, pour estimer la marche du temps d'une façon absolument exacte, que les instruments de 4 ou 5000 francs qui sortent de chez les horlogers de la marine, ce qui n'empêche pas que nous avons tous dans nos poches des montres de 2 ou 300 francs qui sont bien suffisantes pour les habitudes de la vie ordinaire.

Je crois donc, qu'au moyen de la densité, on peut arriver à estimer la richesse de la betterave.

Ce que je vous ai dit des avantages et des inconvénients d'un système, je le ferai de l'autre. Celui de la densité me paraît offrir une grande simplicité, être facilement contrôlable par tout le monde et n'entraîne aucune espèce d'opérations et de dérangement nouveau. J'ai vu la chose se faire dans un grand nombre d'usines. Au moment de la réception de la betterave, deux personnes se trouvent en présence : e représentant du fabricant, d'une part, et le représentant du cultivateur, de l'autre. Les racines sont déchargées en leur présence ; on prélève en leur présence l'échantillon qui doit servir à la tare ; le nettoyage et le rapage se font en leur présence, et le jus est pris devant eux. A ce moment, il arrive en général que pour sa propre gouverne et pour se renseigner, le fabricant fait une prise de densité. Si cette prise de densité que le fabricant fait ainsi sous les yeux du représentant du cultivateur est acceptée par lui comme une opération authentique, sur laquelle il consent à voir baser le prix de ses betteraves, il me semble qu'il y a là une solution qui donne absolument satisfaction à tout le monde, qui est simple, et contre laquelle on ne peut apporter aucune raison de défiance ou d'incertitude. Et alors, comme complément de ce que nous avons dit tout à l'heure, la prise de densité du jus de la betterave est un moyen suffisamment certain et précis d'estimer la valeur des betteraves.

Ces vœux ont été déjà formulés, Messieurs, et je regrette de n'avoir pas ici la forme même qu'on leur a donné précédemment dans la réunion du mois de février ou de mars 1876 à Lille, réunion dans laquelle la question a été longuement étudiée par un grand nombre de fabricants de sucre et de cultivateurs. Si j'avais en ce moment cette rédaction sous les yeux, c'est celle que je vous proposerais de mettre aux voix, mais je ne puis vous soumettre que l'idée, et la voici : La prise de la densité du jus est un moyen suffisamment précis pour servir de base à l'estimation desbetteraves.

M. le Président. M. Ladureau a demandé la parole, je la lui donne.

M. Ladureau. Messieurs, les observations que je désirais vous présenter ne font que corroborer l'opinion qui vient d'être émise par M. Vilmorin. Lors du Congrès de Lille, qui a été réuni sur l'initiative du Comice agricole et sur ma proposition en 1876, nous avons pris, après de longues et sérieuses délibérations en commun, une résolution adoptée désormais dans les compromis de vente de betteraves entre cultivateurs et fabricants de sucre ; cette résolution, c'est l'achat à la densité de la betterave. Nous avons écarté absolument l'achat à la richesse saccharine. Or, nous sommes aujourd'hui en présence de ces deux systèmes, qu'on a mis exprès dans le programme afin que chacun de nous pût délibérer sur la question et que la lumière se fît d'une manière complète

Si nous avons écarté l'achat à la richesse saccharine, c'est parce que nous avons trouvé que c'était un procédé beaucoup trop long, qui entraînait la création de laboratoires assez dispendieux et qu'il n'était pas pratique pour les cultivateurs, s'il l'était pour les fabricants. Le cultivateur, en effet, aime à se rendre compte de ce qu'il fait, à savoir ce qu'il vend ; or, il n'est pas très au courant des règles et des procédés de la chimie ; comme, en général, il n'a pas fait d'études spéciales, il ignore ce que c'est qu'un saccharimètre, ce que c'est que la méthode Violette ; il ne lui est donc pas possible de se rendre compte de la richesse saccharine de ses betteraves, tandis qu'il lui est facile de connaître la densité de celles qu'il livre au fabricant : c'est extrêmement simple, et, dans une petite instruction pratique que nous avons rédigée à la Société des Agriculteurs du Nord, instruction que nous avons répandue entre les mains des cultivateurs et des instituteurs (1), nous indiquons les moyens les plus simples d'y arriver, sans instruments, avec une étrille, un verre de lampe et un simple densimètre qui permet d'apprécier la densité du jus de la betterave.

Pour répondre à l'objection de M. Lemaire, relativement à la non concordance qu'il a indiquée entre la densité et la richesse saccharine, je dois dire qu'il résulte de milliers d'analyses que MM. Pagnoul, Corenwinder, Pellet et moi-même avons faites, que cette corrélation existe toujours pour les betteraves qui ont au moins 5 degrés de densité. Quant à celles qui ont une densité moindre, nous n'avons pas à nous en préoccuper, car le jour où la vente à la densité sera admise, les cultivateurs n'auront plus intérêt à faire de la betterave à 4 ou à 2, comme j'en ai malheureusement vu. Ils feront de la betterave qui aura au moins 5 degrés etdans laquelle la corrélation existera absolument entre la richesse saccharine et la densité. Je crois donc que nous pouvons passer au vote du vœu tel qu'il est proposé par M. Vilmorin.

M. Quéquignon. Je voudrais ajouter un mot pour compléter,

(1) Voir aux annexes, page 248.

non la pensée de M, Vilmorin, mais la rédaction des marchés et la rendre, à mon sens, encore plus pratique ; cela répondra, d'ailleurs, à l'objection présentée par M. Lemaire.

Puisqu'on a reconnu que, dans certains cas, la densité n'était pas toujours en rapport avec la richesse du jus, il serait facile d'introduire dans les marchés ce que je fais chez moi et de dire, par exemple, qu'en achetant de la betterave à raison de 20 francs pour la densité à 5, cette densité devra correspondre à une richesse de 10 % de sucre, qui est à peu près la richesse correspondante à cette densité. Je n'ai pas fait faire, quant à moi, d'analyses, parce que j'ai vu que cela correspondait à peu près ; mais, s'il se trouvait une circonstance où la richesse de la betterave devînt inférieure à sa densité, où la densité accusât une richesse fausse, eh bien, vous feriez faire l'analyse et vous verriez s'il ne s'est pas introduit dans cette betterave qu'on vous livre une quantité de sel qui vient fausser la densité. C'est un cas excessivement rare, mais le fabricant pourra recourir à ce procédé lorsque cela lui paraîtra indispensable.

M. le Président. La parole est à M. Vion.

M. Vion. Ce n'est pas seulement, comme le disait notre honorable collègue, une arme dans la main de l'industriel qu'il faut briser ; c'est au contraire, un moyen de contrôle qu'il faut donner à l'un et à l'autre des intéressés, et que j'ai, pour mon compte, toujours fait inscrire dans mes traités. Ainsi, d'une façon générale, nous disons : Lorsque l'une des deux parties croira que l'indication de la densité ne correspond pas à la richesse, elle pourra provoquer une analyse chimique. Je crois que, les choses étant ainsi aussi bien dans la main du producteur que dans celle du fabricant, cela coupe court à tout autre observation résultant de l'infériorité relative des moyens que nous proposons.

M. le Président. Parfaitement.

M. Lemaire. C'est justement cette arme qu'on laisse aux mains des fabricants qui donnera des inquiétudes aux cultivateurs que nous voulons tous ramener à cette idée. Nous ne demandons pas mieux, nous autres cultivateurs, que de nous y soumettre, mais c'est précisément cette réserve faite par les fabricants qui nous déroute complètement. Si vous voulez consentir simplement à acheter la betterave à la densité, avec le petit instrument que nous connaissons tous, la question fera du jour au lendemain un immense progrès. La réserve que vous voulez introduire est inutile, puisqu'il y a rarement lieu d'en tenir compte et qu'ordinairement la relation est assez juste. Je propose donc au Congrès de voter l'achat à la densité purement et simplement.

M. Vion. L'observation que nous avons faite a eu, dans tous les cas, un excellent résultat : c'est d'amener nos collègues à reconnaître que l'instrument en question n'est pas si faux qu'ils ne l'avaient craint d'abord, et qu'ils déclarent s'en contenter. (*Oui! oui!*)

M. Taffin-Binauld. Je n'ai rien à ajouter ; je crois que tout le monde est d'accord à cet égard ; je veux seulement dire ceci : qu'il s'agit d'amener le système de la vente à la densité à une généralisation plus grande qu'aujourd'hui ; mais que, comme l'a fort bien dit M. Lemaire, ce serait donner aux cultivateurs un motif de défiance, que d'introduire dans la résolution cette clause de la pureté des jus.

Voix nombreuses. Nous sommes d'accord !

M. Taffin-Binauld. Si l'expérience indique plus tard qu'on soit obligé d'insérer dans les marchés la condition d'une analyse, il sera toujours temps de le faire ; mais si nous le demandons ici, quand ce n'est pas encore nécessaire, ce serait très nuisible, car on arrêterait l'élan de la culture et de la fabrication vers le système progressif de l'achat à la densité.

M. Tribout. Je n'ai pas d'observations particulières à faire par rapport à l'appréciation de la densité telle qu'elle se pratique actuellement ; mais il faut bien aussi armer la culture contre la fabrication ; la fabrication vient de prendre toutes ses dispositions pour amener la culture à produire de bonnes betteraves ; la culture jusqu'à ce jour, y était bien décidée, et elle persistera dans cette volonté, mais elle a réclamé aussi, jusqu'à ce jour, des moyens pratiques de contrôle ; et, lorsque nous aurons adopté la vente à la densité, nous pourrons bien arriver à nous trouver en présence des fabricants, et à nous demander, sans obtenir de réponse satisfaisante, quels sont les moyens de contrôle que nous possédons.

L'appréciation de la densité se fait généralement sur chaque voiture ; veut-on mettre le cultivateur dans l'obligation de se présenter à tout instant à l'usine pour faire reconnaître la densité de ses betteraves. On vient de vous proposer le procédé qui consiste à prendre des moyennes et à réduire d'un dixième ; ce moyen a de graves inconvénients, qui se manifestent particulièrement lorsque l'année est mauvaise pour la culture. Lorsque l'année est bonne, on est coulant, on est facile ; mais le jour où l'agriculteur viendra à se trouver dans de très mauvaises conditions de densité, je crains que ce ne soit là une épée de Damoclès qui sera suspendue sur sa tête.

M. Taffin-Binauld. Je ne partage pas les craintes émises par notre honorable collègue M. Tribout, relativement aux mauvais effets que pourrait produire l'achat à la qualité dans les années mauvaises ; c'est tout le contraire. En nous parlant comme il vient de le faire, M. Tribout se rappelait sans doute la désastreuse campagne qui a précédé celle-ci. Or, qu'est-il arrivé dans cette campagne ? C'est que la betterave avait une densité très faible ; mais, à côté de cela, elle avait un très grand poids. Si l'on avait traité à la densité, que serait-il arrivé ? Très certainement le cultivateur aurait reçu un moindre prix de sa betterave ; mais comme ce prix se serait multiplié par un poids plus grand, il aurait eu encore une rénumération ; en outre, il ne se serait pas trouvé livré à l'arbitraire des fabricants de sucre qui recevaient les betteraves dans des conditions qui n'étaient pas prévues ; on s'est animé les uns contre les autres ; les cultivateurs se sont irrités contre les fabricants ; et ceux-ci, voyant qu'ils perdaient de l'argent, qu'ils ne pouvaient pas travailler ces betteraves, ont fait des tares dont beaucoup de cultivateurs se sont plaint ; mais en somme, d'où sont venus ces tiraillements ? Précisément de ce qu'il n'y avait rien de prévu dans la situation ; si, au contraire l'achat avait été fait à la densité, le prix aurait été ramené au taux de la richesse et de la valeur de la betterave et nous n'aurions pas été témoins de ces dissensions, de ces procès qui ort désolé tout le monde.

M. Lemaire, *d'Hesdin*. — Je me rallie à la proposition.

J'ai entendu des cultivateurs dire qu'ils voudraient bien avoir des tares comme en 1875 ; vous voyez que, malgré la mauvaise récolte et le déchet, ils avaient encore obtenu un peu d'argent, ce qui leur avait donné satisfaction.

M. Dubar. — Je demande à ajouter seulement quelques mots à ce que vient de dire M. Tribout, et à l'appuyer. Un grand nombre de cultivateurs du Nord se sont plaints à nous, cette année, de ce que, dans beaucoup de communes, les fabricants avaient payé un prix égal les betteraves d'un rendement inférieur et celles d'un rendement riche.

Certainement, Messieurs, l'étude que nous avons commencée aujourd'hui est avant tout une œuvre de propagande ; nous avons à convaincre les fabricants, d'une part, et les cultivateurs de l'autre ; il semble beaucoup plus facile et plus prompt d'arriver à convaincre les fabricants ; c'est donc à eux à se faire nos auxiliaires et à donner l'exemple, dans la campagne que nous faisons aujourd'hui.

Je souhaite que, les années prochaines, nous ne recevions plus un aussi grand nombre de plaintes de cultivateurs ayant vu à côté d'eux leurs concurrents, qui ne s'étaient préoccupés que du poids, vendre leurs betteraves le même prix que ceux qui avaient essayé de donner de la qualité et du rendement.

J'insiste sur ce point ; car je me fais ici l'organe d'un très grand nombre de cultivateurs.

M. Telliez. Je demande à donner lecture d'un projet de résolution.

M. le président. Vous avez la parole.

M. Telliez, *lisant :*

« La réunion considérant que l'intervention de la qualité dans l'achat de la betterave peut seule développer et faire progresser la culture de la betterave et la fabrication du sucre en France,

» Émet le vœu que tous les cultivateurs imposent aux fabricants le paiement de leurs racines proportionnellement à la qualité,

» Que les fabricants paient largement l'excédent de richesse saccharine sur la récolte moyenne de l'année,

» Elle estime que la détermination de la richesse par le densimètre est suffisamment exacte et pratique pour qu'elle soit le moyen généralement adopté, sauf recours à une analyse chimique dans le cas où il y aurait désaccord entre le cultivateur et le fabricant. »

Dans ces termes, je crois avoir résumé à peu près la discussion.

M. Taffin-Binauld. Je demande la suppression de la restriction, et l'approbation de l'achat à la densité, purement et simplement.

M Lemaire Je demande la suppression du dernier membre de phrase : « Sauf recours à l'analyse chimique. »

M. de Lagorsse. Je demande la parole sur la position de la question.

Il faut bien s'entendre : on va mettre aux voix successivement les deux membres de phrase ; la division est de droit. *(Interruptions)*.

M. Vion. On ne demande pas que la résolution soit votée par fractions ; la division n'est réclamée que pour le dernier membre de phrase.

M. de Lagorsse. Le Congrès va d'abord voter sur le principe, sur la proposition principale, puis ensuite sur la restriction.

M. le président. En ce qui me concerne, je ne tiens pas au dernier membre de phrase, puis que plus haut nous nous servons d'expressions qui admettent toujours le recours à l'analyse chimique. Voici donc la résolution que je mets aux voix :

« Le Congrès, considérant que l'intervention de la qualité dans l'achat de la betterave peut seule développer et faire progresser la culture de la betterave et la fabrication du sucre en France, émet le vœu,

» Que tous les cultivateurs imposent aux fabricants de sucre le paiement de leurs racines proportionnellement à la qualité ;

» Que les fabricants paient largement l'excédent de richesse saccharine sur la récolte moyenne de l'année ;

» Il estime que la détermination de la richesse par le densimètre est suffisamment exacte et pratique pour qu'elle soit le moyen généralement adopté. »

Plusieurs voix. Cela suffit ! — C'est beaucoup plus pratique !

M. Pelletier. Si l'on veut faire accepter franchement le principe par les cultivateurs, il serait plus prudent d'en rester là.

M. le Président. Messieurs, êtes-vous tous d'accord sur la question de suppression ?
(*Assentiment.*) Je mets aux voix la proposition.

(*La proposition est adoptée à l'unanimité.*)

M. le Président. Nous passons au paragraphe 3 : « Rédaction des compromis de vente des betteraves. »
Messieurs, croyez-vous que ce soit une chose bonne et pratique, que de faire ici une rédaction pour les compromis à passer entre les cultivateurs et les fabricants ?
La France se divise en régions, dont les unes produisent des betteraves riches, les autres des betteraves pauvres. Pensez-vous que nous arrivions à faire une rédaction qui puisse être admise partout ? Je ne le crois pas.

Plusieurs voix. Ce n'est pas possible ! — C'est chimérique !

M. le Président. Néanmoins, M. Peltier ayant demandé à présenter des observations, nous devons l'écouter.

M. Peltier. Plusieurs personnes ont probablement apporté à cette réunion des modèles de compromis ; en voici un qui a été appliqué, dans ma commune, et dans une fabrique de sucre où je suis moi-même intéressé ; et, de plus, il a été discuté entre les cultivateurs et le fabricant. C'est le résultat d'une discussion ; les cultivateurs se sont réunis, ils ont débattu entre eux les conditions du compromis, et ils ont nommé une commission, un syndicat qui est venu discuter librement les clauses du marché avec le fabricant. C'est donc le résultat d'un accord de toutes les parties, contradictoirement arrêté.

Ce contrat est très simple, et, si l'on avait plusieurs modèles de ce genre à soumettre au Congrès, on pourrait les annexer au procès-verbal à titre d'utiles renseignements.

Je donne connaissance à l'assemblée de ce compromis :

« Les betteraves seront livrées en fabrique......

M. Bouré. Je demande que ce marché ne soit point annexé au procès-verbal; voici mes raisons :

La base de 5°, qui peut être tout à fait avantageuse dans le Nord, peut être tout à fait désavantageuse dans les autres parties de la France. En conséquence, je demande que cette base ne soit pas adoptée.

Que des bases essentielles soient posées, et que chacun en tire le profit qu'il doit en tirer en raison de sa situation, je crois que c'est tout ce qu'on peut demander.

Que chacun fasse comme il l'entend, en produisant les betteraves qui sont généralement admises pour les marchés ; mais, Messieurs, pas trop de précision, je vous en prie ; ce qui convient à une contrée peut-être tout à fait désavantageux pour d'autres ; je suis, personnellement, dans des conditions qui ne me permettent pas de penser autrement.

M. le Président. Je crois, Monsieur, que nous sommes tous d'accord avec vous ; mais, la question étant à l'ordre du jour, il faut laisser tous les membres du Congrès libres de la discuter.

M. Vilmorin. Je serais de l'avis de l'honorable M. Bouré, s'il était question de proposer quoi que ce fût à l'adoption des cultivateurs et des fabricants de tous les pays. Mais, puisque cette question est à notre ordre du jour, je trouve extrêmement intéressant de recueillir, simplement à titre de renseignements, les différents compromis, comme celui qui vient d'être lu, qui nous seront soumis à cette condition que, pour chacun d'eux, on indiquera dans quelle région il a été adopté, parce que nous pourrons en tirer des conclusions des plus intéressantes, relativement à l'état de l'opinion et à l'état des esprits dans les différentes régions. Vous voyez, en effet, que celui-ci nous montre que, dans une certaine région du Département du Nord, les esprits sont assez éclairés sur la question de la valeur de la betterave, pour que, du consentement unanime des fabricants et des cultivateurs, des différences bien plus grandes soient faites sur la valeur de la betterave au-dessous du 5° qu'au-dessus. Ceci indique un progrès immense sur l'état des esprits, il y a quatre ou cinq ans ; il est précieux pour nous, à titre de renseignement d'avoir ce compromis ; et je désirerais qu'au lieu d'un seul ou en déposât sur le bureau huit ou dix.

M. Bouré. Je m'en réfère à ce que je viens de dire ; la situation de chacun est absolument différente de celle de son voisin ; les prix des transports, de la main d'œuvre, du charbon sont également différents. Par exemple, nous payons pour le transport du charbon, une fois et demie sa valeur ; nous ne pouvons pas nous rallier à la proposition qui admet 5° pour des betteraves à 20 fr.

Un Membre. Ce n'est que le prix de base qui varie dans ces conditions.

M. Bouré. D'après le comité des fabriques isolées, la densité moyenne de $5.\frac{5}{10}$ correspondait au prix de 20. Par conséquent, vous voyez que nous sommes à un demi degré d'écart pour la même valeur. Si on a admis cela dans le comité, c'est assurément après discussion et après mûre réflexion. Je dis donc que si l'on s'arrête à ce point de départ, pour un fabricant qui ne se trouve pas dans les contrées du Nord, il y aura un très grand désavantage. Les cultivateurs de nos contrées auront certainement connaissance des travaux du Congrès, et ils diront : dans le Nord, c'est 5° !
Je demande donc que l'on ne mentionne pas ce chiffre.

M. le Président. Vous savez, Monsieur, que le prix ne peut être discuté ici ; nous nous contentons de poser des bases ; le prix sera nécessairement différent et variable suivant les circonstances locales ou autres.

M. Bouré. La difficulté de la question, c'est que le prix de 20 fr. correspond d'un coté à 5° et de l'autre à $5°\frac{5}{10}$.

M. le Président. On débattra les marchés ! c'est affaire entre vendeurs et acheteurs ; M. Telliez a la parole.

M. Telliez. Je veux simplement ramener la discussion à ses proportions véritables. Quelques-uns des membres du Congrès ont exprimé le désir (et je le comprends), que le plus grand nombre possible de modèles de compromis fussent déposés sur le bureau pour être mis à la disposition de tous les intéressés. Ce que l'on demande, c'est un modèle de compromis qui tienne compte du principe qui vient d'être énoncé et noté purement et simplement, que s'il y avait des augmentations ou des réfactions il était nécessaire que le principe de ces augmentations ou de ces réfactions, suivant l'augmentation ou la diminution de qualité constatée sur la moyenne de la récolte, intervint dans les compromis.

Quant à la question du chiffre qui doit servir de point de départ, il est évident qu'elle ne peut pas être traitée ici, cela va de soi. Ce chiffre est soumis nécessairement aux influences locales et aux conditions dans lesquelles chacun se trouve.

Donc, nous ne voulons avoir ici que des modèles, et nous laissons complètement en dehors de nos débats la question de chiffre comme point de départ.

M. Pelletier. Je persiste à demander que les compromis soient publiés en entier. Naturellement, dans son vote final, le Congrès tiendra compte des observations qui lui ont été soumises; mais j'insiste pour la publication complète. S'il y a des fabricants de sucre qui se trouvent dans les conditions qu'on a indiquées, ils auront aussi besoin d'avoir des compromis qu'ils puissent faire voir avant de proposer leurs prix.

M. Bouré. Nous ne demandons qu'une chose, c'est que la question du prix ne soit pas mentionnée, et qu'il ne soit question que des principes indiqués dans les compromis.

M. le Président. J'invite les membres du Congrès qui ont apporté des modèles de compromis à les déposer sur le bureau; ces modèles seront insérés au compte-rendu, mais avec l'indication que le Congrès n'a rien entendu préjuger quant aux prix, et qu'ils figurent simplement à titre de renseignements.

M. Telliez. J'ai fait connaître tout à l'heure en quelques mots le sens de la résolution que je désire présenter à l'assemblée , et que j'ai formulée ainsi :

« Le Congrès, en estimant qu'il est avantageux que le plus grand nombre de modèles de compromis soient déposés et mis à la disposition des intéressés , est d'avis qu'ils ne peuvent servir qu'à l'état de modèles , sans que la question de chiffres , comme point de départ des augmentations ou réfactions puisse être l'objet d'aucune résolution. »

M. le Président. Je mets aux voix la proposition de M. Telliez.

(Cette proposition est adoptée à l'unanimité).

M. le Président. Nous passons à la question n° 4. « Valeur de la pulpe au point de vue de l'alimentation du bétail. » C'est une question très importante. Quelqu'un demande-t-il la parole ?

M. Pagnoul. Je la demande , monsieur le Président.

M le Président. La parole est à M. Pagnoul.

M. Pagnoul. — Messieurs, la question de la valeur comparative des pulpes a toujours été tranchée jusqu'ici d'une manière assez arbitraire ; et elle est d'autant plus difficile que les procédés d'extraction des jus, en se multipliant, rendent évidemment plus diverses les natures de pulpes. En présence de ces incertitudes, j'ai fait un certain nombre d'analyses de pulpes cette année, et, comme la question se trouvait à votre ordre du jour, j'ai cru pouvoir vous présenter les résultats de ces analyses. Ces résultats sont consignés sur le tableau que vous avez devant les yeux ; je vais me borner à vous en donner les conclusions.

J'ai d'abord divisé les pulpes en quatre catégories :

Les pulpes de presse hydraulique ;

Les pulpes de presse continue ;

Les pulpes de diffusion ;

Les pulpes de distillerie obtenues par macération.

Dans ces diverses pulpes, j'ai déterminé d'abord la proportion d'eau ; puis la proportion de sucre , en les traitant par l'acide tartrique, comme le recommande M. Pellet ; les matières azotées ; les matières salines, telles que les carbonates et les chlorures alcalins, que j'ai réunis sur le tableau en un seul nombre formant la somme des sels alcalins ; puis les cendres insolubles, dont la proportion s'élève quelquefois de 3 à 8 p. cent; et qui proviennent évidemment de betteraves mal lavées ; enfin, les matières sèches.

On a songé naturellement à déterminer la valeur des pulpes en prenant pour base les matières sèches. Cependant, je crois qu'il serait plus équitable de déduire de ces matières les cendres insolubles, qui représentent les matières terreuses qui accompagnent la betterave quand le lavage est insuffisant.

La colonne suivante contient donc le chiffre des matières sèches diminuées de ces cendres insolubles.

Une question assez importante est celle-ci : Doit-on tenir compte des sucres dans l'estimation des pulpes ? Il est évident que le sucre est un aliment ; et il faudrait en tenir compte, selon moi, si la pulpe était employée immédiatement, à l'état frais. Mais, après un certain temps de séjour dans les silos, il ne reste plus guère de sucre ; je me propose de continuer ce travail en faisant l'analyse d'un certain nombre de pulpes après un séjour prolongé en silos ; peut-être arriverai-je à ne plus trouver de sucre du tout. Il est vrai qu'alors il se transforme en alcool ; mais cet alcool se perd en partie ; il se transforme lui-même et donne de l'acide acétique, qui peut être utile dans une mesure restreinte, mais qui, s'il se produit en trop grande quantité, serait plutôt nuisible qu'utile.

Je crois donc qu'il serait équitable de baser l'évaluation des pulpes sur les matières sèches diminuées des cendres insolubles et du sucre.

La 3° colonne, renferme les différences ainsi obtenues.

Je vous présenterai seulement quelques moyennes calculées d'après les pulpes normales, c'est-à-dire en prenant uniquement celles qui n'ont pas été obtenues par des procédés particuliers. Cette année surtout, on a essayé une foule de procédés pour obtenir une élimination plus complète du sucre, tels que le lavage avec emploi de l'eau chaude ou de l'acide sulfureux, rapages de divers systèmes, etc. ; tout cela produit des résultats différents.

J'ai, par conséquent, pris seulement les pulpes de presses continues, telles qu'elles sortent de la fabrique, qu'elles proviennent d'ailleurs d'une seule pression ou de plusieurs. Pour les pulpes de diffusion, celles qui ont passé par les presses *Klusemann.*

Pour la proportion d'eau voici les chiffres que j'ai obtenus :
Pulpes de presse hydraulique........................... 75.71
Pulpes de presse continue............................. 81.21
Pulpes de diffusion 87.61
Pulpes de macération,................................. 92.54
Pour la proportion de sucre. 6.82. — 5.77. — 0.70. — 0.48.
Pour les cendres solubles. 1.95 — 0.84 — 0.54 — 0.99.
Pour les matières azotées, rapportées à 100 poids de pulpe sèche : 6.08 — 6.30 — 6.83 et 12.33

On comprend très bien que les pulpes de diffusion puissent contenir une quantité plus grande de matières azotées, puisque ces pulpes ont été portées à une température de 75 degrés, ce qui a coagulé les matières albumineuses.

Les tableaux suivants représentent les chiffres des matières sèches, c'est-à-dire des nombres qui pourraient être considérés comme proportionnels à la valeur de la pulpe, en prenant les matières sèches seules, ou en les prenant diminuées des cendres insolubles ou mieux des cendres insolubles et du sucre.

Pour rendre ces nombres proportionnels plus simples, j'ai pris dans les trois colonnes qui suivent le chiffre de 10 francs, qui est à peu près le prix auquel sont livrées les pulpes de presse hydraulique aux cultivateurs, auxquels on en fournit un cinquième du poids total de leurs betteraves. Le prix des pulpes de presse continue serait alors de 7 fr. 85 ; celui des pulpes de diffusion serait de 7 fr. 18 ; celui des pulpes de macération, de 3 fr. 86.

Il y a quelquefois des contestations parce que, si on est convenu de livrer le cinquième du poids des betteraves vendues, en pulpes de presse hydraulique, il faut, si on livre des pulpes de diffusion en donner un poids plus élevé.

Si, pour 1.000 kilog. de betteraves livrées par le planteur, le fabricant doit lui donner 200 kilog. de pulpe de presse hydraulique, il lui faudrait donner 254 kilog. de pulpe de presse continue, 278 kilog de pulpe de diffusion, et 518 kilog. de pulpe de macération, — qui, du reste, est un peu en dehors du sujet.

Je crois qu'on pourrait faire aussi cette objection : En basant la valeur de la pulpe sur la matière sèche, on considère seulement l'eau comme une substance inutile, ayant une valeur nulle, or il serait peut-être plus juste de la considérer comme ayant une valeur négative, c'est-à-dire, comme entraînant une certaine diminution de la valeur de la pulpe basée sur les matières sèches. Il faut, en effet, plus de frais de transport quand la pulpe est chargée d'eau, et il est possible aussi que cet excès d'eau nuise à l'alimentation du bétail.

Cependant, pour répondre à cette dernière objection, je rappellerai les expériences publiées par un de nos collègues et qui ont été faites chez M. Simon Legrand et chez d'autres cultivateurs; ces expériences sembleraient donner l'avantage à la pulpe de diffusion. D'un autre côté, en supposant que la pulpe de diffusion présente un petit désavantage à raison de la grande quantité d'eau qu'elle contient, elle le rachète par la proportion plus grande des matières azotées : 6.83 au lieu de 6.08, d'après les nombres que j'ai trouvés.

Ce rapport est même trop faible; car, dans la pulpe de presse hydraulique, il y a encore de l'azote non alimentaire, à l'état de nitrates, ou à l'état d'alcaloïdes, ou d'ammoniaque; tandis que l'azote non alimentaire n'existe presque plus dans la pulpe de diffusion; ce qui constitue en faveur de celle-ci, un grand avantage. Selon moi, la proportion des matières azotées, dans ces deux pulpes de diffusion et de presse hydraulique; à l'état sec, serait à peu près de 6 à 8.

Cette augmentation de matière nutritive dans la pulpe de diffusion peut compenser le petit inconvénient résultant de l'excès d'eau qui s'y rencontre.

Je crois donc que la meilleure base à adopter pour l'estimation des pulpes, serait la quantité de matière sèche diminuée des cendres insolubles et du sucre. Elle aurait surtout l'avantage de ne pas entraver le progrès et de laisser aux fabricants de sucre toute latitude pour obtenir des pulpes ne contenant plus de sucre ou en contenant moins.

M. le Président. La parole est à M. Ladureau.

M. Ladureau. Les expériences et les analyses que j'ai faites sur les pulpes de diffusion coïncident parfaitement avec celles qu'on vient de vous citer. Je crois bon de retenir ce fait que les pulpes de diffusion sont généralement plus riches que les pulpes de presse hydraulique en matières nutritives et surtout en matières albuminoïdes coagulées par la température élevée à laquelle ces pulpes ont été portées. C'est un fait qu'il est bon de signaler et dont le Congrès doit tenir compte, parce que c'est une idée généralement répandue dans les campagnes que la pulpe de diffusion vaut beaucoup moins que l'autre. Je crois que, à poids égal de matière sèche, elle est préférable, et qu'il est bon que le Congrès constate le fait.

M. le Président. La parole est à M. Lemaire.

M. Lemaire. Messieurs, lorsque nous consultons pratiquement nos animaux sur cette question, voici ce qu'ils nous disent : (*sourires*) Nous préférons la pulpe de diffusion à la pulpe de presse hydraulique et à la pulpe de macération. Nos cultivateurs payent ordinairement la pulpe provenant de 100 kilos par macération 1/5 en plus que la pulpe provenant de 100 kilos de presse hydraulique. Je crois que cela se rapporte à peu près à ce que M.ᵉ Pagnoul vient de dire : Je puis vous affirmer l'exactitude de cette proportion, parce que j'ai fait des expériences assez sérieuses et que je me suis servi de balances très justes.

M. Vivien. Pour confirmer les expériences de M. Pagnoul, je voudrais rappeler les chiffres que nous avons trouvés dans des analyses de pulpes de diffusion et de pulpes de presse hydraulique. Nous avons comparé la quantité d'azote contenu dans ces pulpes, et nous sommes arrivés au résultat suivant : sur 100 d'azote dans les pulpes de presse hydraulique, nous avons trouvé environ 50 0/0 d'azote nutritif ; le reste est à l'état de sels ammoniacaux et de nitrates qui ne représentent, pour ainsi dire, aucune valeur au point de vue de l'alimentation du bétail. Dans les pulpes de diffusion, nous avons trouvé 80 0/0 d'azote assimilable.

M. le Président. La parole est à M. Simon Legrand.

M. Simon Legrand. Messieurs, j'ai consulté, moi, aussi, mes animaux. J'ai fait donner de la pulpe de presse hydraulique à la moitié de mes étables et de la pulpe de diffusion à l'autre. J'ai fait analyser les deux, et voici ce que j'ai reconnu, relativement à la quantité d'eau contenue dans les deux espèces de pulpe. La pulpe de presse hydraulique altère les animaux et les fait boire beaucoup. Avec la pulpe de diffusion, au contraire, ils en boivent fort peu. Il y a donc, au point de vue de l'absoption de l'eau, une grande différence en faveur de la pulpe de diffusion. Je puis vous garantir le fait et vous le prouver quand vous voudrez.

M. le Président. La parole est à M. Tribout.

M. Tribout. Vous venez, Messieurs, d'entendre parler des chimistes. Ce n'est pas aux questions des chimistes que je veux répondre.

M. Simon Legrand vient de parler d'expériences ; je suis aussi cultivateur et j'en ai fait quelques-unes, quoique je ne sois pas soumis à ce régime par mes fabricants.

J'ai voulu, l'année dernière, essayer de la pulpe de diffusion, et j'ai établi la comparaison entre cette pulpe et la pulpe de presse hydraulique, je donnais 5 panniers de pulpe de diffusion. Avec ces 5 panniers mes animaux diminuaient. Lorsque j'ai substitué au régime de la pulpe de diffusion celui de la pulpe de presse continue, mon bétail a immédiatement augmenté. Avec la pulpe de diffusion, le poil se hérissait, c'était l'indice d'une mauvaise nourriture ; j'avais beau la compenser par une plus-value de tourteaux, mon bétail ne répondait pas à la quantité de nourriture que je lui donnais chaque jour. Voilà ce que j'avais à répondre.

M. le Président. La parole est à M. Simon Legrand.

M. Simon Legrand. Messieurs, voilà 7 ans, que je donne de la pulpe de diffusion en très grande quantité à mes animaux, et j'ai constaté que c'est absolument l'inverse de ce que vient de dire M. Tribout qui existe. Donnez de la pulpe de presse hydraulique à un animal, il vous donnera de mauvais lait et de mauvais beurre, et, si vous faites de l'élevage, vous ferez avorter vos vaches. Avec de la pulpe de diffusion, au contraire, que plusieurs expériences m'ont démontrée être excellente, vous pouvez faire l'élevage des veaux.

Un de nos collègues a donné l'an passé, pendant tout l'été, de la pulpe de diffusion à ses animaux ; il lui restait un silo de pulpe de presse hydraulique. Au mois de juin, quand sa provision de pulpe de diffusion a été épuisée, il a donné à ses animaux de la pulpe de presse hydraulique. Au lieu de donner, comme avant, un fumier solide, indice d'une bonne nourriture, ils avaient la diarrhée, étaient malades, avaient le poil hérissé, et l'on a dû cesser ce régime.

M. le Président. A mon avis, qui veut trop prouver ne prouve rien ; n'est-ce pas ici le cas de M. Simon ? M. Tribout a demandé la parole pour répondre à M. Simon Legrand ; je me crois obligé de la lui donner avant de clore cette discussion.

M. Héren. Je puis affirmer la réalité des faits affirmés par M. Simon Legrand.

M. Tribout. Je n'ai pas l'habitude de contester le dire de mes collègues, et si je réponds, ce n'est pas avec cette intention. Je vous dirai simplement qu'à l'heure actuelle, on ne devrait tenir compte que de la matière nutritive ; mais est-ce que, dans le prix de la pulpe, il ne doit pas entrer aussi d'autres considérations ? On vient vous dire : autrefois, avec la pulpe de presse hydraulique, vous aviez 20 % de transport inutile à faire ; aujourd'hui, avec la pulpe de diffusion, vous avez 35 à 40 % ; voilà donc une augmentation de manutention, voilà des charrois considérables. Maintenant, le jour où vous donnerez cette nourriture à votre bétail, ne serez-vous pas obligés aussi d'augmenter dans la même proportion la nourriture de chaque jour ? Quelle main-d'œuvre n'avez-vous pas en plus ! Par quoi y suppléerez-vous ? L'animal aura-t-il l'estomac disposé de manière à pouvoir digérer cette grande quantité de nourriture ? Je ne le pense pas.

Nous autres, simples cultivateurs, nous devons consulter non seulement les expériences chimiques, mais aussi l'estomac de nos bestiaux ; c'est bien souvent à ce système que nous nous arrêtons et c'est lui qui nous permet de ne pas faire fausse route. Vous nous permettrez donc de nous en tenir à cette simple considération.

M. le Président. Avant de donner la parole à ceux des membres qui pourraient encore la réclamer, permettez-moi de prier M. Telliez de donner connaissance à l'Assemblée d'une proposition que le bureau vient de rédiger et sur laquelle le Congrès pourrait voter.

M. Telliez. « Le Congrès pense qu'à égalité de poids de
» matière sèche, la pulpe de diffusion est préférable à celle des
» presses hydrauliques, et que, par conséquent, le valeur com-
» parative de ces pulpes doit être établie d'après leur teneur en
» eau. »

Plusieurs membres. En raison inverse de leur teneur en
eau.

D'autres membres. Non ! de la matière sèche.

M. le Président. On va relire la proposition qu'on mettra
immédiatement aux voix.

M. Taffin-Binauld. En présence des opinions diverses émises
par des personnes très expérimentées, pourquoi ne se contente-
rait-on pas de donner acte à M. Pagnoul de sa communication
intéressante et de s'en remettre à un Congrès ultérieur du soin
de se prononcer sur le mérite comparatif des diverses espèces
de pulpe ?

Plusieurs membres. (Oui ! oui ! très bien).

M. le Président. Je mets aux voix la proposition de M. Taffin-
Binauld. (*Le vote a lieu. — M. le Président déclare la proposition adoptée*).

M. le Président. Nous passons à la discussion du paragraphe 5 :
Questions relatives à la législation des sucres. M. Telliez s'est
fait inscrire ; je lui donne la parole.

Voix nombreuses. On n'a pas compris le vote ! — Nous
demandons la contre-épreuve !

M. le Président. Je prie M. Taffin-Binauld de vouloir bien
rédiger sa proposition ; elle consiste dans un remerciement
à M. Pagnoul, pour l'intéressante communication qu'il a faite
au Congrès et dans l'expression d'une résolution à prendre
pour savoir quel sera le mérite comparatif des pulpes, jusqu'à ce

qu'on soit bien éclairé à cet égard par l'expérience des cultivateurs.

M. Dehaut. Au nom des cultivateurs, j'insiste pour l'ajournement de la seconde partie de la résolution ; autrement, ils protesteraient. Pour donner une autorité sérieuse aux décisions du Congrès, il ne faut pas se lancer dans des questions qui n'ont pas été suffisamment étudiées.

M. le Président. Deux propositions se trouvant en présence, je consulte le Congrès sur la première, qui a droit à la priorité, c'est-à-dire sur celle de M. Taffin-Binauld. Si le Congrès ne l'adoptait pas, je mettrais aux voix l'ajournement.

Voix nombreuses. Nous demandons que l'ajournement soit d'abord mis aux voix.

M. le Président. Dans ces conditions, si l'ajournement n'était pas prononcé, c'est sur la proposition de M. Taffin-Binauld que le Congrès aurait à statuer.

M. Telliez. Je propose, au contraire, de formuler ainsi la proposition :

« Le Congrès, en remerciant M. Pagnoul de son intéressante communication, surseoit à se prononcer sur la valeur comparative des diverses sortes de pulpes jusqu'à expériences plus complètes. »

M. le Président. Je crois que tout le monde est d'accord pour l'ajournement. *(Non ! Non ! Si ! Si !)*

Je mets aux voix l'ajournement ; s'il n'est pas prononcé, nous continuerons la discussion.

Plusieurs membres. Nous demandons qu'il soit donné lecture de la proposition d'ajournement.

M. le Président. Lecture a déjà été donnée, je vais la recommencer, la proposition de M. Telliez tendant à l'ajournement, est libellée comme suit :

« Le Congrès, en remerciant M. Pagnoul de son intéressante

communication, surseoit à se prononcer sur la valeur comparative des diverses sortes de pulpes jusqu'à expériences plus complètes. »

(La proposition, ainsi rédigée, est mise aux voix et adoptée).

M. le Président. Nous passons au numéro 5 : Questions relatives à la législation des sucres.

Un membre. Voulez-vous me permettre de dire un mot au sujet de cette question d'ajournement, bien que cet ajournement me paraisse voté; il présente, à mon sens, de grands inconvénients. Dans le département de l'Aisne, de graves discussions se sont élevées à ce sujet. Les contestations ont été jugées par les tribunaux et la cour d'appel d'Amiens, de sorte qu'il serait peut-être bon de ne pas persister dans l'ajournement, les tribunaux s'étant prononcés sur la valeur des différentes pulpes.

M. le Président. Ce que vous venez de dire est une raison de plus pour prononcer l'ajournement. D'ailleurs la question est tranchée et le Congrès ne peut pas revenir sur un vote, qui reste acquis.

Plusieurs membres. Nous demandons la contre-épreuve.

M. le Président. Elle a été faite et le bureau a pu constater un écart de plus de 20 voix en faveur de la majorité. Le Congrès ne blâme pas l'emploi d'une pulpe plutôt que celui d'une autre. Les raisons données n'ont pu l'éclairer suffisamment et il ne veut pas qu'on puisse se servir, en cas de procès, d'une résolution qu'il aurait émise hâtivement.

Un membre. La question est assez grave pour procéder au scrutin secret.

M. le Président. Vous devez avoir prochainement un Congrès sucrier à St-Quentin ; vous aurez, là et ailleurs, mille occasions de faire de nouvelles propositions, et d'apporter de nouveaux documents à l'appui.

M. Simon Legrand. Je demande la parole.

M. le Président. Je ne puis vous la donner que sur la question relative à la législation des sucres.

M. Simon Legrand. Je n'avais qu'un mot à dire. Il y a des procès engagés... *(Murmures).*

M. le Président. Raison de plus ; la parole est à M. Telliez.

M. Telliez. Nous arrivons, Messieurs, à cette grave question des impôts qui frappent les sucres, question qui, je crois, est la plus importante de celles qui sont soumises à nos délibérations. En ce qui me concerne, j'examinerai, si vous le permettez, une proposition qui a été émise dans ces derniers temps et qui a eu un certain retentissement, parce qu'elle émane, il faut le reconnaître, d'hommes compétents et d'organes de publicité très autorisés. Je demanderai donc la permission de l'aborder immédiatement au double point de vue de son caractère et des effets qu'elle pourrait avoir, afin que vous puissiez vous prononcer en toute connaissance de cause.

Cette question est des plus simples dans la forme ; elle se résume ainsi :

Substitution du régime allemand au régime français, c'est-à-dire, substitution de l'impôt sur la betterave à l'impôt sur le sucre. Rien de plus simple, mais aussi, selon moi, rien de plus grave. Avant d'aborder la question, permettez-moi, Messieurs, un court préambule ; il arrivera à vous montrer comment cette question nous a été connue et comment elle a attiré notre attention.

Vous savez tous que dernièrement, dans un concours tenu à Lille, on a distribué des récompenses aux cultivateurs qui ont le plus fait pour l'amélioration de la betterave, c'est-à-dire, pour cette conciliation si difficile et si désirable des intérêts de l'agriculture et de la fabrication.

A propos de ce concours, des récompenses qui y avaient été accordées et de ce qui s'y était dit et fait, nous avons trouvé dans un journal qui a pour titre « *Journal des fabricants de sucre* » une appréciation a peu près ainsi conçue : On a dit beaucoup de choses à Lille sur la betterave, on s'y est même assez complimenté, disait l'article ; on y a parlé de beaucoup de choses assez indifférentes ; on n'en a omis qu'une, qui est un point capital, décisif, déterminant, c'est la question de législation, question qui, je viens de vous le dire, est des plus simples en elle-même, et qui se résume en ceci : substituer le régime allemand au régime français, c'est-à-dire, remplacer l'impôt sur le sucre par l'impôt sur le betterave.

Je vous avoue que je ne croyais pas, en ce qui me concerne, que cette question fût autant à l'ordre du jour qu'on le prétend ; et puis, je crois que, si l'auteur de l'article y avait regardé de plus près, il aurait vu que cette question se trouvait pour ainsi dire résolue, implicitement au moins, par ce qui était l'objet même du Congrès. J'ajoute que, quand même nous aurions su que cette question fut à l'ordre du jour, nous nous serions bien gardés de la mettre en vedette et de lui donner une grande publicité dans une réunion qui avait pour objet la conciliation des intérêts des fabricants et des cultivateurs, attendu que je la crois absolument contraire aux intérêts des cultivateurs d'abord — et c'est le seul point dont j'ai à m'occuper. Quant aux fabricants, ils donneront leur avis à cet égard. Elle est, dis-je, contraire aux intérêts des cultivateurs, et surtout à cet intérêt de conciliation que nous poursuivons.

Cela dit, j'aborde tout de suite, aussi ménager de votre temps que possible, la question qui nous occupe.

Et d'abord, au point de vue de son caractère, qu'est-ce que cet impôt qui consisterait à frapper directement la betterave ? Quelle est sa nature ? Quelle est sa portée ? Nous connaissons tous les impôts de consommation qui frappent le sucre, le vin, les alcools, l'eau-de-vie, la bière, le genièvre. Mais un impôt qui frappe directement un produit de l'agriculture, j'avoue que je n'en connais pas, sauf celui qui frappe le tabac. Le tabac est considéré comme un objet essentiellement de luxe ; il est monopolisé par l'État, et je ne sache pas que l'État veuille monopoliser la betterave. Pourquoi donc frapper la betterave plutôt que le raisin, les pommes, les fruits ou graines de toute nature qui servent à la fabrication des alcools, des boissons, de la bière, en un mot, de tout ce qui est frappé à l'état d'objet de consommation ? Le tabac ne subit aucune transformation, et, c'est encore une considération pour laquelle on conçoit qu'il soit frappé, tandis que tous les autres produits subissent nécessairement une transformation qui les rend propres à la consommation. Lorsqu'ils sont ainsi transformés, l'impôt qui les frappe se répartit sur tout le monde ; c'est la raison d'être des impôts de consommation.

On dira qu'il importe peu, en définitive et en réalité, que l'impôt porte sur la betterave avant sa transformation ou après. Cela, Messieurs, est plus important que vous ne le croyez. Il est rare que lorsqu'un acte se fait en opposition avec les principes, et que la première impression qu'il procure est une impression mauvaise, il est rare, dis-je, que cet acte ait d'heureuses conséquences, et je vais vous démontrer combien celui qui nous occupe en aurait de fâcheuses, de détestables, de déplorables pour notre agriculture. Voilà, Messieurs, pour le côté moral.

Quant au côté matériel, permettez-moi de vous exposer en peu de mots une considération dont vous connaissez déjà tous les éléments — il en a été question hier — considération qui, à elle seule, serait décisive et déterminante, quoiqu'elle n'entre que pour une faible part, je puis le dire, dans celles qui intéressent l'agriculture : C'est que, par le système qu'on vous propose, c'est-à-dire la substitution du régime allemand au régime français, vous arrivez à fausser les éléments de rendement à l'hectare de la betterave. On vous a démontré hier que, pour arriver au maximum possible de rendement à l'hectare de betterave, il faut la combinaison de deux éléments qui s'appellent le poids et la qualité, une combinaison rationnelle, une combinaison juste, dans les proportions voulues de ces deux éléments. Si l'un de ces deux éléments se trouve frappé, diminué par une considération, par une mesure quelconque, la combinaison est détruite et, nécessairement, le maximum de rendement se trouve empêché au grand détriment des intérêts agricoles, des intérêts généraux et de la richesse publique.

. Lorsque nous nous étions occupés de cette question de savoir comment on pouvait concilier les intérêts des fabricants de sucre et ceux des cultivateurs, nous avions été préoccupés de savoir s'il fallait, en définitive, donner au poids et à la qualité des proportions telles que cette conciliation fût réellement désirable. Nous avions été déjà frappés, mon honorable collègue M. Taffin-Binauld et moi, de cette considération que le meilleur moyen d'arriver au maximum de rendement était de combiner ces deux éléments, mais il fallait le démontrer en chiffres. Je lui en ai confié le soin, et il est venu avec des calculs probants, certains. Pour ne point recourir à ceux qui nous sont personnels, permettez-moi d'en prendre d'autres, émanant d'un homme autorisé dont personne ici ne contestera ni la compétence, ni l'exactitude, ni la sincérité, je veux parler de M. Henri Bernard, que la plupart des membres de cette assemblée connaissent, un vétéran de l'industrie des sucres. *(Très bien! et applaudissements).* Son travail a paru dans le journal « *La Sucrerie indigène.* » M. Henri Bernard démontre, vous allez le voir, que c'est par la combinaison des deux éléments voulus, alors qu'ils ne sont point faussés, qu'on arrive au maximum de rendement.

Après avoir dressé un tableau, il ajoute : « En tous cas, aurions-nous avantage, en supposant que ce soit possible, à adopter un système dont le résultat final serait de nous donner une culture de betteraves semblable à celle qui existe en Allemagne ? Examinons cette question au point de vue agronomique et économique, et en nous basant sur les résultats moyens obtenus dans le Nord et le Pas-de-Calais.

Nous admettrons que la betterave, riche ou pauvre, donne toujours 20 pour 100 de pulpe, valant 15 fr. les 1.000 kil., et 3 p. 100 de mélasse, au prix moyen de 12 fr. les 100 kil., et, en outre, que pour produire 100 kil. de raffinés, avec un sucre brut de qualité moyenne, il faut faire 15 kil. de mélasse. Nous estimons qu'en moyenne un hectare de terre donne, dans les deux départements : 50.000 kil. de betteraves, à 45 p. 1.000 de rendement en sucre raffiné, et en Allemagne 27.500 kil. à 75 p. 1.000.

Voici les valeurs réalisées, dans les deux pays, au moyen de ces deux récoltes, abstraction faite de la part du fisc.

EN FRANCE

50.000 kil. betteraves par hectare.

PRODUITS.

```
Sucre raffiné, à 45 pour 1.000 = 2.250 k., à 0 f. 75 = f. 1.687 50
Mélasse brute, à 30 pour 1.000 = 1.500
Mélasse de raffinage, à 15 p. 100 =    337 1/2
                                    ___________
        Total........... 1.837 1/2, à 0 f. 12 = f.   220 50
Pulpe, à 20 pour 100 = 10.000 kil., à 0 fr. 15....... = f.   150   »
                                    ___________
            Total....................... 2.058   » 
```

EN ALLEMAGNE.

27.500 kil. betteraves par hectare.

PRODUITS.

Sucre raffiné, à 75 pour 1.000 = 2.062 k. 1/2, à 0 f.75 = f. 1.546,87
Mélasse brute, à 30 pour 1.000 = 825
Mélasse de raffinage, à 15 p. 100 = 309

Total .... 1.134 kil., à 0 f.12 = f. 136,08
Pulpe, à 20 pour 100 = 5.500 kil., à 0 fr. 15 .... = f. 82,05

Total 1.765,45

On voit que la culture française, malgré ses énormes défauts, réalise des valeurs qui excèdent encore d'un sixième le produit de la culture allemande. Or, de part et d'autre, ces valeurs sont uniquement représentées soit par la rémunération du travail, soit par le revenu de la propriété foncière ou des capitaux industriels.

Vous voyez, Messieurs, que l'on a fait aux Allemands des chiffres aussi favorables que possible·

Ainsi, Messieurs, le rendement a donné, en France, pour un hectare qui rapporte 50.000 kilog., 2.058 fr. ; et le rendement, en Allemagne, pour un hectare qui rapporte 27.500 kilog., 1.765 fr. 45 c. Voilà, traduite en argent, la valeur du rendement à l'hectare.

Prenons d'autres chiffres ! je vais en donner que personne ne contestera : Que l'on puisse obtenir un rendement à l'hectare de 40.000 kil. à 6°, je crois que c'est facile. Pour arriver à 7°, il faut descendre le rendement à 30.000 kil. ; eh bien, $4 \times 6 = 24$ et $3 \times 7 = 21$; c'est la même proportion que celle dont parle M. Bernard : 1/6 en moins à l'hectare, 1/6 en moins au rendement.

Je crois que le régime français qui permet de cultiver sans la préoccupation de diminuer le poids, est préférable au régime qui oblige à sacrifier un des deux éléments pour augmenter l'autre ; je crois que la liberté en cette matière est préférable et que notre législation sur le rendement est de beaucoup la meilleure, parce que la première conséquence d'un impôt sur la betterave, c'est d'obliger les cultivateurs à en réduire le poids autant que possible.

Voilà une première considération que je vous soumets; est-elle la seule? Non; je vais arriver aux autres. Celle-ci serait déjà déterminante, parceque l'impôt allemand empêche d'arriver au maximum du rendement à l'hectare, au grand détriment de la richesse publique et de l'agriculture. Certainement, il peut arriver que les fabricants de sucre retrouvent certains avantages sur la fabrication; mais je doute que ces avantages puissent jamais contrebalancer l'inconvénient que je viens de signaler.

Au point de vue de la culture française, vous avez vu que ces inconvénients ont leur compensation; établissons la comparaison!

En Allemagne, le fabricant cultive lui-même une grande étendue de terres qu'il peut affermer à très bas prix, parceque des propriétés aussi vastes ne peuvent être que des fiefs, des apanages de familles princières qui peuvent les donner à bail à des conditions très favorables. En France, nous ne sommes pas dans les mêmes conditions; donc, en Allemagne, on peut sacrifier l'étendue et demander à deux hectares ce que nous faisons produire à un seul. Les Allemands n'ont pas à compter avec les fermages et, malgré ces conditions, leurs hauts rendements sont plus dispendïeux qu'en France. Ils cultivent d'énormes étendues de terrain et alors il leur est possible de renoncer à certains avantages dont nous bénéficions chez nous. Chez eux, ce que la culture perd, l'usine le recupère; l'usine est établie d'abord dans les meilleures conditions, elle cultive elle-même la betterave et l'obtient dans des conditions non moins excellentes et, malgré cela, la condition culturale des Allemands est tellement inférieure à la nôtre que s'ils n'avaient sur nous que cet avantage, celui de la fabrication, nous n'aurions rien à demander. Leurs avantages sur le marché français, résultent de primes déguisées qui font que, à leur frontière, on leur restitue l'impôt sur dix, quand ils ne l'ont payé que sur huit.

M. Bernard nous a donné sur ce point des renseignements très précieux.

Mais j'arrive à ce que nous dit, dans un article, la *Deutsch-Zuckerindustrie*, journal hebdomadaire de Berlin, qui nous fournit, dans son numéro du 24 août 1877, de précieux renseignements sur la culture allemande. On y trouve le relevé, minutieux et précis, de tous les éléments d'une comptabilité agricole pour deux grands domaines, exploités par une sucrerie pendant les trois campagnes 1873-74, 1874-75 et 1875-1876.

Ces domaines ont une étendue, en chiffres ronds, l'un de 3,100, l'autre de 2,400 *morgen*, soit un peu plus de 1.400 hectares : (le *morgen* vaut 23 ares 53 centiares).

Voici le résultat moyen des trois années, assolement et récoltes :

	HECTARES.	RENDEMENT A L'HECTARE (en kilogr.)		
		MAXIMUM.	MINIMUM.	MOYEN.
Froment	183	2248	1579	2091
Seigle	57	1900	1621	1821
Orge	210	2209	1551	2021
Avoine	139	2378	1551	2080
Pois	27	3196	1504	2222
Pommes de terre.............	161	16745	10877	11770
Graines de betteraves...........	9	2052	983	1680
Betteraves	633	33084	21874	27540
Total	1419			

On voit qu'il n'est pas ici question de prairies, ni artificielles, ni naturelles, qu'il n'y a évidemment pas de jachères, et que la betterave prend les quatre neuvièmes (4/9) de l'assolement.

Toute la comptabilité se rapporte à la betterave, dont le prix de revient résume les résultats, en perte ou en bénéfice, des divers éléments de l'exploitation.

La récolte moyenne annuelle des deux domaines en betteraves a donné :

17.441.730 kil., coûtant 682.205 fr. 70 c., soit 39 fr. 11 c. les 1.000 kil.

Le prix de revient minimum a été de 33 fr. 25 c., le prix maximum 48 fr. 97 c.

Ce prix de 48 fr. 97 c. s'applique à 7.500.303 kil., récoltés en 1874 sur le plus grand des deux domaines.

Voilà, Messieurs, 10.000 hectares qui, suivant le compte-rendu de 1868, dans l'exploitation modèle, rapportent de la betterave qui coûte 39,11 les mille kil. Le maximum de rendement est de 35 et le minimum est de 18,95; voilà dans quelles conditions on produit en Allemagne !

Messieurs, il y a une foule de considérations contenues dans ces quelques lignes : en Allemagne, vous le voyez, on cultive d'une façon différente de la nôtre, et, chez nous, si l'on changeait la base de l'impôt, nous devrions changer complètement notre mode de culture.

J'ai, dans ma vie, consulté beaucoup de cultivateurs et voici le propos que, bien souvent, je leur ai entendu tenir ..... « La betterave, c'est la base, c'est le régulateur de ma culture. »

Ont-ils tort ; ont-ils raison ?

Je suis tenté de leur donner grandement raison. Ce n'est pas en Allemagne que nous irons demander comment on pourrait arriver à une meilleure culture ; je crois que, en cette matière, les Allemands ont plus à apprendre de nous que nous n'avons à apprendre d'eux et qu'ils n'ont sur nous aucune supériorité. S'ils en avaient une, je n'hésiterais pas à le reconnaître, mais je suis heureux de constater qu'il n'en est pas ainsi.

Autrefois, c'était la mode de proclamer les méthodes anglaises supérieures ; aujourd'hui, la mode veut qu'on en dise autant des méthodes allemandes ; j'avoue qu'en cela la mode m'impressionne désagréablement. Si les Allemands, en matière de tueries, sont plus forts que nous, je pense qu'en toute autre chose, nous n'avons rien à leur envier.

Changer la législation, mais ce serait amener un bouleversement dans nos procédés de culture.

Hier, j'entendais l'auteur d'une proposition prétendre, que pour produire la betterave, on avait tort d'employer le plus d'engrais possible ; moi, pourvu qu'on n'y fasse entrer aucun élément nuisible à la fabrication, je pense que les cultivateurs font bien ; ce qui me le démontre c'est que je connais des cultivateurs qui opèrent dans les conditions allemandes, fabriquant eux-mêmes les betteraves qu'ils produisent, et ils se gardent bien de suivre pour la culture de la betterave le régime allemand, — pour eux, la betterave est le point de départ de leurs assolements sur le maximum possible de richesse du sol. C'est ainsi que je vois procéder un grand nombre de cultivateurs exploitant des terrains d'une étendue considérable ; permettez-moi de vous citer parmi eux M. Crépin-Delinsel, mon ami ; il cultive 800 hectares pour alimenter sa fabrique. A moins qu'il n'y soit contraint par une nouvelle assiette de l'impôt, il ne changera jamais son système, et cependant, soyez en sûrs, c'est un homme trop pratique, trop intelligent pour se refuser à admettre le système allemand si cela était de son intérêt.

Donc, Messieurs, si c'est dans l'intérêt de la culture que l'on demande l'application du système allemand, on va au rebours de la vérité, on nous amène à appauvrir la terre au lieu de l'enrichir. Pour obtenir des betteraves comme on les obtient en Allemagne, il faut défertiliser la terre ; vous ne pouvez pas produire 27.000 kil. à l'hectare sans que notre sol soit appauvri. (*Très bien, très bien !*)

Je vous signale encore une cause d'inapplicabilité : en Allemagne cet impôt a été établi pour une culture à faire ; chez nous, il serait appliqué à un état de choses existant. Ce serait un impôt qui pèserait très lourdement et inégalement, parce que les terrains de mauvaise culture seraient ceux qui payeraient le moins. C'est là une inégalité qui n'existe pas en Allemagne parce que l'établissement de l'impôt y a précédé la culture de la betterave.

Voilà donc, Messieurs, les résultats que produirait chez nous, en matière d'agriculture, le système allemand : appauvrissement et défertilisation de nos terres les plus riches. Vous voyez qu'au point de vue économique, au point de vue de l'agriculture et de la production, cette proposition va au rebours du progrès agricole, c'est du progrès agricole à rebrousse poil......

Une voix. Je ne sais pas si jamais un fabricant a demandé pareille chose ? A quoi bon insister ?

Autre voix. La question est au programme.

M. Telliez. J'examine cette question parce qu'elle a un immense intérêt et parce qu'elle est prévue dans notre programme.

Je ne vous dirai qu'un mot de la pulpe. Dans le système

allemand, il faut réduire le poids ; en Allemagne, pour échapper à l'impôt sur le poids . on coupe la betterave, on la diminue en la tranchant au-dessus du ventre ; chez nous, la cherté de la main-d'œuvre produirait encore une infériorité pour faire ce qu'on appelle la toilette de la betterave. Et ne dites pas que vous y renonceriez ; quel est le cultivateur qui la porterait à la fabrique entière et chargée de terre ? C'est donc encore là une opération qui devrait être faite par le cultivateur, à ses frais et à son grand détriment.

Nous savons tous quelle est l'importance de la pulpe ; lorsqu'un cultivateur intelligent met des betteraves, il compte sur un sixième de pulpe et ce calcul est entré pour une grande part dans sa détermination ; il n'y renoncera pas, car c'est la pulpe qui améliore les terres. En diminuant la pulpe de moitié, c'est un obstacle que l'on crée au progrès agricole.

Enfin, Messieurs, le régime allemand est encore inapplicable pour un autre motif : En Allemagne, on ne connaît que le sucre indigène. Chez nous, au contraire, il en entre des quantités considérables arrivant de toutes les colonies, qu'on envoie pour les soumettre au raffinage et auxquels il faut appliquer l'impôt du sucre. Comment appliqueriez-vous l'impôt sur ces sucres et en même temps sur les betteraves de notre culture ; comment égaliseriez-vous jamais cet impôt sur les sucres étrangers et sur la betterave ?

C'est encore là, Messieurs, une considération qui est un obstacle absolu à l'application du système allemand chez nous, à moins qu'on n'impose aux planteurs des colonies l'obligation d'apporter ici leurs cannes.

Cela dit, Messieurs, il faut déterminer quel a été l'objet de cette proposition puisqu'elle n'a pas eu en vue l'intérêt de l'agriculture; quel a donc été sa raison d'être ?

Elle a été exprimée ouvertement : On veut chez nous un système qui donne une prime exagérée à l'exportation. Dans le système allemand il faut admettre cette proposition que le chiffre de l'impôt porte sur huit et que, par l'effet du rendement, la production est en réalité de dix ; donc, quand on a exporté, il n'y a que *huit* qui ont payé l'impôt et il y a *deux* qui n'ont rien payé du tout, ce qui, en fait constitue une prime considérable, qui met le sucre allemand en supériorité sur notre marché. C'est 8 francs par sac pour le sucre allemand, avantage considérable et qui met la production française dans des conditions d''infériorité vis-à-vis de la production allemande ; si je m'occupe de cela, c'est toujours au point de vue agricole.

Quels sont les remèdes que l'on puisse apporter à cette situation ? C'est la question sur laquelle vous allez vous prononcer.

Le premier serait que notre gouvernement essayât, par voie diplomatique, d'arriver au retrait de cette prime indirecte ainsi donnée aux allemands, ou bien, si cela est impossible, qu'il s'efforçat au moins d'obtenir la même prime pour la fabrication française.

J'avoue que cela me parait bien difficile et, dans tous les cas on ne l'obtiendrait pas sous cette forme déguisée, sous cette forme indirecte ; ce sont des moyens qui répugnent à l'esprit français, et qui ne plaisent pas à nos Parlements ; je crois donc qu'il faut y renoncer, et que s'il y a une prime à demander, il faut la demander ouvertement, carrément, et non pas sous une forme déguisée.

En Autriche, par le système de primes déguisées, le Trésor était obligé de rembourser à la sortie, — tout le monde sait cela, c'est devenu banal — une somme supérieure à celle qu'il avait encaissée pour la totalité de la fabrication du sucre de betterave ; c'est un moyen qui ne serait pas accepté chez nous. Il en est un sur lequel je n'oserais me prononcer, et je n'entends donner à cet égard qu'une indication ; il consisterait à demander une surtaxe sur le sucre allemand entrant en France.

Si les fabricants allemands ont un bénéfice de 5 à 6 fr. par sac de sucre qui leur est alloué par le Trésor allemand, le Trésor français ferait rentrer cette somme dans ses coffres ; je crois, Messieurs, que cela serait de bonne guerre.

Cela pourtant ne serait pas sans inconvénient ; il est évident qu'au lieu de venir se faire raffiner chez nous, les sucres allemands s'en iraient probablement ailleurs, en Angleterre, par exemple ; c'est le marché le plus considérable, mais il ne faut pas oublier qu'en France, c'est certain, la consommation va s'élever beaucoup ; elle s'élèvera par l'effet du sucrage des vins, dans des proportions considérables ; et si nous pouvions sauver le marché français au profit de la fabrication française, ce serait un résultat considérable (*Très bien !*) que de n'avoir pas à y lutter contre des producteurs étrangers venant nous combattre à armes inégales. (*Nouvelle approbation.*)

Voilà, je crois, ce qui serait possible.

On a encore indiqué un autre moyen, qui est, je crois, l'application d'une taxe unique ; on a proposé certains chiffres ; mais je ne pense pas qu'ils seraient suffisants.

En tous cas, je n'ai pas à me prononcer sur les moyens qui peuvent remédier à l'état de choses qui place la production française, dans une situation d'infériorité à l'égard de la production allemande ; mais ce que je déclare, — et cela d'une façon absolue, — c'est qu'à mon sens il est impossible de songer à substituer l'impôt allemand à l'impôt français parce que ce serait aussi dommageable que possible à l'agriculture. (*Vive approbation.*) Je vous prie, Messieurs, de m'excuser d'avoir si longuement développé mes observations ; mon excuse, c'est l'intérêt très profond et très vif que je porte à l'agriculture française. (*Applaudissements.*)

M. le Président. Messieurs, vous venez d'entendre M. Telliez parler au nom de l'agriculture. M. Mariage s'est fait inscrire pour parler au nom des fabricants de sucre.

M. Simon Legrand. J'ai demandé la parole, pour dire seulement quelques mots pendant le discours de M. Telliez.

M. le Président. M. Manoury l'a demandé également. La parole serait à M. Mariage ; mais comme M. Simon n'a que quelques mots à dire, M. Mariage veut-il lui permettre à M. Simon de placer ici son observation ?

M. Mariage. Je vous prie, monsieur le Président, de demander à l'assemblée si quelqu'un veut parler en faveur de l'impôt sur les betteraves.

M. le Président. Quand nous aurons réglé l'ordre de la discussion, je poserai la question qui vient d'être indiquée par M. Mariage.

M. Manoury. Je demanderai à répondre à M. Telliez sur quelques chiffres qu'il a donnés.

M. le Président. Je donnerai alors la parole d'abord à M. Simon, puis à M. Manoury, puis à M. Mariage.

M. Simon Legrand. Messieurs, je n'abuserai pas de votre indulgence. On a fait tout à l'heure le compte d'un hectare de terre ; on a dit qu'en Allemagne, un hectare rapportait tant d'argent, et en France tant ; mais on n'a pas dit qu'en Allemagne les engrais sont exclus de ce compte ; il n'y a pas là de sacrifices faits pour l'engrais, tandis qu'en France il y a au moins 500 fr. à décompter de ce chef par hectare ; dans le Nord, ce n'est même plus 500 fr., c'est 1.000 fr., si l'on veut établir un compte juste.

M. Manoury. Je demande également à répondre à M. Telliez sur quelques chiffres qu'il a donnés.

M. le Président. Vous voulez, Monsieur, parler en faveur de l'impôt sur les betteraves ?

M. Manoury. Non, Monsieur le président, je parle contre. Je tenais à répondre à M. Telliez au sujet du prix du loyer des terres en Allemagne ; dans la province de Limbourg, il y a des terres dont le loyer s'élève jusqu'à 150 fr. à l'hectare ; par conséquent cela me semble se rapprocher beaucoup du prix de location en France.

De plus, le chiffre de 27.500 kilog., donné comme moyenne à l'hectare, représente la moyenne de toute l'Allemagne ; et, en France, nous n'avons pas la moyenne de 50.000 kilog. pour le pays tout entier ; elle y est à peine de 30 ou 31.000 kilog. Par conséquent, l'écart n'est pas si grand qu'on l'a dit *(Assentiment)*.

En outre, au point de vue de la législation, je ferai observer que l'Allemagne ayant le traitement de la nation la plus favorisée, nous ne pouvons pas demander de surtaxe sur les sucres allemands, si nous faisons des traités de commerce avec la Belgique ou l'Angleterre.

M. Mariage. Les sucres sont exclus des traités de commerce.

M. Vion. Ils ne peuvent pas y être compris.

M. Manoury. Au point de vue de la fabrication, j'affirme que 'impôt sur les betteraves favorise la recherche et l'adoption des moyens simples et économiques de production du sucre, parce qu'il oblige le fabricant à n'avoir en vue que l'extraction de tout le sucre. De plus, si l'on produit de la betterave riche, les frais de fabrication se trouvent réduits dans des proportions énormes, et, par suite, le prix du sac de sucre est également diminué ; et c'est à cause de cela surtout que les Allemands viennent apporter du sucre chez nous ; ce n'est pas seulement à raison du bénéfice qu'ils ont sur les droits, mais surtout à cause du bon marché de la fabrication, dont les frais s'élèvent par 1 000 kilog., à 8 ou 9 fr. seulement ; tandis que, chez nous, ils dépassent, je crois, de beaucoup ce chiffre.

M. le Président. Vous venez, Messieurs, d'entendre M. Manoury. La parole est maintenant à M. Mariage, au nom des fabricants de sucre.

M. Mariage. M. Telliez a été si complet, qu'il est peut-être imprudent de ma part de prendre la parole après lui. Mais il a traité la question principalement au point de vue agricole ; pour moi je me placerai sur le terrain économique et administratif. Je serai bref.

Nous ferons à l'administration fiscale l'honneur de parler d'elle en premier lieu ; nous avons assez souvent affaire à elle pour cela (*sourires*). On propose d'asseoir l'impôt sur la betterave elle-même, plutôt que sur le produit fabriqué. C'est une illusion. Jamais l'Administration des contributions indirectes ne consentira à lâcher ce qu'elle tient, pour courir après un inconnu. Vous connaissez, Messieurs, l'esprit qui prévaut chez le fisc en France, comme partout d'ailleurs, et on demande à l'Administration des contributions indirectes de se mettre dans la situation de ce chasseur qui tient un lièvre par les oreilles, et qui le lâche pour se donner le malin plaisir de le rattraper par la queue. (*Nouvelle hilarité*). C'est naïf en vérité ; cependant c'est la situation qu'on ferait au Trésor en adoptant l'impôt sur les betteraves.

On dira : Il n'y a pas que l'Administration des contributions indirectes, il y a le Gouvernement, qui peut peser sur elle. Mais, Messieurs, je n'aurai rien inventé de nouveau, en disant que si les Gouvernements changent, les bureaux restent ; et ce sont ceux-ci qui, en pareille matière, préparent les lois et disent ce qu'il faut faire ; et tant que l'Administration des contributions indirectes dira : Je ne peux pas faire autrement que de prendre l'impôt sur la matière fabriquée, on ne procédera pas autrement. Par conséquent, si des fabricants de sucre veulent demander un changement de législation, il faut les engager à demander une chose possible et à ne pas se buter à des impossibilités. Il y a longtemps que les fabricants de sucre assiègent le Gouvernement de leurs réclamations malheureusement souvent fort justes ; que dirait-on d'eux, s'ils venaient demander une chose qu'ils sont certains d'avance de ne pas obtenir. C'est alors qu'ils seraient repoussés avec perte.

Mais je demande la permission d'ajouter quelques mots à une question que M. Telliez a touchée tout à l'heure : celle des colonies.

M. Telliez a dit : Avec l'impôt sur les betteraves, il faudrait avoir deux régimes absolument différents : l'un frappant la betterave et allant y chercher indirectement le sucre qu'elle renferme ; l'autre frappant à leur entrée, soit le sucre d'Europe, soit celui des colonies.

Le publiciste, le journaliste auquel on a fait allusion a dit pour justifier son attitude : Il faut prendre à nos ennemis leurs propres armes ; ils ont des excédents : il faut en avoir aussi ! Ce sont donc des excédents qu'on veut, ce sont des bonifications sur l'impôt que l'on recherche.

Eh bien ! le jour où l'on accorderait aux fabricants français une bonification indirecte sur leurs produits, qu'est-ce que les colonies viendraient dire ? « Nous aussi, nous sommes français, il nous faut aussi une bonification ! Et, comme vous ne pouvez pas me la donner sur ma matière première qui est la canne à sucre (puisque aux colonies, on ne paye pas d'impôt sur le sucre) vous allez nous rendre ce que vous nous avez enlevé autrefois, vous allez nous rendre la détaxe.

Les colonies ajouteront : Nous nous plaignons déjà de ce que vous accordez trop de faveurs à la fabrication du sucre de betterave, nous voulons une faveur aussi. — Et elles y auraient droit ! Vous verriez alors, Messieurs, refleurir cette détaxe que nous avons eu tant de peine à faire disparaître.

Donc, ce que l'on dit, en somme, le voici : Il nous faut des excédents ; c'est à cela qu'on aboutit. Mais des excédents, est-ce chose si nécessaire ? Est-ce que les industries basées sur le régime des excédents sont aussi prospères et aussi florissantes qu'on le croit ?

Voyons ce qui se passe en Belgique : Vous savez, Messieurs,

que la Belgique a basé sa fabrication de sucre, non sur l'industrie proprement dite, mais sur le régime des excédents. Or, pour avoir beaucoup d'excédents, il faut avoir beaucoup de défécations à opérer, afin que l'agent du fisc — nous devons dire ici les choses comme elles sont, — puisse avoir beaucoup d'occasions de lire : 3 degrés 5/10 là où il y a 5 degrés. Si nous avions chez nous le régime Allemand que l'on préconise, il en résulterait que les fabricants seraient désormais absolument opposés à toute diminution d'impôt sur le sucre ; leur plus vif désir serait de payer, au lieu de 40 fr. que nous acquittons actuellement, 73 fr., montant du droit qui existait précédemment en France ; et nous ne demanderions plus cette réduction d'impôts que vous réclamiez tout récemment encore. Ce serait une erreur économique sans doute, mais notre conduite serait logique et naturelle, car plus l'impôt serait élevé, plus nos bénéfices sur les excédents seraient grands.

Je rappellerai ici que M. Malou, Ministre des Finances en Belgique, a avoué à nos collègues du Comité central, que jamais dans ce pays le gouvernement n'oserait demander la diminution de l'impôt sur le sucre, ni surtout l'abolition de cet impôt : il serait renversé immédiatement ; en effet, ce serait la ruine des neuf dixièmes des fabricants ; les banquiers qui font des affaires avec eux et les cultivateurs qui leur fournissent les betteraves, seraient également ruinés.

Vous voyez où nous conduirait le système des excédents ; après avoir fait tant d'efforts pour obtenir la diminution de l'impôt nous serions amenés à en réclamer, plus ou moins ouvertement, l'augmentation.

Voilà, Messieurs, des raisons que je crois suffisantes pour vous faire repousser une proposition qui, comme on l'a dit, n'a pas été faite ici, mais qu'il faut écarter et réfuter définitivement, puisque, toutes les semaines, on répète ailleurs que le salut est là, qu'il faut établir l'impôt sur la betterave ou bien que tout est perdu.

Mais la betterave destinée à la distillation, qu'en ferez-vous, s'il vous plaît ? Est-ce que vous la frapperez aussi de l'impôt ? — Le distillateur vous répondra : — Mais je dois mêler les jus, moi, et j'ai la mélasse ; vous allez me gêner dans mon travail !

Il faudrait donc chercher quel peut être le rendement de la betterave au point de vue du sucre, et baser l'impôt là-dessus ;

il faudrait chercher quel peut être le rendement de la betterave au point de vue de l'alcool, et baser l'impôt là-dessus, et puis chercher quel peut être le rendement du sucre étranger pour pour fixer un drawback ; au lieu d'une modification, nous aurions ainsi une complication.

Je ne veux pas abuser de vos moments, quoiqu'il y ait encore bien des raisons à donner contre l'impôt sur la betterave ; mais, je le repète, M. Telliez a été tellement complet qu'il est difficile de vous en dire davantage ; je crois que cela sera suffisant pour vous faire repousser ce mode de perception de l'impôt.

M. le Président. La parole est à M. Taffin-Binauld.

M. Taffin-Binauld. Messieurs, de la discussion qui vient d'avoir lieu, je crois qu'il y a un enseignement qui jaillit, et cet enseignement est celui-ci : C'est que malgré les difficultés qu'entraîne pour la production de la betterave et la production du sucre, le système allemand, l'Allemagne est arrivée à une prospérité très grande de l'industrie sucrière, par le fait que son système d'impôts l'a forcée à faire une betterave de première qualité. Néanmoins, Messieurs, je ne viens pas défendre le système allemand, ou du moins son introduction en France. Je dis seulement que si les choses continuaient comme elles ont existé depuis un certain nombre d'années, si les résolutions prises aujourd'hui par le Congrès n'aboutissaient pas à ce résultat de relever la qualité de la betterave, tout serait préférable à notre statu quo, car il y a des chiffres qui parlent. Vous voyez notre production en France diminuer dans des proportions désolantes, et pendant ce temps, vous voyez au contraire l'Allemagne, l'Autriche, qui sacrifient tout à la qualité de la betterave, doubler, tripler même leur production, et introduire en France depuis deux ans, dix fois plus de sucre qu'elles n'en introduisaient avant cette époque. C'est cet enseignement que je vous prie de retenir.

Néanmoins, Messieurs, malgré les immenses progrès que le système fiscal allemand à fait réaliser chez nos voisins, je partage complètement l'avis qui était émis tout à l'heure ; c'est que l'introduction en France de ce système amènerait dans l'industrie du sucre un trouble profond, des ruines nombreuses et des inégalités choquantes.

M. Telliez vous disait tout à l'heure avec raison que le terrain n'est pas net, que la situation est engagée ; il y a des habitudes prises., il y a des différences considérables entre certains pays et certains autres. Dans les départements du Nord, il n'est pas rare de voir des rendements de 90.000 kilos à l'hectare, mais n'ayant que 4 degrés de densité.

Dans d'autres contrées, le rendement en poids est moindre ; mais la qualité est meilleure et s'élève à 5 degrés 5/10 et plus.

Il était intéressant de chiffrer les inégalités de conditions dans la production en sucre résultant de ces différences dans la qualité de la betterave. C'est ce que j'ai essayé de faire dans un petit travail comparatif où j'ai cherché à faire ressortir les influences du système fiscal allemand appliqué à la production du sucre en France (voir tableau n° 3 aux annexes, page   ).

J'ai supposé dans ces calculs que l'impôt appliqué à la betterave française destinée à être convertie en sucre serait le même qu'en Allemagne, soit 20 francs par mille kilogrammes de betteraves.

Dans ces conditions, la betterave allemande a 10 pour cent de rendement, fait ressortir le prix du sac de sucre, *impôt compris*, à   67,30
> Avec la betterave à 4 degrés, ce prix serait de   134,50
> »   5   »   »   89,40
> »   5 1/2 »   »   80 »
> »   6   »   »   72,40

Vous voyez combien les écarts sont énormes et quelles inégalités un tel système créerait entre les diverses contrées productrices du sucre et surtout entre les fabricants qui, pouvant produire eux-mêmes les betteraves nécessaires à l'alimentation de leurs usines, en conformeraient la qualité aux nécessités du nouveau système et ceux qui, dépendant entièrement de leur clientèle de planteurs, seraient forcés de lutter contre des résistances qui seraient souvent bien difficiles et bien longues à vaincre.

Dans la seconde partie de ce même travail, on voit avec l'application de l'impôt à 20 francs sur la betterave, à quel prix il faudrait payer les betteraves de diverses qualités pour que le quintal de sucre avant la fabrication revienne toujours au prix de revient de la betterave allemande, c'est-à-dire à 50 fr. 95 c.

La betterave à 5 degrés ne pourrait être payée que 8,30 et la

betterave à 4 degrés ne pourrait recevoir aucune rémunération.
Il faudrait, pour que le fabricant puisse la travailler, qu'on lui
donnât avec la betterave fournie gratuitement, une somme de
2 fr. 45 par mille kilog.

Ce second aperçu fait encore mieux ressortir les dangers
auxquels on exposerait les producteurs de sucre en France si on
venait à les soumettre au régime fiscal allemand.

Dans la 3ᵉ partie de ce travail, on met en parallèle la somme
des produits par hectare et l'on voit qu'avec le système allemand
où le poids est entièrement sacrifié à la qualité, on n'atteint que
1800 fr. environ par hectare, tandis que cette même somme de
produits, avec une culture perfectionnée dans le sens recherché
par le congrès, c'est-à-dire, en combinant le poids avec la qualité,
s'élèverait à 2.300 fr. par hectare.

Mais ces résultats ne sauraient être obtenus avec les errements
actuels de la culture, et l'étude qui vient d'être faite des conditions économiques et fiscales de la production du sucre en Allemagne mettent en évidence cette vérité : c'est que pour arriver
à produire avantageusement et économiquement, il vaut beaucoup
mieux sacrifier le poids à la qualité que de rechercher uniquement,
comme cela n'arrive que trop souvent en France, les récoltes les
plus pesantes.

Vous voyez que, dans les discussions auxquelles nous nous
sommes livrés, tout se touche, tout s'enchaîne et tout prouve ceci:
c'est qu'il faut améliorer la qualité de la betterave par tous les
moyens possibles, que le salut est là, et que si nous succombons
sous la concurrence étrangère, c'est précisément par manque de
qualité dans notre matière première.(*Très bien ! et applaudissements*).

M. le Président. La parole est à M. Mariage.

M. Mariage. Je désire pour compléter ce que j'ai dit à propos de
l'impôt sur la betterave donner la parole à l'Allémagne elle-même.

Dans la séance du 27 janvier, lors de la troisième lecture du
projet de. budget, le député Rohland est revenu sur cette question de l'impôt du sucre.

Voici un résumé de son discours :

« Je suis étonné de ce que, lors de la seconde lecture du projet
et dans cette chambre et dans le Bundesrath (Conseil général ou

Chambre haute) on se soit tant efforcé d'établir que notre système d'impôt sur le sucre ne donne lieu à aucune prime. Je ne sais où l'on veut en venir avec ces dénégations qui nuisent aux finances. En entrant dans une fabrique de sucre, on est surpris des transformations qui y ont été opérées dans ces derniers temps. Notre drawback est basé sur la production de 100 kil. de sucre par 1175 kil. de betteraves, mais actuellement 1026 à 1050 kil. suffirent pour produire 100 kil. de sucre. Il y a donc là l'élément d'une prime qui est d'environ 2 marks (2 fr. 50) par 100 kil. de sucre, mais jamais moindre.

» Que résulte-t-il de tout cela ? Les recettes nettes du trésor diminuent à mesure que notre production et notre exportation augmentent. Notre situation arrivera à ressembler plus ou moins à celle de l'Autriche il y quelques années. Il y a lieu de remédier à un pareil l'état de choses et de recommander à l'attention du gouvernement la résolution votée en seconde lecture (résolution demandant une enquête).

» Envisageons maintenant les primes au point de vue des producteurs eux-mêmes. Elles excitent une surproduction inquiétante, qui n'a plus rien de naturel. Dès l'année prochaine, nous constaterions un nouvel recul de recettes nettes du trésor, malgré l'accroissement de la population et de la consommation totale. Il arrivera un moment où il faudra s'arrêter dans cette voie, et alors la situation créée par les primes sera d'autant plus funeste à l'industrie elle-même que la surproduction artificielle aura été plus importante. »

Voilà, Messieurs, le langage que l'on tient en Allemagne. Je vous prie de vous y reporter.

M. le Président. Vous venez d'entendre, Messieurs, les différents orateurs qui ont discuté cette grave question de l'impôt. On peut maintenant affirmer que la grande majorité repousse l'impôt sur la betterave et ne veut à aucun prix du système allemand. Quelqu'un demande-t-il la parole pour parler en sa faveur ?

Personne ne demandant plus la parole, je prierai M. Ladureau de nous donner connaissance des propositions qu'il a rédigées et qui vont être soumises au Congrès.

M. Ladureau. Voici, Messieurs, deux projets de vœux se

complétant l'un per l'autre, mais sur lesquels, je crois, il y a lieu de voter séparément ; voici la première résolution :

« Le Congrès n'est pas d'avis qu'il ſy ait lieu, en l'état actuel de la culture de la betterave à sucre, de modifier le mode d'assiette de l'impôt en remplaçant celui qui est établi sur le sucre par un impôt sur la betterave. »

M. Vion. Je demande un léger changement de rédaction. Je préférerais la formule suivante : « Le Congrès est d'avis qu'il n'y a pas lieu... etc, ». En mettant la négation au second membre de phrase, cela devient une affirmation.

M, Telliez. Je crois que ce n'est pas « dans l'état actuel..... » qu'il faut dire, mais bien « d'une manière absolue ». On dirait alors :

« Le Congrès est d'avis qu'il n'y a pas lieu de modifier le mode d'assiette de l'impôt établi en France et de remplacer celui qui frappe le sucre par un impôt sur la racine. »

Plusieurs membres. Il faut ajouter « sur la betterave » ; cela se comprend mieux.

M. Ladureau. Voici la seconde proposition :

« Le Congrès demande que le gouvernement s'occupe à bref délai de l'étude des moyens propres à remédier à l'effet des primes d'exportation déguisées que reçoivent les sucres allemands, autrichiens et belges. »

Plusieurs membres. On pourrait réunir les deux propositions.

Un autre membre. La première proposition devrait prendre la place de la seconde.

M. Barral. J'approuve complètement la rédaction proposée, sauf que je supprimerais « qu'il n'y a pas lieu de modifier l'impôt ». Dire qu'il n'y a pas lieu d'appliquer le système allemand, à la bonne heure ; mais dire qu'il n'y a pas lieu de modifier l'impôt, non !

Un membre. Mais vous ne devez pas le dire.

M. Ladureau. Je ne dis pas « l'impôt », je dis : « le mode d'assiette de l'impôt ». Cela vous donne satisfaction.

M le Président. Alors nous pourrions mettre : « de modifier l'impôt en ce sens...... » ?

(M. Ladureau relit ses deux rédactions ensemble avec les modifications proposées) .

M. Vion. Les fabricants de sucre auront certainement à entrer dans la voie des primes ; mais, pour le moment, cette rédaction nous suffit ; c'est assez net. La fabrication remercie l'agriculture de faire cause commune avec elle ; elle aurait pu dire :

« *Au point de vue agricole*, la prime est funeste. » Nous ne lui demandons rien de pareil ; l'adoption de ce projet dont on a tant parlé, et qui ne serait pas même présenté, serait une cause de ruine.

M. le Président. Je mets aux voix la proposition telle que M. Ladureau l'a rédigée.

(La proposition est adoptée à l'unanimité).

M. le Président. Nous arrivons aux paragraphes 5 et 6 : « Questions relatives à la législation des sucres, impôt, droits de « douane, tarifs de transport.

« Comment remédier aux inconvénients résultant des primes « obtenues indirectement par les producteurs allemands et autri- « chiens ? »

M. Vion. Messieurs, je serai très bref, car je crois que la rédaction qui vient de prévaloir nous suffit, et qu'il est inutile d'entrer dans de grands détails. Je n'hésite pas à dire qu'une surtaxe à l'entrée des sucres étrangers venant par terre est tout-à-fait nécessaire. Nous prions depuis longtemps le gouvernement français d'entrer en négociations avec les gouvernements étrangers, pour arriver à l'extinction des primes que ces gouvernements acordent à la sortie de leurs sucres bruts ou raffinés. Mais les négociations s'entament, se nouent et se dissolvent sans aboutir. Les fabricants étrangers qui jouissent de primes, sont bien moins pressés que nous qui souffrons de ces primes, et qui n'en avons pas. Cela ne peut pas toujours durer ; nous demandons que, pendant l'instance, l'équilibre soit provisoirement rétabli par des surtaxes, à l'entrée en France, des sucres étrangers, équivalentes aux primes que ceux-ci obtiennent de leurs gouvernements, à l'exportation de leurs sucres.

Il faut bien nous entendre : ce que nous demandons, ce n'est pas un droit protecteur, ni même un droit compensateur, qualificatif fraîchement inventé pour mitiger ce que l'ancien pourrait avoir de dur à l'oreille, le second n'étant bien souvent que l'euphémisme du premier. Nous pourrions réclamer protection pour notre industrie, comme on l'a demandée et obtenue pour la plupart des industries françaises ; les raisons les meilleures ne nous manqueraient pas. La première résulte de l'existence même de la protection pour les autres industries, qui renchérit tous les objets que nous achetons. Enfin le sol et les bras coûtent bien plus en France, qu'au-delà du Rhin, et ce sont là les principaux éléments du prix de revient du sucre. Eh bien ! nous ne tirons argument de rien de tout cela. Nous pouvons être réduits à le faire un jour, nous ne le faisons pas en ce moment. Nous disons seulement au Gouvernement français : Les gouvernements étrangers donnent cinq francs à leurs fabricants lorsque ceux-ci passent un sac de sucre à leur douane de sortie ; prenez ces cinq francs à votre douane d'entrée, de façon que ce sucre arrive sur notre marché dans les mêmes conditions que le nôtre. Il ne s'agit donc ni d'une surtaxe de protection, ni d'une surtaxe de compensation, mais d'une surtaxe de restitution. — Nous venons de dire ce qu'il y a à faire vis-à-vis de l'étranger. A l'intérieur, il n'y a qu'un moyen de venir en aide à notre industrie, c'est de vulgariser l'usage de ses produits par la réduction du droit à 20 francs. Quand nous formulions antérieurement cette demande, l'agriculture des pays qui ne produisent pas le sucre nous faisait de l'opposition. Elle paraît aujourd'hui mieux édifiée sur ses véritables intérêts. Non-seulement elle commence à comprendre que sa prospérité est solidaire de celle des agriculteurs du Nord qui consomment ses vins et qui utilisent ses bestiaux ; mais elle a commencé à faire entrer le sucre dans la composition même de son vin ; elle veut donc le sucre à bon marché ; elle demandera donc avec nous l'abaissement de l'impôt. Il est difficile de dire quand cela sera possible, en tenant compte de l'état de nos finances. Mais le dernier dégrèvement a démontré que l'abaissement de l'impôt amène l'augmentation de la consommation, laquelle comble bien vite le déficit de la caisse.

Lorsqu'on parle de dégrèvements d'impôts au profit de l'agriculture, il ne faudrait pas perdre de vue que toute réduction sur un impôt direct, fait une brèche irréparable à l'équilibre du budget, sans profit sensible pour le consommateur, tandis que la réduction sur un impôt de consommation, sur celui du sucre, par exemple, n'y ferait qu'une brèche peu durable, avec grand profit pour la production et la consommation. Je crois donc que la réduction de l'impôt est le but vers lequel doivent converger tous les efforts des amis de la sucrerie et de l'agriculture.

M. Telliez. Il y a un grand intérêt à ce que la proposition soit adoptée. S'il vous est possible de demander — et l'on peut toujours demander — une nouvelle réduction le plus tôt possible, quand les nécessités du trésor le permettront, on pourra formuler une résolution ; pour le moment, que l'assemblée se prononce pour la surtaxe ?

M. Taffin-Binauld. Puisque nous traitons en ce moment la question fiscale, permettez-moi de vous proposer d'émettre un vœu en faveur d'un large dégrèvement des sucres et des alçools, employés à la fabrication des vins.

Le sucrage des vendanges commence à être mis en pratique sur une grande échelle, et si les sucres employés à cette opération étaient, ou exempts de droits, ou astreints simplement à un impôt très-sensiblement réduit, il n'y a pas de doute que la viticulture en ferait un usage beaucoup plus important encore.

Il en est de même de l'alcool. Actuellement il entre en France d'énormes quantités de vins étrangers, qui, presque tous, ont reçu de fortes additions d'alcools allemands ou américains ; et cela au grand détriment des agriculteurs du Nord et des viticulteurs eux-mêmes. Le préjudice causé est d'autant plus grave que le commerce des vins recherche de plus en plus les vins à hauts degrés alcooliques.

De plus, au dire de personnages compétents, le sucrage des vins a souvent besoin d'être complété par le vinage qui donne aux vins de sucre plus de conservabilité. Or, avec le droit de 156 fr., qui frappe les alcools en France, le vinage est une opération tout à fait impossible. Il y aurait donc lieu d'émettre un vœu ayant pour objet d'obtenir, sinon l'abolition complète, au moins la réduction, dans une très large mesure, des droits sur les sucres et les alcools employés à la fabrication des vins.

M. le Président. Messieurs, nous avons une résolution à voter, et un vœu à émettre.

Mais, auparavant, je dois donner la parole à M. Lemaire, puis à M. Dehaut, et ensuite à M. Vion, qui viennent de la demander dans cet ordre.

M. Vion. Si mes collègues veulent bien me le permettre, je répondrai immédiatement. Je ne serai pas long

Je ne demande pas mieux que de mettre les vignerons à même d'employer le sucre à l'amélioration de leurs vins, en les leur donnant au moindre prix possible ; mais je ne saurais accepter le moyen proposé par l'honorable M. Taffin. Je ne voudrais pas qu'ils dussent ces conditions avantageuses à un privilège, mais bien au droit commun. En un mot, je crois qu'il faut demander le dégrèvement du droit sur les sucres en général, et non sur ceux destinés au sucrage.

Si la mesure réclamée par notre collègue est désirable aujourd'hui que le droit vient d'être abaissé à 40 francs, elle l'était bien plus encore, avant le dégrèvement, alors que le droit était de 73 francs. Nous avons fait à cet effet de nombreuses démarches auprès de l'administration qui nous a toujours objecté les difficultés de la dénaturation des sucres destinés au vinage. Elle n'est pas absolument impossible, mais elle entraînerait, paraît-il, des frais, des précautions et une surveillance qui portent à y renoncer. Ces objections seront sans doute opposées à de nouvelles démarches dans le même sens.

Nous ne nous refuserions pas cependant à insister en faveur du dégrèvement partiel, si nous n'avions le ferme espoir d'obtenir le dégrèvement général, dans lequel les vignerons trouveront leur compte comme les autres catégories de consommateurs. En effet, le principal obstacle que nous avons toujours trouvé en face de nous pour le dégrèvement, c'était l'opposition de l'agriculture du midi et du centre de la France. Aujourd'hui que celle-ci va être amenée à demander comme consommatrice la réduction que nous réclamons comme producteurs, nos chances de succès ont singulièrement grandi et grandiront tous les jours.

La solidarité des iutérêts des vignerons avec les nôtres est sans contredit notre meilleure arme de combat. Or, l'adoption de la proposition aurait pour effet de briser cette arme, et de nous laisser isolés sur le champ de bataille. Le jour où nous aurons obtenu un droit de 20 francs seulement pour les sucres destinés au sucrage des vins, nos confrères du midi n'auront plus intérêt à défendre avec nous un dégrèvement général; il est même à craindre qu'ils, ne retrouvent leur place parmi nos adversaires. (*Protestations*). Voilà pourquoi je tiens énergiquement à maintenir la solidarité qui nous unit.

Je ne m'oppose pas au vinage à prix réduit, puisqu'il paraît qu'on peut arriver à la dénaturation pratique de l'alcool et à son emploi sans fraude, et que cette mesure aura pour effet de rétablir l'égalité dans la fabrication du vin, entre nos nationaux et l'étranger, aujourd'hui rompue au détriment des premiers. On ne saurait du reste, invoquer à propos du vinage, l'utilité d'un dégrèvement général de l'alcool, comme nous invoquons, pour le sucrage, la nécessité d'un dégrèvement général du sucre.

J'ajoute que, même avec l'impôt actuel à quarante francs, on a déjà employé pas mal de sucre au sucrage des vins, et qu'il est plus que probable qu'en en emploiera davantage l'an prochain. Donc, on ne peut dire que le droit actuel n'empêchera pas absolument l'emploi du sucre ; nos viticulteurs en emploieront assez pour y prendre goût, passez-moi l'expression ; et, quand ils y auront pris goût, ils nous aideront à obtenir l'abaissement général du droit qui le renchérit.

M. le Président. Je donne la parole à M. Lemaire.

M. Lemaire. Plus on abaissera les droits, plus je considèrerai une surtaxe de restitution comme indispensable ; sans cette taxe, l'avantage de l'abaissement profiterait aux sucres étrangers qui sont primés, parce qu'ils viendraient se faire employer en France au détriment de notre industrie nationale.

M. le Président. La parole est à M. Dehaut.

M. Dehaut. J'ai à faire une proposition beaucoup plus radicale : c'est de ne point parler du tout de ce dégrèvement des sucres. Pourquoi ? Parce que nous avons commencé une autre campagne.

On parle de solidariser les intérêts : je suis complètement ue cet avis ; c'est pourquoi je rappelle qu'il y a une campagne commencée et qui est en train de se poursuivre, pour le dégrèvement de l'impôt foncier, dégrèvement pour lequel vous savez qu'il y a déjà eu des propositions faites aux Chambres. Le drapeau de cette réforme a été levé par M. Léon Say, aujourd'hui Ministre des finances ; et ce dégrèvement de l'impôt foncier sera un bénéfice pour la généralité des cultivateurs, mais si nous demandons des dégrèvements dans l'intérêt de certaines industries particulières, il ne restera rien pour l'impôt foncier.

Comme je vous le disais en prenant la parole ce matin, c'est au nom des cultivateurs que je parle.

Ils désirent que les efforts faits en vue d'un dégrèvement soient concentrés sur l'impôt foncier, dont la diminution profitera à tout le monde, et qu'ils ne soient pas éparpillés sur des industries spéciales, ce qui ne profiterait pas à la généralité des cultivateurs.

C'est pour cela que je demanderai qu'il n'y ait pas de campagne spéciale de dégrèvement entreprise par le Congrès pour les industries particulières ; et que si la question est discutée ici, il ne propose aucune solution, et déclare que, se considérant comme un Congrès exclusivement sucrier, il ne veut pas aborder les questions générales. (*Mouvements divers*).

M. Telliez. Messieurs, je veux dire seulement ce que je crois que chacun de nous allait dire ; c'est que justement nous nous occupons ici d'un intérêt particulier, spécial : la production de la betterave.

M. Woussen. C'est un congrès betteravier; il est intitulé comme cela ! .

M. Telliez. L'observation de l'honorable M. Dehaut aurait une grande importance, si en effet l'abaissement de droit dont il a été question ici devait diminuer et appauvrir d'une manière certaine et durable les recettes du Trésor ; mais chacun sait qu'il en est tout autrement en ce qui touche le dégrèvement du sucre, chacun sait que la consommation s'étend dans une proportion correspondant à la diminution du coût de la substance imposée.

Donc, si l'on demande la diminution de l'impôt sur le sucre dans les termes où nous la demandons, dès que les besoins du Trésor le permettront; lorsqu'on verra que, dans les conditions que nous voulons obtenir pour l'augmentation de la production, la consommation augmente aussi de telle façon qu'en réalité l'impôt arrivera au même chiffre que précédemment, je crois qu'il n'y a aucune espèce d'inconvénient à émettre le vœu dans les termes que je viens de dire. (*Assentiment*).

Si vous le voulez, Messieurs, pour abréger la discussion, j'aurai l'honneur de vous donner connaissance de la résolution qui vient d'être formulée par M. Ladureau ainsi qu'il suit :

« Le Congrès demande que pour favoriser le développement de la culture de la betterave et de l'industrie du sucre, le gouvernement réduise à 20 fr., dès que cela sera possible, l'impôt sur le sucre. »

Ce vœu s'appliquerait également à l'alcool.

M. le Président. A quel chiffre proposeriez-vous d'abaisser le droit sur l'alcool ?

M. Telliez. A vingt francs comme pour le sucre.

Plusieurs voix. Non! Non! Ce ne serait pas possible.

M. le Président. Ce serait une réduction de moitié sur le droit existant actuellement sur le sucre, et en effet considérable sur l'alcool.

Je demande au Congrès la permission de continuer la lecture du projet de résolution......

M. Durin. Je demande la parole.

M. le Président. La parole est à M. Durin.

M. Durin. Je rappelle que la question du vinage s'est plusieurs fois présentée devant les Chambres, et que le droit réclamé pour permettre le vinage des vins a toujours été de 20 francs ; ce chiffre a toujours été la base des demandes qui ont été faites ; et il y a peu de temps encore, un ministre disait : Le moment est favorable pour demander la réduction du droit de vinage, demandez-le moi, j'étudierai la question, et je soutiendrai la proposition devant les Chambres. Je le répète : 20 fr. a toujours été le chiffre pris pour base pour établir le droit relatif au vinage des vins.

M. Vion. Nous sommes d'accord ; votre observation tend au même but que la résolution proposée par M. Taffin-Binault.

M. le Président. M. Durin, vous ne combattez pas la résolution ?

M. Durin. Si j'ai fait cette observation, c'est que M. le Président avait mentionné le chiffre de 20 francs pour l'abaissement du sucre, et qu'on ne savait pas quel droit on devait demander pour l'alcool.

M. le Président. Je vais mettre aux voix la résolution qui vient d'être soumise au Congrès.

Plusieurs voix. Nous demandons la division. Qu'on vote à part sur le sucre et l'alcool !

M. Taffin-Binauld. D'après les observations qui viennent d'être faites par M. Vion, je comprends qu'il y a intérêt à ce qu'on ne mêle pas, au point de vue du dégrèvement de l'impôt, la question du sucre et celle de l'alcool.

Je propose donc de faire deux délibérations séparées ; par la première délibération, on demanderait une réduction générale à 20 francs du droit sur les sucres. C'est bien là, je crois, la proposition qui a été faite ? (*Assentiment.*)

Dans la seconde délibération, en faisant valoir les avantages qui peuvent résulter pour le Midi et pour le Nord, de la pratique du vinage, on réclamerait, si l'on ne peut obtenir l'exonération complète des droits sur l'alcool, au moins leur réduction à 20 francs.

M. le Président. C'est bien l'avis de l'assemblée, en conséquence, je vais mettre aux voix la proposition qui concerne le sucre. La voici :

« Le Congrès demande que les sucres d'importation étrangère qui se trouvent favorisés par des primes indirectes, au détriment de la production française, soient frappés d'une surtaxe élevée à 6 fr. au lieu de 3 fr.

» Il demande que pour favoriser le développement de la culture de la betterave et de l'industrie du sucre, le gouvernement réduise à 20 fr., dès que cela sera possible, l'impôt sur le sucre. »

Désire-t-on que cette proposition soit mise aux voix entière ou divisée ?

M. Privé. Je demande la parole sur la rédaction du vœu

Il me semble nécessaire de séparer complétement le vœu qui a trait à l'établissement de primes de celui qui a trait à l'abaissement de l'impôt. Le vœu, tel qu'il est rédigé, semble subordonner la demande d'établissement de primes à la réduction de l'impôt. On nous répondra peut-être que le budget ne permet pas aujourd'hui de réduire l'impôt à 20 francs ; mais ce qu'on peut demander dès aujourd'hui, c'est l'établissement de la surtaxe à 6 francs ; c'est donc pour cela qu'il faut faire suivre cette proposition par celle qui d'abord était la première. En résumé, ce que je demande, c'est qu'on sollicite d'abord l'établissement de primes, et ensuite la réduction de l'impôt à 20 francs.

M. Vion. Il est nécessaire que la surtaxe que l'on propose d'établir, frappe sans exception tous les sucres bruts arrivant d'Europe. On sait que les sucres bruts, arrivant par mer des pays situés hors d'Europe, sont dispensés de toute surtaxe.

En vertu, non pas des traités de commerce, dans lesquels n'entre pas la matière dont nous nous occupons, matière qui est réglée par des conventions spéciales, mais par suite d'un traité douloureux imposé par l'Allemagne au jour de nos désastres, celle-ci jouit pour tous ses produits importés en France, du traitement de la nation la plus favorisée. Si donc il y avait en Europe, une nation qui fût favorisée par une surtaxe moins forte ou par l'absence de surtaxe, la faveur accordée à cette nation serait de plein droit acquise à l'Allemagne.

En Belgique, l'assiette de l'impôt s'opère sur le jus, c'est-à-dire, sur la matière première comme elle s'opère en Allemagne sur la betterave : elle donne droit au remboursement, à la sortie du produit fabriqué, du droit perçu à la fabrique sur la matière première, et conséquemment aux excédents de rendement faisant des primes à l'exportation. Il n'y a donc aucune raison qui puisse justifier l'exception en faveur de la Belgique. Mais ces raisons existeraient qu'il faudrait leur opposer la sourde oreille ; autrement l'Allemagne profiterait de droit de cette exception. Or, en fait de sucres, notre grand adversaire c'est l'Allemagne.

M. le Président. Je crois qu'on a très bien compris l'esprit des deux propositions ; je les mets aux voix successivement.

(Les deux propositions rédigées ainsi que l'a proposé M. Ladureau, sont adoptées).

M. le Président. Reste le vœu de M. Taffin-Binauld.

M. Taffin-Binauld. — Voilà le vœu réduit comme je le disais tout à l'heure :

« Le Congrès,

» Considérant que 8 millions d'hectolitres de vins sont annuellement importés en France, que ces vins sont presque tous additionnés d'alcools étrangers en franchise de droits, tandis que l'addition d'alcools aux vins récoltés en France est soumise à la perception du droit énorme de 156 francs l'hectolitre ; considérant que le préjudice qui en résulte pour nos nationaux est d'autant plus grave que, pour des motifs divers, le commerce recherche de plus en plus les vins à très hauts degrés alcooliques ; considérant que les viticulteurs et les distillateurs souffrent tous deux de cette situation anormale et injuste ;

» Le Congrès émet le vœu que les pouvoirs publics mettent à l'étude, dans le plus bref délai, un projet de loi ayant pour objet, sinon d'affranchir de tous droits, tout au moins de réduire à vingt francs par hectolitre, le droit à percevoir sur les alcools ajoutés aux vins pour l'opération dite *du vinage.* »

M. le Président. Je vais mettre aux voix le vœu de M. Taffin-Binauld.

(Ce vœu est adopté).

M. le Président. La parole est à M. Pichard, Directeur de la station agronomique de Vaucluse.

M. Pichard. Messieurs, les représentants du Midi seront très sensibles de vos bonnes dispositions à leur égard, et, quant à moi, je vais profiter de votre bienveillance à l'égard de cette contrée.

Dans le Midi, la culture est parfaitement possible ; grâce aux deux facteurs essentiels de la production maximum du sucre, c'est-à-dire la lumière et la chaleur, on peut obtenir des rendements considérables en poids et en sucre à l'hectare, voici, en conséquence, le vœu que j'ai l'honneur de vous soumettre « Le congrès, considérant que la betterave est une plante originaire du Midi ....

Voix diverses. Non, non........ Assez. — La clôture !

M. Durin. Au commencement de la séance, M. le Président a bien voulu nous dire que, si le programme du Congrès n'était pas complètement épuisé, la matinée de demain pourrait être employée à terminer les discussions et que les commissions qui voudraient se former pourraient se réunir rue Le Peletier, n° 1. Je voudrais savoir dans quelle forme ces commissions devraient se former et quelles seraient leurs relations avec le Congrès. Il y a des questions qui n'ont pas encore été traitées et qu'il serait utile d'examiner.

M. de Lagorsse. M. le Président pensait que nos travaux ne seraient peut-être pas terminés aujourd'hui ; mais il semble que des commissions se réunissant après un Congrès comme celui-ci n'auraient pas de raison d'être, et je vous propose de clore dès ce soir le Congrès.

M. Durin. Alors, je vais vous exposer brièvement une question qui intéresse la culture, la distillerie et la sucrerie, c'est la

question des subventions industrielles ; cette question est illéga-
lement posée. Actuellement, tous les produits agricoles, quels
qu'ils soient, le blé, les pommes de terre, etc. peuvent arriver au
marché sans payer d'impôt pour la réparation des chemins. Cette
question, vous la connaissez aussi bien, mieux même que moi ;
vous savez tous que la betterave est le seul produit agricole,
absolument le seul, qui paye des dégradations de chemins ; les
autres en sont exonérés. De plus, cette répartition est très mal
faite ; elle est établie arbitrairement, injustement, elle repose
presque toujours sur le bon vouloir ou l'inexpérience des cantonniers et des agents.

Je demande au Congrès de vouloir bien demander la révision
de la loi de 1836, loi qui exonère les produits agricoles de toute
subvention, la betterave seule exceptée.

M. le Président. Le Congrès betteravier prend note de la
demande de M. Durin. D'ailleurs, un intéressant rapport dont
je ne puis vous donner lecture, a été rédigé sur ce sujet ; il est
très bien fait et pourra fructueusement être consulté, car il sera
annexé au rapport général du Congrès (1).

L'ordre du jour étant épuisé, je crois que nous pouvons clore
le Congrès betteravier; mais avant je demanderai à l'assemblée
si personne parmi ses membres n'a plus d'observation à faire.

M. Durin. Je tiens à faire remarquer que ce n'est pas une
simple observation que j'ai présentée, mais un vœu que j'ai
formulé.

M. le Président. Le voici :

« Le Congrès betteravier exprime le vœu que les industries
agricoles, fabrication du sucre et distillerie, soient exonérées
de l'impôt des subventions industrielles ; impôt qui frappe arbitrairement un seul produit agricole, la betterave, alors qu'elle
devrait ainsi que tous les autres, en être affranchie, en vertu
de la loi de 1836. »

Il sera inséré au compte-rendu de nos délibérations

(1) Voir aux annexes, page 258.

M. Manoury. Je demande la parole.

M. le Président. La parole est à M. Manoury.

M. Manoury. Il y a, Messieurs, au programme, une question qui n'a pas été développée ; elle est intitulée : « Étude des conditions les plus convenables pour favoriser le développement de la betterave et de l'industrie du sucre. » Je voulais présenter à ce sujet quelques observations.

Une voix. Je demande que l'on termine auparavant la discussion sur la question soulevée par M. Durin.

M. le Président. Nous avons dit tout à l'heure, qu'elle figurait très longuement au rapport et qu'elle serait insérée au compte-rendu de nos délibérations. — Voulez-vous que je mette aux voix le vœu qui vient d'être présenté ?

Plusieurs voix. Oui ! oui ! oui !...

Le vœu est mis aux voix et adopté.

M. le Président. Le vœu est adopté. La parole est à M. Manoury.

M. Manoury. Messieurs, la dernière question de notre ordre du jour ainsi formulée : « Etude des conditions les plus convena-
« bles pour favoriser le développement de la culture de la bette-
« rave et de l'industrie du sucre » me paraît être de celles dont l'examen et la solution offrent le plus grand intérêt pour les fabricants et agriculteurs ici présents.

Pour nous, la solution à proposer doit satisfaire deux intérêts bien distincts, celui du cultivateur et celui du fabricant de sucre.

L'intérêt du cultivateur sera de produire le plus de sucre possible, pourvu qu'au lieu de lui payer ses betteraves au poids, on lui paie le sucre qu'elles renferment. Comment arriver à ce résultat ? tout simplement en mettant à sa portée des méthodes simples et peu coûteuses d'installation lui permettant de transformer sa betterave en un produit pouvant, comme le sucre brut,

se vendre à l'analyse aux fabriques raffineries installées en vue
de le travailler. Ces méthodes simples, nous les avons étudiées et
expérimentées, ce qui nous permet de pouvoir vous dire que le
prix du matériel n'excède pas mille francs par mille kilogrammes
de betteraves mises journellement en œuvre, pourvu toutefois
que les quantités traitées dépassent 30.000 kilog. par 24 heures.
Nous avons désigné ces petites fabriques à établir dans les fermes
sous le nom de *sucrateries agricoles*, parce que le procédé qui y
est pratiqué, consiste à faire entrer le sucre du sirop en combinaison avec la chaux hydratée en poudre, de façon à obtenir un
produit sec et granuleux facilement transportable en sacs. Les
opérations pratiquées dans les sucrateries sont des plus simples,
elles consistent à nettoyer les betteraves telles qu'elles arrivent
des champs, au moyen des lavoirs à betterave ordinaire ; puis à
faire l'extraction du jus par un moyen simple de macération ou
presse continue, de façon à avoir peu de main-d'œuvre. Les jus
obtenus sont déféqués au moyen de 1/2 % de chaux, filtrés et
évaporés dans un appareil dont le premier corps forme chaudière
à feu nu et dont la vapeur sert à l'évaporation dans le deuxième
corps. La concentration du sirop devra atteindre 35° Beaumé, on
le laissera refroidir dans un ou deux bacs d'attente jusqu'à 25 à
30° avant de le combiner à la chaux. La granulation se fera au
moyen du mélangeur qui sert à granuler la mélasse ; il y a
lieu de remarquer, qu'il sera nécessaire d'introduire dans le
mélange un excès de chaux en poudre qui, du reste, se retrouvera, car le mélange passe dans un blutoir qui sépare les grains
de sucrate de l'excès de chaux qui est employée à une nouvelle
opération. Le sucrate granuleux ainsi obtenu est ensaché et
expédié aux raffineries de sucrate qui le paieront à la quantité de
sucre qu'il contient. Par la création de ces petites usines dans sa
ferme, le cultivateur évite toutes les causes de dissentiment que
l'on voit surgir tous les jours entre fabricants et cultivateurs ; il
conserve par devers lui tous les résidus de la betterave qui lui
sont utiles, tels que défécations, pulpes, etc., etc. Il reste maintenant à prouver que, si le cultivateur y trouve des avantages maté-
riels, il a en outre, ainsi que le raffineur de sucrate, des avantages
pécuniers plus considérables que dans le mode de fabrication
actuelle. Pour cela, il nous suffira de comparer le prix de revient
de 100 kilog. de sucre obtenus par la méthode actuellement en
usage et par la méthode des sucrateries.

Méthode actuelle.

Nous supposerons une fabrique travaillant 250.000 kilog. de betteraves par jour. Une telle fabrique nécessitera, avec le fonds de roulement, au moins un million de capital. Supposons que nous travaillons par la diffusion et que la betterave renferme en moyenne 10 % de sucre, nous aurons, dans le jus 9,5 de sucre et pour arriver à l'état de masse cuite, il y aura une perte de 1 de sucre, ce qui laisse 8,5 de sucre correspondant à environ 10 %% de masse cuite du poids de la betterave. Par le turbinage, on retire 50 % en sucre blanc de la masse cuite ce qui donne 5 kilog. de sucre blanc par 100 kilog. de betteraves; en 2e et 3e jet, on retirera 2 kilog. de sucre correspondant à 1 kilog. 5 de sucre blanc, ce qui au total, donne 6 kilog. 5 de sucre blanc et 3 kilog. 5 de mélasse. Examinons donc ce que coûtera le travail de 1000 kilog. de betteraves produisant 6 kilog. 5 de sucre blanc.

Coût et frais de travail de 1.000 kil. de betteraves.

1.000 kil. de betteraves à 20 fr....................	20 f.	»
Transports supplémentaires , moyenne............	1	»
Frais de fabrication de toute nature..............	14	»
Amortissement de 10 % sur 1.000.000 fr. en 100 jours , ou par jour 1.000 fr. répartis sur 250.000 k., cela donne par 1.000 kil......................	4	»
Total	39 f.	»
A déduire 35 kil. de mélasse à 12 fr..............	4	20
Reste..................	34	80

Ainsi, 65 kil. de sucre blanc coûtent 34 fr. 80, 100 kil. coûteront

$$\frac{34,80 \times 100}{65} = 53 \text{ fr. } 55 \text{ par la mé-}$$

thode actuelle, voyons ce que 100 kil. de sucre blanc coûteront
avec les sucrateries.

Méthode des sucrateries.

En premier lieu, nous avons à examiner quel sera le prix
d'installation d'une sucraterie travaillant 50.000 kil. de betteraves
par 24 heures, ensuite, le prix de revient de 100 kil. de sucrate,
le coût d'une fabrique travaillant 50.000 kil. de sucrate par 24
heures, ainsi que le prix de revient du travail de 100 kil. de
sucrate. Ces bases établies, nous aurons les éléments nécessaires
au calcul du prix de revient d'un sac de sucre obtenu par la
méthode des sucrateries.

1° Matériel nécessaire à l'installation d'une sucraterie travaillant 50.000 kil. de betteraves par 24 heures.

1 lavoir à betteraves	1.500 fr.
1 râpe...................................	1.500
2 presses continues et malaxeur intermédiaire ...	8.000
2 chaudières à déféquer.	1.500
1 filtre-presse....	1.500
2 monte-jus de 15 hectolitres	1.500
1 appareil d'évaporation et concentration pour 5 à 600 hectolitres...........................	10.000
1 granuleur de sucrate avec tamis et élévateur...	5.000
1 machine à vapeur de 30 chevaux, avec pompes à eau et à pression	10.000
2 générateurs de 50 à 60 m. de surface de chauffe.	16.000
Transmissions et tuyauterie................	6.000
Bâtiments et cheminées...........................	27.500
Total	90.000 fr.

Prix de revient de 100 kil. de sucrate.

Pour le déterminer, nous partirons de 1.000 kil. de betteraves
et verrons les frais que leur travail occasionne :

1.000 kil. de betteraves........................... 20 f. »

Mise des betteraves au lavoir par 1.000 kil ...... » 50

Main-d'œuvre pour le travail d'extraction du jus, défécation, évaporation, granulation, etc., direction ; en tout, 100 fr. par jour, soit................. 2 »

Charbon : 5.000 kil. à 24 fr. ou 120 fr., soit...... 2 40

Éclairage, graissage, toiles de filtres-presse, etc. 1 »

Chaux, 60 à 70 kil. à 10 fr....................... » 70

10 % d'amortissement sur 90.000 fr., donnant par jour 90 fr., soit...... .... 1 80

Imprévu .... » 10

Total.................... 28 f. 50

Prenons la même betterave que précédemment, ayant en moyenne 10 % de sucre, après extraction du jus, défécation, évaporation, nous aurons dans le sirop 9 % de sucre, soit une perte de 1 %. Le sirop à 36° contiendra 70 % de sucre, de sorte que nous aurons une quantité de sirop représentée par $\frac{9}{70} = 13$ % ou 13 kil. par 100 kil. de betteraves. Or, 100 kil. de ce sirop absorbent 70 de chaux éteinte en poudre, de sorte que 130 absorberont $130 \times 0,70 = 91$, et le poids total du sucrate formé ser $130 + 91 = 221$ kil. par 1.000 kil. de betteraves, mais les 1.000 kil. de betteraves transformées en sucrate ont coûté 28 fr. 50, d'où 100 kil. de sucrate coûteront $\frac{28,50}{2,21} = 12$ fr. 90.

Le sucrate aura pour composition :

Sucre .... = 40,75

Cendres .... = 2,40

Inconnu .... = 2,50

Eau, chaux, etc. = 54,35

Total 100,00

Il reste maintenant à travailler le sucrate, et pour connaître la dépense à faire par 100 kil. pour le transformer en sucre, il y a lieu d'établir d'abord ce que coûtera la raffinerie qui effectuera ce travail.

Frais d'établissement d'une raffinerie traitant 50.000 kil.
de sucrate par 24 heures.

Saturation.	1 four à chaux .... 4 saturateurs fermés avec agitateurs .... 1 forte machine à gaz .... 8 filtres-presse et 2 monte-jus de 25 hectolitres	70.000 fr
Noir animal.	1 four à noir de 100 hectolitres par 24 heures................. 2 laveurs à eau et à vapeur...... 6 filtres fermés de 16 hectolitres. Tuyauterie, robinetterie et citernes	30.000
Eau.	1 machine à vapeur de 25 chevaux............................. 1 pompe à eau à double effet.... 1 pompe centrifuge............. 1 bac à eau, tuyaux et robinets .	20.000
Évaporation et cuite.	1 appareil d'évaporation de 3.000 hectol. avec sa pompe à air.. 1 appareil à cuire de 100 hectol. avec sa pompe à air	90.000
Traitement de la masse cuite.	Bacs pour masse cuite et mélasse. 8 turbines Weinrich............ 1 machine à vapeur, transmissions, monte-sacs, etc.......	40.000
Vapeur.	5 générateurs de 140 mètres de surface de chauffe, avec alimentation, tuyauterie, etc..	80.000
Conctructions, cheminée, etc.....................		150.000
Élution ....:...............		100.000
Montage et imprévus		20.000
Fonds de roulement...........................		200.000
Total général		800.000 fr.

Le prix d'installation de la raffinerie traitant le sucrate établi, il nous sera facile de calculer le prix du travail de 100 kil. de sucrate.

Frais de travail de 100 kil. de sucrate.

Main-d'œuvre sur 50.000 kil.				
	Four à chaux	45 f.		
	Four à noir	40		
	Carbonatation et filtres-presses.	60		
	Évaporation, cuite, turbinage et ensachage	80	320 f. ou p^r 100 k.	» f. 64
	Chauffeurs, aides, etc.........	30		
	Elution.......................	50		
	Manœuvres....................	15		

Alcool	»	41
Carbonate de soude..............................	»	10
Charbon, (20.000 kil. à 24 fr)..................	»	95
Chaux, coke, noir, etc...........................	»	50
Graissage, éclairage, sacs, toiles, etc...........	»	20
Entretien	»	30
Amortissement, (200 fr. par jour)................	»	40
Frais généraux	»	20
		3 f. 70

Or, 100 kil. de sucrate nous donneront 38 kil. de sucre blanc, lesquels auront coûté $12,90 + 3,70 = 16,60$, et en comptant 0 f. 40 pour transports, cela donne 17 f. ; d'où 100 kil. de sucre reviendront à $\dfrac{17}{38} = 44$ fr. 75 contre 53 fr. 55 par la méthode actuelle, toutes conditions d'achat de matières premières égales. Les comparaisons que nous venons d'établir montrent que le cultivateur, aussi bien que le raffineur de sucrate, trouvent à l'emploi de nos procédés de grands avantages. Au point de vue de la solution tendant au développement de la culture de la betterave, nos procédés y répondent complètement, puisqu'ils permettent de travailler de petites quantités de betteraves, ce qui ne peut se faire au moyen des méthodes actuelles.

(Mouvements divers.)

M. le Président. Cette fois, toutes les questions sont bien élucidées, et je donne la parole à M. Caze qui demande à vous adresser quelques mots au nom de la Société d'Encouragement à l'Agriculture. Mais avant, Messieurs, je désire vous adresser mes remerciements pour la bienveillance que vous avez bien voulu m'accorder pendant que j'étais appelé à diriger vos débats.

M. Caze, prend la parole en ces termes :

Messieurs,

Je tiens, au nom de la Société Nationale d'Encouragement à l'Agriculture, à vous remercier de votre présence, du concours, de la collaboration que vous avez bien voulu apporter à notre Congrès betteravier, par vos travaux, par vos observations, par vos critiques. Nous avons fait ainsi une œuvre commune dont les enseignements précieux ont commencé à se répandre déjà dans la presse, et trouveront bientôt leur place dans le monde savant et agricole, par la publication du volume que la Société Nationale d'Encouragement à l'Agriculture va faire paraître, et qui sera un compte-rendu complet des travaux accomplis par le Congrès.

Je vois, par les dernières impressions que nous laisse cette seconde séance, qu'aux yeux du plus grand nombre, il semble que toutes les questions relatives à la culture de la betterave sont encore loin d'être épuisées ? Messieurs, je ne suis pas étonné de ces impatiences et je comprends ce désir de quelques-uns d'entre vous, de nous communiquer de nouveaux renseignements ; mais je crois qu'il faut un terme même aux meilleures choses. Il est bon de savoir concentrer son attention sur des faits précis en laissant aux travaux d'un avenir prochain le soin de préparer des solutions plus nombreuses, des observations que complètent tous les jours, les progrès incessants réalisés par l'agriculture.

Je crois, Messieurs, que des réunions comme celles-ci, doivent inspirer la pensée qu'elles sont fécondes et faire naître le désir de les renouveler ; je suis certain que ce désir est dans vos cœurs comme dans vos esprits et il est aussi dans l'esprit de la Société Nationale d'Encouragement à l'agriculture qui remplira son devoir en se mettant toujours à votre disposition. C'est vous qui lui avez donné naissance, vous vous êtes faits les avocats, les défenseurs convaincus des résolutions qu'elle a prises et les propagateurs ardents des vérités qui ont découlé de ces discussions. A elle désormais la tâche d'aborder au besoin, les pouvoirs publics pour obtenir qu'ils donnent une sanction aux vœux que vous avez émis !

Cette mission, la Société Nationale d'Encouragement à l'Agriculture saura la remplir et elle la remplira tout entière en se constituant, en même temps, l'initiateur des forces à apporter aux progrès de l'Agriculture en France.

La Société Nationale d'Encouragement à l'Agriculture vous donne rendez-vous pour un prochain Congrès où certainement, avant un an, nous aurons, comme nous y sommes accoutumés, l'avantage de-nous réunir, pour écouter vos propositions et pour en ajouter de nouvelles.

Aussi, Messieurs, au nom de la Société d'Encouragement à l'Agriculture, je vous dis seulement : Au revoir !

(Applaudissements).

Un Membre. Messieurs, adressons nos vives félicitations et nos sincères remerciements, à M. le Président et à MM. les Membres du bureau qui ont bien voulu présider à nos discussions et diriger si heureusement nos travaux. (*Applaudissements prolongés*).

La séance est levée à 6 heures.

Tableau comparatif indiquant les différents rendements et prix de revient de diverses récoltes de betteraves. Cette étude s'applique particulièrement aux conditions de la culture dans l'arrondissement de Lille. Elle émane des travaux d'une commission composée d'agriculteurs et de fabricants de ce même arrondissement.

		A.	B.	C.	D.	E.
1	Poids de la récolte par hectare	27,500 kil.	90,000 kil.	60,000 kil.	50,000 kil.	45,000 kil.
2	Densité des betteraves	Cult. allemande.	à 4 degrés.	à 5 degrés.	à 5 degrés 5/10.	à 6 degrés.
3	Rendement industriel en sucre	10 k. p. %.	3 k. 44 p. %.	5 k. 56 p. %.	6 k. 59 p. %.	7 k. 60 p. %.
4	Quantité de betteraves nécessaire pour fabriquer 100 k. de sucre.	1,000 kil.	2,907 kil.	1,800 kil.	1,517 kil.	1,316 kil.
5	Rendement industriel en sucre par hectare	2,750 kil.	3,096 kil.	3,336 kil.	3,295 kil.	3,420 kil.
6	**FRAIS GÉNÉRAUX DE CULTURE PAR HECTARE.**					
	Loyer de la terre par hectare	165 f. »	165 f. »	165 f. »	165 f. »	165 f. »
	1° Contributions, pots-de-vin, enregistrement des baux, prestations, assurances	40 »	40 »	40 »	40 »	40 »
	2° Réparations, entretien des bâtiments, haies, fossés, cours d'eaux, chemins d'exploitation	40 »	40 »	40 »	40 »	40 »
	2° Intérêts du capital de l'avoiement, des engrais avancés, appointements du maître de labour ou chef du culture	40 »	40 »	40 »	40 »	40 »
	Labours	110 »	110 »	110 »	110 »	110 »
	Semences	30 »	30 »	30 »	30 »	30 »
	Sarclage, déplantage, etc., etc.	125 »	125 »	125 »	125 »	125 »
	Total des frais généraux de culture par hectare	550 »	550 »	550 »	550 »	550 »
7	Dépenses variables suivant l'importance de la récolte :					
	Engrais. Les chiffres ci-contre comprennent les graisses anciennes renfermées dans le sol et les engrais ajoutés pour la récolte, déduction faite des surgraisses	247 50	827 »	560 »	445 »	400 »
	Voiturage. Dépense calculée à 2 fr. par 1,000 kil.	55 10	180 »	120 »	100 »	90 »
8	Total des frais de culture par hectare	852 60	1.557 »	1,230 »	1,095 »	1,040 »
9	Prix de revient de la betterave par 1,000 kil.	30 95	17 30	20 50	21 90	23 10
10	Prix de revient du sucre industriellement extractible, dans la betterave rendue à l'usine avant fabrication	30 95	50 25	36 87	33 23	30 40
11	Frais de fabrication, déduction faite de la mélasse et de la pulpe, d'après le travail de M. Durin, légèrement amendé par la commission du Congrès sucrier de Lille en 1876	16 65	26 17	16 56	16 35	16 18
12	Prix de revient du sucre fabriqué représentant uniquement les frais de culture et de fabrication, sans bénéfice pour personne.	47 60	76 42	53 43	49 58	46 58

OBSERVATIONS.

Frais généraux de culture. — Ces frais paraîtront élevés à quelques-uns ; ils s'appliquent à une région où la population est très dense, la main-d'œuvre très chère et les loyers de la terre fort élevés. Mais comme cette nature de frais est appliquée pour la même somme à chaque hectare, les résultats *comparatifs* de cette étude ne peuvent en être sensiblement affectés, et les *différences* qui en ressortent n'en sont pas moins vraies pour les contrées où ces frais généraux ne s'élèvent pas à une somme aussi considérable.

Engrais. Les sommes indiquées à ce tableau comme représentant les engrais consommés par la betterave, sont la moyenne des appréciations de différents cultivateurs très compétents de l'arrondissement de Lille ; mais il y a lieu de faire ici une remarque très intéressante : c'est que leurs chiffres correspondent presque exactement à la quantité d'azote enlevée par chacune de ces récoltes de betteraves, en calculant le prix du kil. d'azote à raison de 3 f. 75, c'est-à-dire, au taux auquel l'azote est payé dans les engrais dans lesquels il se trouve mêlé aux phosphates, etc., comme dans le guano, le tourteau, etc., etc.

TABLEAU N° 2.

Tableau indiquant les variations, qu'entraîne le plus ou moins de qualité d'une récolte de 50,000 kilogrammes de betteraves à l'hectare, sur les rendements et les prix de revient du sucre et de l'alcool.

Numéros d'ordre	1.	2.	3.	4.	5.	6.	7.
Poids de la betterave à l'hectare	50,000 k.	50,000 k.	50,000 k.	50,000 k.	50,000 k.	50,000 k.	50,000 k.
Densité	à 4 deg. 5 10.	à 4 d. 7/10 1/2.	à 5 degrés.	à 5 d. 2/10 1/2.	à 5 deg 5 10.	à 5 d. 7/10 1/2.	à 6 degrés.
Rendement industriel en **Sucre**	4 k. 67 p. %	5 k. 11 p %	5 k. 56 p. %	6 k. 09 p. %	6 k. 59 p. %	7 k. 10 p. %	7 k. 60 p. %
Quantité de betteraves pour fabriquer 100 kil. de sucre.	2,141 k.	1.970 k.	1,800 k.	1,660 k.	1,517 k.	1,416 k.	1,316 k.
Rendement industriel en sucre à l'hectare	2,335	2,555	2,780	3,045	3,295	3,550	3,800
Rendement industriel en **Alcool**	4 k. 34 p. %	4 k. 64 p. %	4 k. 95 p. %	5 k. 30 p. %	5 k. 05 p. %	6 k. 15 p. %	6 k. 65 p. %
Quantité de betteraves pour fabriquer 1 hect. d'alcool..	2,300 k.	2,159 k.	2,020 k.	1,930 k.	1,770 k.	1,620 k.	1,500 k.
Rendement industriel en alcool à l'hectare	2,170 lit.	2,320 lit.	2,475 lit.	2,615 lit.	2,825 lit.	3,075 lit.	3,325 lit.
Frais généraux de culture (arrondissement de Lille), par hectare 550 f. / Engrais consommé par 50,000 k. de betteraves, par hectare 445 / Voiturage à 2 fr. par 1,000 kil. de betteraves, par hectare 100	1,095 f. »	1,095 f. »	1,095 f. »	1,095 f. »	1,095 f. »	1,095 f. »	1,095 f. »
Prix de revient de la betterave par 1,000 kil.	21 90	21 90	21 90	21 90	21 90	21 90	21 90
Prix de revient du **Sucre** *industriellement extractible* dans la betterave rendue à l'usine avant fabrication..	46 85	42 85	39 38	36 »	33 23	30 85	28 80
Frais de fabrication	19 41	18 »	16 58	16 45	16 35	16 25	16 18
Prix de revient du **Sucre** fabriqué	66 26	60 85	55 96	52 45	49 58	47 10	44 98
Prix de revient de l'**Alcool** *industriellement extractible* dans la betterave rendue à l'usine avant fabrication...	50 50	47 20	44 25	41 85	38 75	35 60	32 90
Frais de fabrication (moins le logement)	9 »	8 15	7 27	6 75	6 20	6 65	5 15
Prix de revient de l'**Alcool** fabriqué (non logé)	59 50	55 35	51 52	48 60	44 95	42 25	37 03

OBSERVATIONS.

Le rendement en sucre avec la betterave à 6 degrés est à l'hectare .... 3,800 k.

Avec la betterave à 4 d. 5 il est de 2,335

Différence en plus.... 1,465 k.

D'où il résulte, que la quantité de betteraves récoltées restant la même, chaque quart de densité en plus augmente le rendement en sucre à l'hectare de 244 kil.

Pour l'alcool, cette augmentation est de 1 hect. 92 litres par 1,4 de degré.

PRIX DE REVIENT DU SUCRE.

Avec la betterave à 4 deg. 5/10, le prix de revient *cultural* du sucre contenu dans la racine, s'élève à ... . 46 f. 85

Il n'est plus avec la betterave à 6 deg. que de .. 28 80

Différence en moins .. 18 05

D'où il résulte, que l'augmentation de chaque quart de degré dans la qualité de la récolte correspond à une diminution de plus de 3 fr. dans le prix de revient du sucre dans la *betterave avant fabrication*.

ALCOOL.

Récolte à 4 deg. 5/10. Dépenses culturales par hect. d'alcool .... 50 f. 50

Récolte à 6 deg. Dépenses culturales........ 32 90

Différence en moins par hect. d'alcool 17 60

Soit une diminution à peu près égale à celle constatée pour le *sucre*.

Étude sur les conséquences qu'entraînerait en France l'adoption du système fiscal allemand, soit l'impôt sur la betterave, suivant les différentes qualités des récoltes. Nous supposons que l'impôt soit établi comme en Allemagne, à 20 fr. par 1,000 kilogrammes de betteraves.

	A.	B.	C.	D.	E.	OBSERVATIONS.
1 Poids de la récolte par hectare	27,500 k.	90,000 k.	60,000 k.	50,000 k.	45,000 k.	
2 Densité des betteraves	Cult. allem.	à 4 degrés.	à 5 degrés,	à 5 d. 5/10.	à 6 degrés.	
3 Rendement industriel en sucre	10 k. p. %.	3 k. 44 p. %.	5 k. 56 p. %.	6 k. 59 p. %.	7 k. 60 p %.	
4 Quantité de betteraves nécessaire pour fabriquer 100 k. de sucre.	1,000 k.	2,907 k.	1,800 k.	1,517 k.	1,316 k.	
5 Rendement industriel en sucre par hectare	2.750 k.	3,096 k.	3,336 k.	3,295 k.	3,420 k.	C, D, E donnent environ 600 k. sucre en plus qu'A.
Frais de culture par hectare	852 f. 60	1,557 f. "	1,230 f. "	1,095 f. "	1,040 f. "	La betterave à 5 d. 5/10 de densité qui passe en France pour une betterave riche ferait ressortir le quintal de sucre à un prix de revient de .... 80 f. "
» fabrication »	459 90	810 "	552 60	538 75	535 80	tandis que la betterave allemande l'abaisse à 67 30
» culture et de fabrication à l'hectare	1,310 50	2,367 "	1,782 60	1,633 75	1,575 80	soit une différence en moins de 12 70
Auxquels frais il faudrait ajouter 20 fr. par 1,000 kil. de betteraves, représentant l'impôt, soit	550 "	1,800 "	1,200 "	1,000 "	900 "	et avec la betterave à 5 d. de densité qui est au-dessus de la moyenne des départements du Nord, cette différence s'élèverait à 21 fr. par sac de sucre.
Total des frais de production du sucre (*impôt compris*), par hect.	1,860 50	4,167 "	2,982 60	2,633 75	2,475 80	
Coût de 100 k. de sucre, culture, fabrication et *droits* compris..	67 30	134 50	89 40	80 "	72 40	

Tableau ayant pour but d'établir, par comparaison avec la betterave allemande, le prix auquel il faudrait payer les betteraves de différentes qualités, pour que le quintal de sucre revienne toujours au même prix dans la betterave avant fabrication (frais de culture et droits sur la betterave compris), qu'avec la betterave allemande, soit à 50 fr. 95.

	Betterave allemande.	B.	C.	D.	E.	
Quantité de betteraves nécessaire pour fabriquer 100 kil. de sucre	1,000 k.	2,907 k.	1,800 k.	1,517 k.	1,316 k.	Il ressort de ce tableau qu'avec le système d'un impôt de 20 fr. le 1,000 kil. sur la betterave, la betterave à 10 p. % de rendement valant 30 fr. 95 le 1,000 kil., celle à 5 degrés ne pourrait être payée que 8 fr. 80.
L'impôt à 20 fr. par 1,000 k. de betteraves sera par 100 k. de sucre.	20 f. "	58 f. 14	36 f. "	30 f. 34	26 f. 32	Quelles inégalités il en résulterait entre les fabricants des diverses contrées de la France!.. entre ceux qui, cultivant une grande partie de leurs betteraves, pourraient de suite adopter la culture allemande, et ceux qui, obligés d'acheter toutes leurs betteraves, devraient habituer petit à petit les cultivateurs à ce changement radical!...
La betterave allemande revenant à 30 f. 95 de frais du culture et à 50 f. 95 avec le droit de 20 f., il faudra payer comme suit la quantité de betteraves nécessaire pour faire un sac de sucre, pour que ce sac de sucre revienne toujours au prix de 50 fr. 95	30 95	— 7 19	14 95	20 61	24 63	
	50 95	50 95	50 95	50 95	50 95	
Ce qui fait ressortir le prix du 1,000 kil. de betteraves à	30 95	— 2 45	8 30	13 50	18 "	

Tableau établissant les sommes de produits en sucre, pulpe et mélasse, que chaque hectare de différente qualité est susceptible de procurer, en supposant le sucre vendu à 60 fr. entrepôt, la pulpe à 12 fr. et la mélasse à 9 fr.

N. B. Il n'est pas tenu compte ici de droits ni sur la betterave, ni sur le sucre; le présent tableau ayant simplement pour but de faire ressortir s'il est avantageux ou non de devoir cultiver la betterave en sacrifiant absolument le poids à la qualité saccharine, ou si un terme moyen est préférable.

	A	B	C	D	E	
Sucre. (Voir le rendement à l'hectare à la ligne 5)	1,050 f. "	1,857 f. 60	2,001 f. 60	1,977 f. "	2,052 "	Les chiffres ci-contre démontrent que les résultats les plus avantageux ne résident point dans la récolte allemande, où l'on a entièrement sacrifié le poids à la qualité; mais dans les récoltes moyennes de 5 1/2 à 6 degrés.
Pulpe. (Le rendement est compté à 20 p. % par 1,000 kil. betteraves pour les densités de 4 degrés, à 22 p, % pour 5 et 5 1,2, et à 24 pour 6 degrés et au-dessus.	79 20	216 "	158 40	132 "	129 00	— Ils démontrent que la somme des produits réalisée par hectare, est inférieure de 500 fr. environ pour la betterave allemande.
Mélasses. (Le rendement est compté à raison de 40 kil. de mélasse par 1,000 kil. de betteraves à 4 degrés; de 35 kil. pour celles à 5 deg.; de 32 kil. pour celles à 5 deg. 5 et au-dessus.	79 20	324 "	189 "	144 "	129 60	→ Que la quantité de pulpe notamment est de beaucoup inférieure.
	1,808 40	2,397 60	2,349 "	2,253 "	2,310 20	
Les frais de culture et de fabrication s'élèvent à	1,310 50	2,367 "	1,782 60	1,633 75	1,575 80	
Bénéfices réalisés par chaque hectare	497 90	30 60	566 40	619 25	734 40	

ANNEXES.

STATION AGRICOLE DU PAS-DE-CALAIS.

COMPOSITION DES PULPES.

I. PULPES DE PRESSE HYDRAULIQUE.	COMPOSITION POUR 100.						MATIÈRE SÈCHE.			Matières azotées p. 100 de sec.
	Eau.	Sucre.	matières azotées.	matières non azotées.	Cendres alcalines	Cendres insolubles.	TOTALE.	Moins cendres insolubles	Moins cendres insolubles et sucre.	
1. Pression ordinaire	79.600	7.140	1.387	10.898	0.721	0.759	20.40	19.64	12.50	6.80
2. id.	75.280	7.570	1.512	12.198	0.619	2.282	24.72	21.90	14.33	6.12
3. id.	74.600	7.350	1.444	13.870	0.714	2.042	25.40	22.36	15.01	5.69
4. id.	76.520	5.880	1.487	15.069	0.392	1.202	23.48	22.28	16.90	6.12
5. id.	72.560	6.670	1.562	15.848	0.437	2.923	27.44	24.52	17.85	5.69
6. Lames Wackernie. Eau chaude au rapage..	78.240	3.420	1.419	15.121	0.728	2.072	21.76	19.74	17.32	6.52
7. id.	79.720	4.240	1.419	12.261	0.646	1.714	20.28	18.57	14.33	6.99
8. Arrosage sur presse préparatoire	76.200	6.500	1.456	13.090	0.611	2.149	23.80	21.65	15.15	6.12
9. Lame Wackernie. Eau froide	78.320	4.850	1.631	17.519	0.727	1.953	26.68	24.73	19.88	6.12
10. id.	76.160	3.820	1.250	16.458	0.780	1.532	23.84	22.31	18.49	5.25
11. Eau chaude sur le pressin	66.960	5.550	1.590	17.260	0.292	8.348	33.04	24.69	19.14	4.81
12. id.	68.320	5.560	1.740	18.500	0.485	5.395	31.68	26.29	20.73	5.49
13. Eau chaude et acide sulfureux	68.300	4.000	1.944	21.356	0.530	3.840	31.70	27.86	23.86	6.12
14. Pulpe altérée. Acide	73.180	2.680	1.469	19.121	0.631	2.969	26.82	24.85	22.22	5.47

II. PULPES DE PRESSES CONTINUES.	COMPOSITION POUR 100.						MATIÈRE SÈCHE.			Matières azotées p 100 de sec.
	Eau.	Sucre.	matières azotées.	matières non azotées.	Cendres alcalines.	Cendres insolubles.	TOTALE.	Moins cendres insolubles	Moins cendres insolubles et sucre.	
1. Presse Pieron. Lavage avec chaux.........	84.640	2.270	0.838	11.567	0.182	0.503	15.36	14.86	12.59	5.45
2. id.............................	82.160	3.030	0.975	12.823	0.546	0.466	17.84	17.37	14.84	5.47
3. Id. dose de chaux plus forte............	82.360	1.470	0.850	13.453	0.195	1.572	17.64	16.07	14.60	4.83
4. id.............................	84.320	0.980	0.887	12.373	0.127	1.313	15.68	14.37	13.38	5.65
5. Id. Collette. Pression unique	81.000	7.000	1.081	9.423	0.873	0.823	19.00	18.18	11.00	5.69
6. Id. Cuvelier. 2e pression.............	81.920	3.310	1.150	12.940	0.667	0.013	18.08	18.07	14.76	6.35
7. id. id. (altérée)	84.00	1.430	0.963	12.965	0.506	0.136	16.00	15.86	14.43	6.02
8. id. id.............	84.280	4.540	1.000	8.928	0.568	0.684	15.72	15.04	10.50	6.34
9. id. id.............	84.120	4.170	0.975	9.575	0.582	0.628	15.88	15.25	11.08	6.12
10. Id. Pression unique.................	81.480	7.810	1.325	8.395	0.774	0.216	19.52	19.30	11.49	6.78
11. id......................	81.880	6.410	1.187	9.767	0.728	0.028	18.12	18.09	11.68	6.56
12. id......................	78.560	6.850	1.406	9.424	0.514	3.246	21.44	18.19	11.34	6.56
13. id......................	78.640	6.850	1.494	10.880	0.709	1.427	24.36	19.98	13.08	7.00
14. id......................	80.780	6.250	1.262	10.416	0.721	0.571	19.22	18.65	12.40	6.56
15. id......................	81.520	6.670	1.212	9.358	0.750	1.240	18.48	17.24	10.57	6.56
16. Id. 2e pression...................	81.820	4.720	1.300	10.206	0.609	1.745	18.58	16.83	12.11	7.00
17. Id. 1re pression	80.960	7.040	1.081	9.719	0.791	0.409	19.04	18.63	11.59	5.67
18. Id. Lallouette pour 2e pression........	77.600	5.150	1.225	14.675	0.816	0.534	22.40	21.87	16.72	5.46
19. Id. Cuvelier. 1re pression.............	80.040	7.140	1.094	9.926	0.633	1.167	19.96	18.79	11.65	5.47
20. Id. Lallouette pour 2e pression........	77.560	5.100	1.325	14.555	0.796	0.664	22.44	21.77	16.07	5.91
21. Id. Lachaume. 2e pression	82.060	4.170	0.944	11.226	0.561	1.039	17.94	16.90	12.73	5.29
22. id. 1re pression.............	85.360	7.250	0.962	5.508	0.591	0.329	14.64	14.31	7.06	6.56
23. id. 1e pression	86.560	4.900	0.881	6.859	0.472	0.328	13.44	13.11	9.21	6.56
24. Id. Flament. Pression unique.........	82.240	6.580	1.319	8.781	0.771	0.359	17.76	17.40	10.82	7.42
25. id........................	79.950	6.760	1.187	10.718	0.678	0.762	20.05	19.29	12.58	5.67
26. id........................	80.120	7.460	1.175	9.605	0.638	1.002	19.88	18.88	11.42	5.91
27. Id. Dujardin. 1re pression (Distillerie)...	80.520	4.270	1.106	11.584	0.566	1.954	19.48	17.53	13.26	5.69
28. Id. 2e pres. lav. avec vinasses chaudes id.	84.720	2.080	0.837	11.089	0.444	0.880	15.28	14.40	12.32	5.47
29. Id. Collette. 1re pression id.	80.880	5.680	1.169	10.416	0.557	1.299	19.12	17.82	12.14	6.12
30. Id. Dujardin. 2e press. avec vinasses id.	88.400	1.920	1.125	12.135	0.340	1.080	16.60	15.52	13.60	6.78
31. Id. Collette. 1re pression id.	81.600	6.250	1.331	8.259	0.365	2.560	18.40	15.84	9.59	7.22
32. Id. 2e pression avec vinasses id.	79.800	2.080	1.412	14.332	0.299	2.876	20.20	17.82	15.74	7.00

III. PULPES DE DIFFUSION.	COMPOSITION POUR 100.						MATIÈRE SÈCHE.			Matières azotées p. 100 de sec.
	Eau.	Sucre.	matières azotées.	matières non azotées.	Cendres alcalines	Cendres inso- lubles.	TOTALE.	Moins cendres insolubles	Moins cendres insolubles et sucre.	
1. Pulpe non pressée	95.100	0.650	0.406	3.584	0.082	0.178	4.90	4.72	4.07	8.29
2. id	94.350	0.520	0.369	4.501	0.050	0.210	5.65	5.44	4.92	6.53
3. id	94.600	0.360	0.375	4.395	0.060	0.210	5.40	5.19	4.83	6.95
4. Passée à la presse Klussemann	86.890	0.830	0.862	10.784	0.105	0.579	13.11	12.53	11.70	6.57
5. id	87.530	0.500	0.862	10.478	0.108	0.522	12.47	11.95	11.45	6.91
6. id	88.460	0.760	0.806	9.349	0.107	0.518	11.54	10.92	10.16	7.00
7. Id. (altérée) ?	91.820	0.100	0.583	6.982	0.103	0.457	8.18	7.72	7.62	7.19
4. PULPES DE DISTILLÉRIE PAR MACÉRATION.										
1. Première distillerie	93.000	0.310	0.894	4.196	0.155	1.245	6.80	5.55	5.24	13.15
2. Seconde	92.300	0.520	0.825	5.675	0.172	0.508	7.70	7.19	6.67	10.72
3. Troisième	92.330	0.620	1.006	4.754	0.065	1.225	7.67	6.45	5.83	13.12
Pulpe Lachaume en silo de deux mois	84.960	0.000	1.119	11.061	0.597	2.263	15.04	12.78	12.78	7.44

MOYENNES OBTENUES AVEC LES PULPES NORMALES.

	Eau.	Sucre.	Cendres insolubles.	Matières azotées p.100 de sec.	MATIÉRE SÉCHE.			VALEUR PROPORTIONNELLE.			POIDS ÉQUIVALENT à 200 kilos de pulpes hydrauliques.		
					Totale. (1)	Moins cendres insolubles. (2)	Moins cendres insolubles et sucre. (3)	(1)	(2)	(8)	(1)	(2)	(8)
Presse hydraulique..................	75.71	6.82	1.95	6.08	24.29	22.84	15.52	10.00	10.00	10.00	200	200	200
Presses continues....................	81.21	5.77	0.83	6.30	18.79	17.96	12.19	7.74	8.04	7.85	258	248	254
Diffusion...........................	87.61	0.70	0.54	6.83	12.39	11.85	11.15	5.10	5.30	7.18	392	877	278
Macération	92.54	0.48	0.99	12.33	7.46	6.47	5.99	3.07	2.90	3.86	651	690	518

Culture de Betteraves saccharifères entreprise au champ d'expériences de la Station agronomique de Vaucluse en 1881.

Dans notre rapport sur la culture de betteraves à sucre, faite au champ de la station agronomique de Vaucluse en 1880, nous disions que les expériences entreprises en 1879 et 1880, nous permettaient de conclure pour un grand nombre de terrains du département ayant la même constitution, à la possibilité d'obtenir un rendement considérable en poids de racines, une teneur suffisante en sucre total et en sucre cristallisable, dans un sol ameubli, profond et frais, moyennant de bonnes graines, une fumûre modérée, un espacement restreint des racines (0ᵐ 40 sur 0ᵐ 25 au maximum) et probablement une durée de végétation plus brève que dans le Nord, limitée par les sommes de chaleur et de lumière correspondant au maximum de sucre accumulable dans les racines, point qui restait à élucider.

En 1881, nos expériences ont porté principalement sur cette dernière question.

A cet effet, les betteraves ont été tenues, autant que possible, égales dans chaque carré par un éclaircissement régulier dans les lignes, et ont été analysées, à plusieurs reprises, pendant le cours de la végétation, en notant les quantités correspondantes de chaleur, de lumière et de pluie reçues par les plantes depuis la levée à l'arrachage.

On a varié aussi les quantités de fumier pour les divers carrés. 1, 2 et 3 kilog. par mètre carré.

Enfin, 3 carrés de betteraves n'ont pas reçu d'arrosages artificiels.

— *Variétés de betteraves cultivées.* — Les variétés de betteraves cultivées ont été des betteraves blanches à collet rose, collet vert, Vilmorin améliorée et une betterave blanche à collet vert, dont la graine de provenance douteuse (d'une maison de

Lille probablement), nous avait été remise l'année précédente, en 1880, par M. Chauvet d'Avignon.

— *Disposition des carrés*. — Chaque carré est de 16ᵐ q.

3 carrés de betteraves collet rose non arrosés à 2 kilog. de fumier p. m. q.

3 carés de betteraves collet rose arrosés à 3 kilog. de fumier.

3 carrés de betteraves collet rose arrosés à 2 kilog, de fumier.

3 carrés de betteraves collet rose arrosés à 1 kilog. de fumier.

Pour chaque fumûre, 1 carré de betteraves grosses (écartement de 0ᵐ 80 sur 0ᵐ 50).

1 carré de betteraves moyennes (écartement 0ᵐ 40 sur 0ᵐ 25).

1 carré de betteraves petites (écartement 0ᵐ 25 sur 0ᵐ 15).

— 6 carrés de betteraves à collet vert, savoir :

1 carré à collet vert (graine récoltée en 1880) à 3 kil. de fumier p. m. q.

1 carré à collet vert (graine de 1880) à 2 kil. de fumier p. m. q.

1 carré à collet vert (graine de 1880) à 1 kil. de fumier   id.

1 carré de Vilmorin améliorée (graine de 1879, déjà semée en 1880 à 2 kil. de fumier.

1 carré de collet vert (graine de 1879, déjà semée en 1880), à kil. de fumier.

1 carré de collet vert (graine de Lille, de 1879), à 2 kil. de fumier.)

Ces six derniers carrés renferment à la fois des betteraves petites, moyennes et grosses, 4 lignes de moyennes, 3 lignes de petites, les betteraves moyennes occupant le milieu du carré.

— *Préparation de la terre et fumûre*. — Le sol a été remué profondément, à 0ᵐ 50 de profondeur. Le fumier d'écurie à demi fait a été pesé et enfoui, dans chaque carré, deux jours avant les semailles.

— *Semailles*. — Faites en lignes le 25 avril.

— *Levée*. — Le 10 mai.

— *Éclaircissement dans les lignes*. — A été fait les 20 et 21 juin.

— *Binages et sarclages*. — 2 binages et sarclages péndant le cours de la végétation.

Arrosages. — 5 arrosages en juin, juillet et août.

— *Végétation.* — Les feuilles n'ont été l'objet d'aucun traitement spécial. Elles ont un peu pâli pendant les fortes chaleurs de l'été. Au début, elles présentaient de petits trous produits par des insectes. Dans les carrés de betteraves non arrosés, un certain nombre de graines n'ont pas levé.

Pendant toutes les chaleurs de l'été, ces dernières betteraves sont un peu languissantes, grossissant lentement, présentant sur leur surface des rides et des cannelures, mais toutes cependant ont résisté.

Dans tous les carrés arrosés, les betteraves sont régulières, fusiformes, à pointe conique, sauf les grosses qui ont des formes trapues, cannelées et une tendance à bifurquer à la pointe et à émettre plusieurs tiges. Un petit nombre de grosses betteraves sont creuses et envahies par des champignons. Les betteraves petites et moyennes sont parfaitement saines.

Les carrés fumés à 1 kil. par m. q. présentent la végétation la plus régulière. Ils viennent aussi parmi ceux qui ont donné les plus forts rendements en poids de racines et en sucre à l'hectare.

— *Choix des échantillons pour l'analyse.* — On a prélevé, à diverses reprises (9 fois pour les carrés de betteraves à collet rose, 7 fois pour les carrés de betteraves à collet vert) les échantillons de chaque carré représentant à peu près la moyenne du développement.

Pour les 8e et 9e séries (collet rose) et 6e et 7e séries (collet vert) on a prélevé seulement les betteraves moyennes de chaque carré (écartement de 0m 40 sur 0m 25).

— *Pesées des betteraves.*— *Éléments dosés.*— Les racines ont été pesées, dépouillées de leurs feuilles, après nettoyage soigné. Elles ont été immédiatement après soumises à la râpe et analysées.

On a dosé l'eau, la matière sèche (la pulpe râpée étant desséchée à 100°), le sucre pour toutes les betteraves. Les cendres solubles ont été dosées dans les betteraves moyennes exclusivement pour les carrés de collet vert (2 kil. de fumier, graine de 1880), et de Vilmorin améliorée. Le poids des cendres solubles a été déterminé dans toutes les betteraves, grosses, moyennes et petites, pour les 3 carrés de collet rose arrosés (2 kil. de fumier).

Pour les 8e et 9e séries, on n'a prélevé que des betteraves moyennes.

Enfin, pour les carrés de collet rose non arrosés (2 kil. de fumier), les cendres solubles ont été dosées seulement dans les betteraves moyennes.

— *Récolte définitive.* — *Évaluation à l'hectare.* — On a pesé les quantités restant dans chaque carré au 8 décembre, et on a ajouté à ce poids celui des betteraves prélevées dans les essais ramené au poids moyen de chaque catégorie au 8 décembre.

CONDITIONS NATURELLES DE CULTURE.

— *Terrain.* — Le sol et le sous-sol sont formés par des alluvions anciennes du Rhône, sur une épaisseur de quelques mètres.

Constitution physique.	Sable fin passant au tamis de 0^{m}001.................	46
	Impalpable	54
		100

Constitution chimique.	Partie siliceuse (silice et silicates).................	57
	Partie calcaire (carbonates et oxydes)...................	43
		100

Composition chimique détaillée.

Chaux.....................	18.80	
Magnésie.................	0.58	
Potasse...................	0.27	Ressources du
Oxyde de fer	4.65	sol ou partie
Alumine	2.40	attaquable p^r
Acide phosphorique	0.05	les acides ... 46
Azote	0.0815	
Matières organiques, eau, acide carbonique, etc.........	9.1685	
Réserve inattaquable par les acides		54
Total		100

La proportion assez forte d'impalpable et la dose de 2.40 %
d'alumine attaqubale par les acides indiquent un sol assez compacte et tenace.

Effectivement, il durcit et se fendille à la surface après la pluie
sous l'action de la chaleur.

Les éléments fertilisants, Azote, Acide phosphorique y sont en
proportions suffisantes pour une fertilité moyenne.

— *Données pluviométriques, thermométriques, actinomé-
triques* — Grâce aux observations météorologiques faites avec
un très grand soin par M. Giraud, Directeur de l'École Normale
d'Avignon, observations qui peuvent s'appliquer parfaitement au
champ d'expériences de la station agronomique, à cause de sa
faible distance de l'Observatoire, nous avons pu constater les
quantités de pluie, de chaleur et de lumière reçues par les plantes
de la levée à l'arrachage.

OBSERVATIONS SUR LES RÉSULTATS OBTENUS.

— *Poids des racines à l'hectare.* — D'une manière générale,
le rendement est plus élevé qu'en 1879 et 1880, même dans les
carrés non arrosés, malgré la non levée d'un certain nombre de
graines qui a produit des vides dans les lignes. On n'a pas retrouvé
cette année le rendement de 124.800 kilog. obtenu en 1880 avec
des betteraves collet rose, arrosées, fumées à 1 kil. de fumier
p. m. q. qui avaient végété d'une manière parfaite aux points de
vue de la levée, du développement, de la régularité et de l'égalité
de grosseur des racines.

— *Teneur en sucre.* — La teneur en sucre est généralement
plus élevée qu'en 1880.

On n'a constaté à l'analyse que des traces de glucose ou sucre
réducteur de la liqueur cupro-potassique.

— *Cendres solubles.* — On sait l'importance de cet élément
au point de vue de la sucrerie. Les sels solubles des jus retenant
le sucre emprisonné, l'empêchent de cristalliser, augmentent la
proportion des mélasses et constituent un déchet plus ou moins
grand pour le fabricant de sucre. On estimait autrefois que 1 de
sels solubles entraîne 3.50 de sucre dans les mélasses. Aujour-

d'hui, grâce aux procédés de diffusion, *d'osmose*, cette proportion de sucre perdue est beaucoup réduite.

La quantité de cendres solubles a dû attirer spécialement notre attention, car aux betteraves à sucre cultivées autrefois dans la région, on reprochait non seulement leur pauvreté en sucre, mais surtout leur impuissance à fournir du sucre cristallisable. Nous en verrons plus loin la cause.

En 1881, les proportions de cendres solubles diffèrent peu de celles des années précédentes.

A — *Influence de la graine.* — Des graines de betteraves à collet vert et de Vilmorin améliorées réservées sur les semailles de l'an dernier, ont été mises en terre cette année. Le rendement en poids de racines et en sucre, a été plus élevé en 1881 pour la betterave à collet vert, et s'est maintenu pour la Vilmorin améliorée, fait qui montre l'importance du choix et de la qualité de la graine.

Ils se manifestent aussi dans les proportions de cendres solubles. Comme les années précédentes, les betteraves à collet vert et la Vilmorin améliorée renferment moins de sels solubles que les betteraves à collet rose.

B — *Influence de l'écartement des racines.* — Elle est toujours dans le même sens. L'écartement favorise le grossissement des racines ; les grosses betteraves sont pauvres en sucre et plus chargées de sels solubles que les betteraves petites et moyennes. Le fait est moins accusé dans les betteraves à collet vert, surtout dans la Vilmorin améliorée que dans les betteraves à collet rose.

Dans tous les cas, le rendement à l'hectare en poids de racines et en sucre est plus considérable pour les betteraves petites et moyennes que pour les grosses.

C — *Influence de la fumure.* — L'influence de la fumure ne paraît pas avoir été bien sensible sur le rendement en poids de racines et en sucre. Pour les betteraves à collet vert, elle semble avoir été en sens inverse des quantités de fumier. Le carré fumé à 1 kil. de fumier p. m. q. s'élève au plus haut rendement.

La dose de 2 kil. de fumier par m. q. nous paraît suffisante dans un sol qui a des réserves disponibles d'acide phosphorique et de potasse. Dans le Nord, on va jusqu'à 40.000 et 50.000 kil. de fumier à l'hectare, dose qui serait inutile et même nuisible sous un climat où la végétation de la betterave doit être plutôt comprimée qu'excitée quand on vise à la richesse saccharine. Nous n'avons employé que du fumier d'écurie et non des engrais chimiques à action rapide, pour nous placer dans des conditions moyennes de fertilité et de précocité.

D — *Influence de l'arrosage.* — Très grande sur l'accroisement des racines, moindre sur l'enrichissement en sucre. L'arrosage et la pluie sont toujours suivis, après quelques jours, d'une diminution de sucre, ce qui se comprend, et d'une augmentation de sels solubles, ce qui se comprend moins.

Il est intéressant de voir que les betteraves, non arrosées, peu développées, ont attteint :

le 4 août ....
- petites......... 10.40 % de sucre.
- moyennes..... 9.55 »
- grosses .... 7.90 »

et le 19 août ...
- petites......... 17.50 % de sucre
- moyennes..... 13.20 »
- grosses .... 9.00 »

et sont tombées 4 jours après une pluie abondante

le 30 août, à....
- petites......... 11.30 % de sucre.
- moyennes..... 8.33 »
- grosses .... 7.82 »

La teneur a diminué encore au 21 septembre, et ensuite s'est relevée graduellement pendant la période humide jusqu'à 11.10 % de sucre au 8 décembre.

La teneur est maximum au 19 août et maximum au 21 septembre.

Le poids des cendres solubles a peu varié du 4 août au 21 eptembre, et il est notablement moindre que dans les betteraves arrosées de la même variété, mais il s'est peu à peu élevé avec la teneur en sucre jusqu'au 8 décembre.

Vous avons donné dans le tableau les rendements à l'hectare en racines et en sucre pour la teneur maximum de sucre correspondant au 19 août 1881.

E — *Influence de la chaleur et de la lumière.* — La chaleur est l'excitant énergique de la végétation. Elle stimule le développement, active la respiration en opérant une combustion plus grande des principes constituants de la plante avec l'oxygène de l'air.

La lumière est l'agent qui fournit à la plante la matière essentielle à son organisation et à son accroissement, en décomposant l'acide carbonique de l'air et en mettant le carbone à la disposition du végétal. Une plante placée dans l'obscurité vit aux dépens de sa propre substance, sans rien emprunter au dehors, diminue de poids et cette diminntion est d'autant plus rapide que la température est plus élevée : la plante périt avant d'avoir atteint le terme de son évolution : la production du fruit.

Dans le cas particulier qui nous occupe, le but de la culture est l'accumulation maximum du sucre dans les tissus de la betterave.

Or, le sucre est parmi les principes constituants de la betterave, un élément transitoire, comme l'amidon dans la pomme de terre et dans beaucoup d'autres plantes, dont le rôle est de servir à la fabrication des tissus et organes et finalement à la production du fruit et de la graine. Il augmente d'abord, reste stationnaire, puis décroît à mesure qu'on approche de ce terme de la végétation. Dans le Nord et le Centre de la France, il faut deux années à la betterave pour atteindre ce terme. Dans le Midi, en Provence, une année entière suffit. Les graineurs de betteraves y sèment, en effet, à la fin de l'été, et récoltent la graine à l'automne de l'année suivante.

Par sucroit de précaution, on enlève de terre les jeunes betteraves au commencement de l'hiver et on les repique au printemps. On pourrait, le plus souvent, sur le littoral de la Méditerranée, les laisser en terre sans craindre l'action destructive de la gelée, moyennant un buttage ou une couverture en paillis ou un épandage de sable dans les lignes au collet des racines, comme nous l'avons pratiqué cette année au champ de la station agronomique, à Avignon, où se trouvent en bon état, des betteraves semées à la fin de septembre.

La tendance de la plante à marcher rapidement ici au terme de son évolution, il y a lieu de l'utiliser en vue de l'accumulation du sucre.

L'action excitante de la chaleur et l'action assimilatrice de lumière développent promptement la racine et y opèrent vite la transformation du principe sucré.

Nous connaissons deux moyens efficaces de retarder cette transformation, le rapprochement des racines et une fumure peu abondante. L'an dernier, nous émettions la crainte que ces moyens n'eussent été insuffisants et nous inclinions à penser qu'il faudrait . en accroître l'action ou réduire le temps de la végétation, les sommes de chaleur et de lumière reçues par la plante de la levée à la récolte, de fin avril à fin octobre, étant beaucoup plus élevées ici que dans la latitude de Paris où elles sont, en moyenne, de 2880° pour la chaleur et de 6500° pour la lumière.

Cette crainte ne s'est pas justifiée.

En effet, sauf le cas des betteraves non arrosées, qui ont présenté un maximum de sucre 17.50 %, dès le 19 août, puis un minimum le 21 septembre et sont revenues peu à peu à la teneur des betteraves arrosées, au 8 décembre, les autres carrés ont montré la teneur s'élevant graduellement, avec de légères fluctuations, d'une manière continue, jusqu'au 15 novembre, et restant à peu près stationnaire à partir de cette date.

Y aurait-il possibilité, tout en empêchant la transformation du sucre, d'en augmenter la quantité, par la combinaison d'engrais à action rapide et d'un espacement plus restreint des racines, de façon à obtenir promptement un maximum élevé? Nous le croyons, sans pouvoir l'affirmer. C'est une expérience à faire.

AVENIR DE LA CULTURE DE LA BETTERAVE A SUCRE DANS LE MIDI. — CONSIDÉRATIONS ÉCONOMIQUES ET BOTANIQUES.

Nous ne répéterons pas ce que nous avons dit les années précédentes sur les applications de la culture de la betterave à la sucrerie, à la distillerie et à l'engraissement des bestiaux.

Déjà, sur nos indications, plusieurs cultures ont été entreprises cette année, en divers points du département de Vaucluse, en vue de la distillerie. Qu'il nous suffise, pour le moment, d'appeler l'attention des agriculteurs sur la nécessité, pour la France, de produire des betteraves riches en sucre, aujourd'hui que la production étrangère fait une concurrence redoutable à notre production nationale.

La culture de la betterave à sucre a déjà été essayée dans le Midi, et notamment dans le département de Vaucluse. Mais les conditions du fort rendement en sucre étaient alors totalement inconnues. On s'attachait à obtenir de grosses betteraves, avec l'idée qu'une racine vigoureuse devait sans doute contenir plus de sucre, par unité de poids, qu'une racine de faible dimension, d'où les mécomptes industriels et agricoles.

Cependant, le Midi est la patrie de la betterave. Les hivers rigoureux du Nord ne permettent pas à cette plante bisannuelle d'y fructifier et, par suite, de s'y reproduire naturellement.

Ce n'est que par la prévoyance de l'homme, qui la soustrait à la gelée pendant sa végétation, qu'elle peut y parvenir.

Or, les personnes familiarisées avec les lois physiologiques du développement des êtres vivants, végétaux et animaux, savent que c'est dans son habitat, son milieu, et le milieu par excellence est celui où l'être peut vivre et se reproduire, qu'une espèce animale ou végétale est susceptible des plus grandes modifications en sens divers, sans que son tempérament en souffre, que sa constitution en soit ébranlée.

Le gorgement de sucre que l'on impose aux racines de betteraves dans la culture industrielle, est une de ces modifications artificielles qui pourra être d'autant plus étendue et moins dangereuse pour la plante qu'elle s'effectuera dans son milieu naturel.

Ce qu'on peut reprocher au climat du Midi, au point de vue de la culture de la betterave, c'est la rareté des pluies pendant la saison chaude. Le reproche est fondé. Mais un certain nombre de régions méridionales sont pourvues d'eaux d'irrigation et le volume de ces eaux ne tardera pas à s'accroître, grâce à l'exécution des travaux projetés.

Le département de Vaucluse, pourvu de terrains riches, profonds et meublés d'eaux abondantes, d'un matériel industriel inactif, de propriétés morcelées d'un haut loyer, semble désigné pour tenter avantageusement cette culture.

RÉSUMÉ.

L'expérience faite sur la culture des betteraves saccharifères à la station agronomique de Vaucluse pendant ces trois dernières années, a donné les résultats suivants :

Rendement considérable en poids de racines, teneur suffisante en sucre total et en sucre cristallisable dans un sol ameubli, profond, d'une fertilité moyenne, entretenu frais par l'irrigation, avec de bonnes graines, moyennant une fumûre modérée (fumier d'écurie) et un espacement restreint des racines (au maximum 0^m 40 sur 0^m 25).

Sans arrosage, le rendement en poids de racines est de beaucoup moindre, mais le rendement définitif en sucre à l'hectare est encore assez élevé.

Dans le courant de l'été, les betteraves, non arrosées, peu développées, présentent une teneur maximum en sucre, puis la teneur s'abaisse à un minimum et revient, vers la fin de la campagne, à peu près au chiffre qu'elle présente dans les betteraves arrosées.

Pour les betteraves arrosées, l'accroissement de la quantité de sucre se fait d'une manière sensiblement continue jusqu'au 15 novembre, date où elle reste stationnaire.

Avignon, le 2 février 1882.

Le Directeur de la station agronomique de Vancluse,

P. PICHARD.

NOTE SUR LES MÉTHODES D'ANALYSE EMPLOYÉES.

— *Détermination de la quantité de matière sèche.* — 10 gr. de pulpe fraîche râpée sont pesés exactement dans une capsule tarée, puis séchés à l'étuve à 100°, et pesés de nouveau. Le poids obtenu, déduction faite de la tare, est celui de la matière sèche.

— *Dosage du sucre.* — On pèse 10 gr. de jus exprimé de la pulpe râpée. Ce jus est additionné de 15 gouttes de solution concentrée de sous-acétate de plomb, pour en séparer certains acides et les matières abulminoïdes. Le liquide filtré est débarrassé de l'excès du sel de plomb par le carbonate de soude (2$^{c.\,c.}$ de solution concentrée).

Après séparation du précipité, on acidifie la liqueur par de l'acide chlorhydrique ; on maintient quelque temps à l'ébullition pour intervertir le sucre de canne, on ramène le volume de liquide à 100°· °· et on opère le dosage par la liqueur cupro-potassique.

— *Dosage des cendres solubles.* — 5 grammes de pulpe préalablement desséchée à l'étuve, à 100°, sont incinérés à basse température. Les cendres sont lavées par 40°· °· de liquide (formé de 1/3 d'alcool et de 2/3 d'eau distillée) proportion de liquide voisine de celle qui se trouve dans la pulpe fraiche associée à la matière sèche.

L'addition d'alcool à l'eau a pour but d'éviter la dissolution partielle des sels terreux, sels de chaux et de magnésie.

A cause de la mise en liberté par l'incinération, de certaines substances minérales emprisonnées dans les parois des cellules, et qui ne passent point dans les jus, la quantité de sels solubles ainsi obtenue, peut être regardée comme supérieure à celle de la pratique industrielle.

DÉSIGNATION des …tés de Betteraves blanches à sucre cultivées, …s à 2 kil. de fumier par m. q.		ANNÉE 1879. Poids des betteraves fraîches analysées.	Sucre pour 1 kil. de betterave fraîche.	Cendres solubles pour 1 k. de betterave fraîche.	Poids de racines à l'hectare rapporté aux betteraves moyennes.	Poids de sucre total à l'hectare.	ANNÉE 1880. Poids des betteraves fraîches analysées.	Sucre pour 1 kil. de betterave fraîche.	Cendres solubles pour 1 k. de betterave fraîche.	Poids de racines à l'hectare rapporté aux betteraves moyennes.	Poids de sucre total à l'hectare.	ANNÉE 1881. Poids des betteraves fraîches analysées.	Sucre pour 1 kil. de betterave fraîche.	Cendres solubles pour 1 k. de betterave fraîche.	Poids de racines à l'hectare.	Poids de sucre total à l'hectare.
	écartement.	k.	g.	g.	kil.	kil.	k.	g.	g.	kil.	kil.	k.	g.	g.	kil.	kil.
…aves	moyennes (0^m 40 — 0^m 25)	1 750	97 00	8 4			1 340	90 0	6 20			1 100	106 50	7 77	83.125	9.081
…vert	petites (0^m 25 — 0^m 15)	0 840	102 00	9 9	71.600	6.945	0 663	97.0	6 28	88.400	7.956	0 586	95 80	»	»	»
…ées.	grosses (0^m 80 — 0^m 50)	4 950	53 00	10 1			2 980	79 0	5 70			»	»	»	»	»
…aves	moyennes	N'ont p. levé	»	»			1 114	78 0	»			»	»	»	»	»
…vert	petites	N'ont p. levé	»	»			0 580	97 0	»	48.400	3.852	»	»	»	»	»
…ros.	grosses	3 100	95 00	7 5	42.000	3.600	1 940	84 0	»			»	»	»	»	»
…aves	moyennes	1 880	104 50	6 6			1 192	102 0	7 37			1 016	112 00	7 63	100.000	11.000
…rose	petites	0 560	156 00	7 0	96.400	10.078	0.680	112 5	4 65	105.200	10.730	0 710	92 50	7 28	105.625	9.717
…ées.	grosses	5 735	64 50	8 4			4.820	68 0	7,89			3 370	114 50	7 20	63.875	6.821
…aves	moyennes	2 040	97 50	9 0			0.875	95 0	»			0.910	110 00	9 45	54.000	6.021
…rose	petites	0 460	133 50	7 5	87.200	8.502	0 665	79 0	»	86.000	8.170	0.460	117 50	»	60.625	6.008
…ros.	grosses	6 400	73 20	9 4			3.540	88 0	»			1.810	109 00	»	32.500	2.990
…aves …rin	moyennes	2 300	108 40	9 5			1.165	128 0	5 44			1 100	127 00	5 752	80.000	11.240
…rées	petites	0 430	178 20	4 8	82.000	8.888	0.557	148 0	5 46	57.200	7.035	0 790	134 00	»	»	»
…es.	grosses	3 800	92 00	8 4			1.070	124 0	5 74			1 336	123 50	»	»	»
…aves …rin	moyennes	1 700	146 00	5 9			0 392	130 0	»			»	»	»	»	»
…rées	petites	0 535	165 40	6 2	49.200	7.088	0 217	138 0	»	20.400	2.652	»	»	»	»	»
…ros.	grosses	3 050	145 10	6 6			0 900	120 0	»			»	»	»	»	»
…aves collet rose, arrosées, fumées …k. p. m. q. (écart. 0^m 25— 0^m 15).		»	»	»	»	»	0 860	101 5	4 00	124.800	10.920	»	»	»	»	»

OBSERVATIONS.

Pendant les 3 années, les semailles ont été faites du 15 au 25 avril. — Récolte du 25 octobre au 15 novembre. — 4 arrosages pendant les chaleurs de l'été. — 2 binages et sarclages.

ANNÉE 1879.

Du 1er octobre 1878 au 1er octobre 1879.

Pluie....... 945 mil.
Lumière de la levée à la récolte... 9011°
Chaleur, id.. 3785°

ANNÉE 1880.

Pluie...... 680 mil.
Lumière.... 9336°
Chaleur.... 4117°

ANNÉE 1881.

Pluie....... 721 mil.
Lumière.... 9117°
Chaleur.... 4077°

Les déterminations ou dosages non effectués sont indiqués par des guillemets dans le tableau ci-contre.

…OTA. — On a dû, à regret, pour rester dans le cadre de notre publication, retrancher une grande partie des tableaux annexés au mémoire de M. Pichard. Les personnes qui désireraient avoir des renseignements plus …plets sur son travail, pourront les obtenir gratuitement, sous forme de brochure, en s'adressant à la Station agronomique d'Avignon. *(Note de la Rédaction).*

Contrat de vente de Betteraves.

ENTRE LES SOUSSIGNÉS,

M.............. cultivateur à.............. d'une part ; et
MM............................. fabricants de sucre à...........

A ÉTÉ CONVENU CE QUI SUIT :

M.............., cultivateur à............., s'engage à ensemencer
.... la quantité de....... hectares en betteraves à sucre
et à fournir la récolte à...............

Le présent marché est fait pour... années consécutives à partir
de mil huit cent quatre-vingt......... inclusivement.

M. le cultivateur devra, au quinze mai au plus tard, remettre la
désignation et la contenance approximative des pièces de terres
ensemencées en betteraves ; celles qu'il destinera à la nourriture
de ses bestiaux ne devront point être comprises dans cette déclaration.

Les betteraves atteintes de la gelée, altérées par une cause
quelconque, ou plantées dans des terrains noirs marécageux, ou
ayant été inondés, provenant de bois défrichés depuis moins de
quinze ans, ou de défrichements de verdure de moins de deux
ans, seront refusées.

M. le cultivateur s'interdit d'effeuiller ses betteraves avant
l'arrachage.

Les betteraves seront livrées............

Le poids, la tare et la densité seront constatées ;

Le poids net de la betterave sera établi, déduction faite de la
terre adhérente à la betterave, et de celle contenue dans le
tombereau.

La reconnaissance et le pesage se feront les jours ouvrables,
pendant toute la durée du jour.

Les betteraves devront être bien décolletées, coupées à plat immédiatement au-dessous des follioles et nettoyées autant que possible.

Le prix de la betterave est fixé à....... les mille kilos net pour celles dont le jus pur sera reconnu marquer au densimètre, au moment de la réception : 5° 5 à la température de 15° centigrades.

Si la densité du jus est inférieure à 5° 5, il y aura une déduction de quarante centimes par dixièmes de degrès en moins jusqu'à 5° inclusivement ; au-dessous de 5°, et jusqu'à 4° 5, inclusivement, la réduction sera de quatre-vingt-dix centimes par dixièmes de degré.

Les betteraves dont le jus aura une densité inférieure à 4° 5, pourront être refusées comme impropres à la fabrication.

Si la densité du jus est supérieure à 5° 5, il y aura une augmentation de quarante centimes par dixièmes de degré en plus. Les fractions de dixièmes ne seront pas comptées.

Le prix de la betterave sera calculé sur la densité moyenne de la fourniture totale d'après le tableau ci-après.

Densité du jus.	Diminution.	Densité du jus.	Augmentation.
4°5.	6.50 par °/₀₀ kil.	5°6.......	0.40 par °/₀₀ kil.
4°6.......	5.60 »	5°7.......	0.80 »
4°7.......	4.70 »	5°8.......	1.20 »
4°8.......	3.80 »	5°9.......	1.60 »
4°9.......	2.90 »	6°0.	2.00 »
5°0.......	2.00 »	6°1.......	2.40 »
5°1.......	1.60 »	6°2.......	2.80 »
5°2.......	1.20 »	6°3.......	3.20 »
5°3.......	0.80 »	6°4.......	3.60 »
5°4.......	0.40 »	6°5.......	4.00 »
5°5.......	Prix de base.	Et ainsi de suite.	

Le jus des betteraves devra avoir une richesse en sucre d'au moins deux kilos par hectolitre et par degré du densimètre.

M. le cultivateur aura droit à recevoir des pulpes dans la proportion de....... pour cent du poids net de ses betteraves au prix de....... francs les mille kilogrammes, à condition de prévenir avant le 15 octobre dans quelle proportion il entend user de son droit, et de les enlever au fur et à mesure de la fabrication ; faute de quoi la fabrique pourra en disposer sans avertissement. Les livraisons de pulpes cesseront dès que le râpage sera terminé.

Il en prendra livraison à............

Il s'engage à faire consommer dans sa ferme toutes ses pulpes ; dans le cas où il ne le ferait pas, la totalité lui serait comptée au prix le plus élevé auquel la fabrique aurait vendu.

CONTRAT DE VENTE DE BETTERAVES.

ENTRE LES SOUSSIGNÉS IL A ÉTÉ CONVENU CE QUI SUIT :

M ...., cultivateur à............., s'engage à livrer à M. Victor Piéron, fabricant de sucre à Avion, qui accepte, la récolte 1881, en bonnes betteraves à sucre, sur les terres ci-dessous désignées aux époques et conditions ci-après détermi-nées :

1° Les betteraves seront livrées en fabrique, saines et sans altération, au prix de 20 francs les 1,000 kilog. à la densité de 5, avec majorations ou réductions suivantes au-dessus et au-dessous de 5.0 :

De 5 à 6 inclus, augmentation de 40 centimes.
Au-dessus de 6 jusqu'à 6 1/2, augmentation de 60 centimes.
Au-dessous de 5,0 jusqu'à 4 1/2 inclus, réduction de 60 cent.
De 4 1/2 à 4,0, réduction de 80 centimes.

par 1,000 kilog. et par chaque dixième de degré.

Règlement basé sur la moyenne des densités obtenues pendant les livraisons.

2° Seront soumises à une tare supplémentaire les betteraves dont les collets ne seront pas coupés très exactement au ras de la première feuille, celles atteintes de gelée, même légère, celles dites boutoires, bouteuses ou toupies, et celles arrachées au crochet.

3° La quantité vendue ne pourra, en aucun cas, dépasser le maximum de 44 mille livres à la mesure de 42 ares 91 centiares.

4° La prise d'échantillon aura lieu, une voiture sur deux, au moyen d'un *trident prélevant d'un seul coup trois betteraves* sur la voiture, soit à l'arrivée sur la bascule, soit pendant le déchar-gement.

Cet instrument est remplacé par 3 tiges en fer aiguisées à la pointe et ayant une poignée arrondie qui permet de les tenir plus facilement. — On prend au hasard trois betteraves en rejetant celles qui sont cassées ou qui sont exceptionnellement petites ou grosses.

On râpe la moitié de ces trois betteraves.

Le planteur aura toujours le droit d'assister aux opérations d'essai.

5° Le prix de la pulpe sera de 10 francs les 1.000 kilog. pour le cinquième, et de 12 francs pour l'excédant. Une densité moyenne supérieure à 5 1/2 donnera droit à un quart de pulpe, au lieu d'un cinquième, au prix ci-dessus de 10 francs.

DÉSIGNATION DES TERRES ENGAGÉES PAR COMPROMIS.

ÉPOQUES de livraison.	TERROIRS et lieux dits.	CONTENANCES déclarées exactes sous peine d'annulation de compromis.		
		mesures	coupes	quarr
Septembre				
Décembre 22 fr. les 1.000 kil.				
	Quantité totale........			

Fait double et de bonne foi à Avion, le .... 1881.

Commerce de Betteraves.

RAPPORT par M. Taffin-Binauld

présen   au Comice agricole de Lille en Décembre 1880.

Messieurs ,

Dans une des séances du mois d'octobre 1880, vous vous êtes préoccupés vivement des difficultés nombreuses survenues entre les planteurs de betteraves d'une part et les fabricants de sucre et les distillateurs de l'autre, et vous vous êtes demandés ce qui pourrait être fait et prévu pour éviter dans l'avenir ces conflits d'intérêts si dommageables pour tous.

Vous avez nommé une Commission à l'effet de rechercher les les meilleurs moyens pour arriver à ce résultat.

Cette Commission était composée de :

    MM. Beaucarne-Leroux , Président ;
          Hellin , Vice-Président ,
          Ladureau , directeur de la Station agronomique ,
          Le Lavandier , chimiste ,
          Peucelle , cultivateur ,
          Collet , fabricant de sucre ,
          Lefort , fabricant de sucre ,
          Mélisse , cultivateur ,
          Mallet-Deletombe , cultivateur ,
          Taffin-Binauld , rapporteur.

Les membres de cette Commission se sont réunis à diverses reprises, et la question des prix de revient ayant plusieurs fois été agitée, une sous-commission a été composée dans le but d'établir d'une façon aussi approximative que possible, les dépenses de culture nécessitées par la récolte des betteraves, dans les divers cantons de l'arrondissement de Lille. Les études et les recherches occasionnées par ce travail ont été la principale cause du retard que la Commission a dû apporter au dépôt de ses conclusions devant vous.

Mais auparavant elle eut d'abord à examiner et à déterminer le cadre de son mandat et elle fut d'avis que, quel que soit l'intérêt que de pareilles questions puissent avoir pour un grand nombre des membres du Comice, les difficultés actuellement pendantes entre les cultivateurs et les fabricants, par rapport aux tares exagérées ou à l'interprétation des compromis, ne devaient point entrer dans les attributions de la Commission.

C'eût été au surplus une tâche inextricable.

Chaque marché porte avec lui ses conditions particulières qui font la loi des parties.

La mission du Comice doit s'élever au-dessus de ces considérations et s'efforcer de faire ressortir des difficultés et des souffrances actuelles de la culture et des industries betteravières, des enseignements utiles pour l'avenir.

Pour cela, il s'agit : 1° de bien établir la situation qui motive des plaintes universelles ; 2° de rechercher les causes qui l'ont amenée ; 3° enfin d'indiquer les voies à suivre pour en éviter le retour.

La situation de la récolte en 1880. — Tout le monde connaît cette situation. Par suite des retards dans l'ensemencement de la betterave, de la mauvaise levée de la plante, de la nécessité de réensemencer à des époques trop reculées de l'année, en raison surtout des pluies persistantes dans la dernière période de sa végétation, la betterave à sucre est descendue comme qualité et comme densité à un degré tellement inférieur, que son emploi pour la fabrication du sucre ne donnait qu'un rendement considérablement affaibli, tout en augmentant les difficultés et les dépenses du travail.

De plus, le poids de la récolte à l'hectare ayant été très élevé et les surfaces ensemencées ayant été plus importantes que l'année précédente, la betterave a été très offerte aux industries betteravières.

Il en est résulté que les industriels découragés d'un côté par l'insuccès de leurs fabrications, sollicités d'autre part pour l'acceptation d'une matière première dont la conservation est toujours précaire, ont été conduits comme par un double courant, à l'application de tares considérables qui ont amené des plaintes nombreuses et de très vives récriminations.

En résumé les cultivateurs, malgré le grand poids de la récolte, ne reçoivent qu'un produit insuffisant pour les indemniser de leurs frais de culture, et les fabricants de sucre, réduits souvent à ne faire que de la mélasse au lieu de sucre cristallisé, se plaignent amèrement de la dégénérescence de la betterave.

Donc, tout le monde se plaint, tout le monde souffre, voilà la situation réelle.

Causes de la crise. — Ce n'est pas la première fois qu'une crise semblable sévit sur les intérêts liés à la betterave.

En 1875, le même mal avait été reconnu et signalé et le Comice agricole de Lille provoquait la réunion d'un Congrès, à l'effet de rechercher d'un commun accord le remède à la situation.

Ce Congrès se réunit les 23 février et 3 mars 1876.

Il fut reconnu par tous, que la principale cause du mal était dans la mauvaise organisation du commerce des betteraves, auquel il fallait apporter une réforme nécessaire, indispensable, par l'adoption d'un nouveau mode qui tiendrait compte de la qualité de la marchandise, élément qui, jusque-là, avait presque toujours été négligé.

A cet effet, le Congrès adopta une échelle des valeurs de la betterave, suivant ses degrés de densité, échelle qui était proposée comme base des transactions nouvelles entre planteurs et fabricants.

Le résultat de ce système devait être de donner aux cultivateurs de réels avantages à produire de la betterave riche. Malheureusement il a été peu mis en pratique.

Les cultivateurs d'une part, se sont défiés des indications du densimètre et ont craint de soumettre le résultat de leurs récoltes à des épreuves nouvelles pour eux et pour lesquelles ils devaient se livrer entièrement à la bonne foi des fabricants.

Ces derniers, d'autre part, ont peut-être pensé qu'en fixant dans leurs compromis un *minimum* de densité, ce *minimum* aurait toujours été atteint et souvent dépassé.

Les uns et les autres ont compté sans ces années exceptionnelles qui, comme celles de 1875 et 1880, amènent une infériorité de qualité telle que tous les intérêts liés à la récolte de la betterave en reçoivent un trouble profond.

Ils ont en outre mis en oubli cette vérité, mise au jour et développée par le Congrès, que l'intérêt de tous, cultivateurs et fabricants, résidait non point dans la production d'une betterave de qualité moyenne, mais bien d'une betterave très riche et de qualité supérieure.

En un mot, les causes qui ont amené la crise dont on souffre actuellement sont les mêmes qui avaient été signalées pour la récolte de 1875. Elles résident, nous le répétons, dans la mauvaise organisation du commerce des betteraves et dans le défaut d'encouragement qui en résulte pour le cultivateur, à produire de l'excellente betterave.

Si nous signalons cette cause là, même avant les influences atmosphériques qui ont agi d'une façon désastreuse cette année, c'est parce que ces influences n'eussent pas exercé un rôle aussi funeste si la production de la betterave s'était faite dans les conditions de progrès qu'ait en vue de réaliser le Congrès de 1875.

Croyez-vous qu'en Autriche, en Allemagne où la densité de la betterave atteint et parfois même dépasse sept degrés, les mêmes difficultés dans la fabrication du sucre se soient révélées ?... Non, sans doute, les densités moyennes ont pu descendre à six degrés, peut-être à 5,5, mais à ces degrés là, la fabrication du sucre cristallisé n'éprouve pas d'entraves sérieuses, et le rendement en sucre reste encore proportionné à la densité. Là aussi la betterave a subi une perte de valeur, mais cette perte est simplement *proportionnelle* à la diminution de la densité ; elle n'est point *progressive*, comme cela arrive lorsque la densité descend à ces bas degrés qu'on n'a pu que trop constater cette année dans notre pays.

Donc, si par suite d'une majoration de prix légitimement attribuée aux qualités supérieures de la betterave, la culture s'était mise comme c'eût été alors son intérêt de le faire, à ne produire que ces qualités supérieures, les fabricants de sucre ne se seraient pas trouvés cette année, devant une matière défectueuse au point d'en rendre la fabrication onéreuse ou même impossible, mais simplement devant une betterave moins riche, titrant encore en moyenne 5 à 5,5 comme en ont récolté cette année dans nos contrées ceux qui ont voulu voir la qualité de la récolte avant le poids.

Dans ces conditions et en suivant l'échelle des prix indiqués par le Congrès de 1875, ni les cultivateurs, ni les fabricants n'auraient eu à se plaindre de la récolte de 1880. Le fabricant n'éprouvant pas de difficultés extraordinaires de fabrication aurait payé la betterave proportionnellement à la richesse saccharine et le cultivateur ayant récolté à l'hectare un poids plus considérable que dans les années moyennes, aurait été satisfait du produit de sa culture.

Donc, la véritable cause des tiraillements et des souffrances du moment provient de ce que, faute de s'entendre et d'accepter un mode de transaction rationnel et conforme aux usages généraux du commerce, la culture de la betterave n'a eu toujours en vue que des racines de qualité moyenne, ni bonnes ni mauvaises dans les années ordinaires, mais devenant désastreuses pour tout le monde dans une année comme celle que nous venons de traverser.

Remèdes à apporter. — Et cependant que faire pour changer cette situation ?

La cause du mal est connue ; le remède, il est indiqué depuis longtemps : malheureusement il n'est point appliqué.

Pourquoi n'est-il point appliqué ?

On met en avant les difficultés pratiques. Certes, il y en a, mais elles ne sont pas insurmontables puisque des fabricants de sucre achètent depuis longtemps à la densité et persévèrent dans ce système.

On objecte aussi que la densité n'accuse pas exactement la richesse saccharine qui peut varier suivant la teneur des jus en sels. Est-on mieux renseigné quand on s'abstient de toute épreuve ? Et n'est-il pas reconnu par des expériences nombreuses que les variations à cet égard sont très peu sensibles dans les betteraves de haute qualité ?

La répugnance qui se manifeste des deux parts pour l'adoption du système de l'achat des betteraves à la densité prend plutôt sa source dans la défiance des cultivateurs et dans le peu de désir qu'ont beaucoup de fabricants de le voir mis en pratique.

Pour combattre cette répugnance, que peuvent les assemblées comme la vôtre : Comice agricole, Congrès, etc. ?

Ils n'ont point le pouvoir de légiférer. Leur seul rôle est d'avertir, d'instruire, de persuader.

C'est ce rôle que je vais m'efforcer de remplir en établissant devant vous l'énorme préjudice qui résulte pour le cultivateur, pour le fabricant et pour le consommateur lui-même, des malheureux errements suivis jusqu'ici, en surélevant d'une façon considérable le prix de revient du sucre et de l'alcool.

Je me propose à cet effet, de mettre en regard de ce que coûte la récolte et la fabrication de trois hectares de betteraves de *divers poids* et de *diverses densités*, le produit en sucre et en alcool de chacun de ces hectares, afin que vous puissiez apprécier l'influence qu'exerce sur le prix de revient la qualité de ces récoltes.

Il est important de vous prémunir immédiatement contre l'impression que pourrait produire dans vos esprits le programme d'études sur les prix de revient que nous vous annonçons. Notre prétention n'est point de présenter ici des prix de revient absolus : Cette prétention serait évidemment absurde, car les prix de revient varient suivant les localités et les conditions où chacun se trouve placé. Il est donc entendu que ceux qui seront indiqués dans le cours de ce travail, ne sont que des moyennes et des approximations dont la complète exactitude n'est même point nécessaire pour ce que nous avons en vue de démontrer.

Ce qui fait l'objet de cette étude, ce n'est point la vérité absolue du prix de revient, chose impossible, nous le répétons, mais c'est la vérité des écarts existant entre les diverses récoltes dont nous allons faire l'examen.

Nous partons d'abord de ce principe qui, je pense, sera reconnu par tous, que les grands rendements en poids ne peuvent coexister avec les qualités supérieures de la betterave ; que pour atteindre ces qualités, il faut recourir à certaines espèces de betteraves et modérer l'emploi de l'engrais, ce qui ramène nécessairement les récoltes à une certaine limite de poids qu'on ne saurait dépasser sans compromettre précisément ces hautes densités et cette pureté des jus saccharins qu'il est nécessaire d'obtenir, si l'on veut remédier aux maux de la situation.

C'est ainsi, Messieurs, que nous croyons être dans la vérité relative en établissant nos termes de comparaison de la façon suivante :

1° Un hectare rapportant 90.000 kilogr. betteraves à 4 degrés
2°　　　»　　　»　　60.000　　　»　　　5　»
3°　　　»　　　»　　45.000　　　»　　　6　»

Ceci étant établi, voyons quels seront les frais et les produits de chacun de ces hectares :

Dépenses invariables par hectare de terre cultivé en betteraves. — A l'effet d'obtenir une moyenne de ces frais aussi rapprochée que possible de la vérité, les membres de votre Commission ont bien voulu fournir à votre rapporteur des notes précieuses.

MM. Beaucarne, Hellin, Peucelle, Collette, Lefort, Mélisse et Mallet, nous ont remis leurs appréciations sur les dépenses occasionnées dans chacune de leurs localités par la culture d'un hectare de betteraves. Nous avons condensé ces diverses indications dans le résumé suivant qui est la moyenne des chiffres qui nous ont été fournis :

Loyer de terre	165$^{fr.}$	»
Contributions. — Pots de vin. — Enregistrement des baux. — Prestations. — Assurances ... 40$^{fr.}$ »		
Réparations. — Entretien des bâtiments, haies, fossés, cours d'eaux, chemins d'exploitation ... 40 »	120	»
Intérêts du capital de l'avoiement, des engrais avancés ; appointements du maître de labour ou chef de culture ... 40 »		
Labours	110	»
Semences	30	»
Sarclage, déplantage, etc.	125	»
Total	550	»

Ce chiffre de 550 fr. s'appliquera donc d'une façon invariable à chacun des trois hectares qui font l'objet de cette étude, quel que soit le poids récolté.

Frais de culture et de fabrication et résultats d'un hectare rapportant 90.000 kilog. à 4 degrés de densité.

Nous commencerons par inscrire en tête de ce chapitre, le montant des dépenses invariables qui ressort du chapitre précédent, soit la somme de ... 550 »

Nous avons à rechercher maintenant la somme d'engrais qu'exigera une récolte aussi plantureuse.

La moyenne des chiffres qui nous ont été fournis, comme représentant les graisses anciennes renfermées dans le sol, les fumiers de ferme ainsi que les

A reporter ... 550 »

Report......... 550 f. »

tourteaux et engrais divers employés est, pour cet hectare de 90.000 kilog. de betterave de...... 1.400^{fr.} »

Mais il y a à déduire les surgraisses qui ont été évaluées en moyenne à.... .... 573 »

Reste la somme de................. .... 827^{fr.} » ci 827 »

qui représente l'engrais consommé par la betterave.

Il était intéressant pour tous, Messieurs, de contrôler par les données de la science, si ce chiffre de dépense d'engrais correspondait à la quantité d'azote enlevée par la betterave. C'est dans ce but que je me suis adressé au savant directeur de notre Station agronomique, M. Ladureau, à l'effet de connaître le quantum d'azote normalement contenu dans 100 kilog de betteraves.

Ce quantum, m'a-t-il dit, est de 0,24 pour cent ; ce qui représente pour la récolte de 90.000 kilog., 216 kilog. d'azote.

Or, si nous estimons que le kilog. d'azote vaut commercialement 3 fr. et que nous ajoutons 0 fr. 75 pour la valeur des phosphates, sels de potasse et autres jouant un rôle utile pour l'alimentation de la betterave, nous arrivons à ce résultat : 216 kilog. d'azote × par 3 fr. 75 = 810 fr., chiffre bien rapproché, comme vous le voyez, de celui de celui de 827 francs qui résulte de la moyenne sus-indiquée.

Il nous reste à inscrire encore au chapitre des dépenses variables, le voiturage de la récolte, dont le prix moyen est évalué à 2 fr. les mille kilog. soit pour les 90.000 kilog. en question......................... 180 »

Total des dépenses culturales .... 1.557^{fr.} »

Ce qui fait ressortir le prix de revient de la betterave à 17 fr. 30 les 1.000 kilog.

Voyons maintenant quels seront les frais de fabrication de ces 90.000 kilog. pour les convertir en sucre.

Nous nous servirons pour cette recherche, du travail très complet publié en 1875 par M. Durin, dont

A reporter .... 1.557 »

Report........ 1.557 »

les bases légèrement amendées par les fabricants qui faisaient partie de la Commission du Congrès de 1876, ont déjà servi à une étude du même genre dans le rapport présenté audit Congrès et qu'on retrouvera plus loin.

Les frais de fabrication y sont évalués à 15 fr. par mille kilogrammes de betteraves, soit pour les 90.000 kilog. de l'hectare en question............ 1.350$^{fr.}$ »

Mais il faut en déduire :

1° La pulpe à raison de 20 pour cent, soit 1.800 kil. à 12 fr........... 216$^{fr.}$ »

2ª La mélasse à raison de 40 kil. par 1.000 kilog. betteraves, soit 3.600 kilog. mélasse à 9 fr. 324 »

540 »

Reste pour frais de fabrication............. 810$^{fr.}$ » ci 810 »

Total des frais de culture et de fabrication .... 2.367$^{fr.}$ »

Quel sera maintenant le rapport en sucre de cet hectare de 90.000 kilog. , ayant coûté pour dépenses de culture et de fabrication : 2.367 fr.

Nous nous servirons pour cette évaluation, du tableau que nous avons établi dans le rapport fait au Congrès de 1876, tableau où les rendements industriels de la betterave à ses divers degrés de densités sont indiqués, d'après les autorités les plus compétentes en cette matière ; il nous suffira de citer les noms de MM. Vivien, Durin, Corenwinder.

Or, il résulte de ce tableau, que le rendement industriel de la betterave à 4 degrés est de 3,44 pour cent, ce qui, pour les 90.000 kilog. de betteraves, représente un produit en sucre de 3.096 kilogr. ayant coûté, comme nous l'avons vu plus haut, sans bénéfice aucun pour le cultivateur ni pour le fabricant ; 2 367 francs, soit 76 fr. 45 par cent kilog., lesquels se décomposent ainsi :

Frais de culture.. .... 50$^{fr.}$ 28

Frais de fabrication............ 26 . 17

Total égal.................. 76$^{fr.}$ 45

Faisons maintenant la même étude pour la transformation de ces 90.000 kilog. de betteraves en alcool.

Les frais de fabrication, d'après les renseignements que j'ai pu recueillir, peuvent être évalués à 6 fr. 30 par mille kilogrammes de betteraves, futaille non comprise.

Les 90.000 kilog. de la récolte qui nous occupe coûteront donc au fabricant.. 567 fr. »
de frais de fabrication, dont il y a lieu de déduire la pulpe produite.

· Pour simplifier ce travail, nous supposerons comme nous l'avons fait pour le sucre, que le jus de la betterave a été extrait au moyen des presses hydrauliques. Nous n'aurons ainsi qu'à appliquer pour les deux fabrications le même rendement en pulpe. Nous avons vu que pour la récolte de 90.000 kilog. à 4 degrés, ce rendement était de 20 pour cent et représentait une somme de .... , 216 »

Reste pour frais de conversion en alcool............ 351 fr. »

· Si nous ajoutons à ce chiffre le coût de la culture de ces 90.000 kilog.. 1.557 »

nous trouvons un total de............................ 1.908 fr. »
qui représente l'ensembles des frais de production de l'hectare de betteraves à 4 degrés converties en alcool.

Voyons maintenant quel est son rendement en alcool.

On trouvera à la page 37 du rapport présenté au Congrès de 1876 le tableau indiquant les rendements industriels en alcool de la betterave à ses divers degrés de densité. Nous y voyons que la betterave à 4 degrés correspond à un rendement de 3 litres 70 centilitres d'alcool à 90 degrés par cent kilog. de betteraves.

Les 90.000 kilog. à 4 degrés rapporteront donc 33 hectolitres 30 litres qui auront coûté 1.908 francs.

Soit par hectolitre non logé........................ 57 fr. 29

se décomposant comme suit :

Frais de culture................................... 46 75
  »   fabrication 10 54

Frais de culture et de fabrication et résultats d'un hectare de terre ayant un rendemen de 60.000 kil. à 5 deg. de densité.

Frais invariables comme au chapitre précédent.....   550ᶠʳ· »

La moyenne des anciens engrais, des fumiers et des engrais divers ressort aux prix de........ ..   1.000ᶠʳ· »

dont à déduire pour sur-graisse............   440   »

Ce qui fait pour la somme d'engrais consommée par la récolte............. ....   560ᶠʳ· » ci 560   »

Si nous faisons ici le même contrôle qu'au chapitre précédent, nous trouverons que 60.000 kilog. à 0,24 d'azote pour cent, représentent 144 d'azote qui, à raison de 3,75, donnent une somme de 540 fr. différant seulement de 20 fr. du chiffre ici porté. Donc, concordance presque complète.

Frais de voiturage à raison de 2 fr. les 1.000 kilog..   120   »

Total des frais de culture....................   1.230ᶠʳ· »

Ce qui fait ressortir le prix de la betterave à 20 fr. 50 par 1.000 kilog.

Les frais de fabrication se compteront de la manière suivante :

60.000 kilog. à 15 francs................   900ᶠʳ· 00

A déduire : (1)

Pulpe , 22 pour cent représentera un poids de 13.200 kil. à 12 fr....   158ᶠʳ· 40

La proportion de mélasse , qui était de 40 pour mille dans la betterave à 4, n'est plus que de 35 pour mille dans la betterave à 5, soit pour les 60.000 kil. betteraves, 2.100 kil. mélasse à 9 fr..................   189   » }   347   40

Reste pour frais de fabrication........   562,60 ci 562,60

Total des frais de culture et de fabrication..........   1.782,60

Le rendement industriel de la betterave à 5 degrés

(1) Lire le nota à la page suivante.

de densité étant de 5,56 par 100 kilog. de betteraves,
la récolte de 60.000 kilog. à 5 degrés, nous donnera
donc un produit qui sera

$$60.000 \text{ kil.} \times 5,56 = 3.336 \text{ kil.}$$

lesquels ont coûté, comme nous venons de le voir, au
cultivateur et au fabricant réunis, la somme de 1.782
fr. 60 ; ce qui représente par 100 kilog. de sucre......   53 43
se décomposant comme suit :

Frais de culture..................................   36 87
Frais de fabrication 16 56

Nota. — Il est à remarquer en passant, 1° que plus la betterave est riche, moins elle cède facilement le jus qu'elle renferme
et plus la proportion de pulpe augmente. C'est pourquoi le rendement est ici évalué à 22 au lieu de 20 ;

2° Que le contraire a lieu pour la mélasse dont la proportion va
en diminuant avec la progression de la richesse et de la pureté
saccharines. C'est le sucre cristallisable qui profite de la différence.

Alcool. — Frais de fabrication de 60.000 kil. à 6 fr. 30 par
1.000 kilog..................................   378 fr. »
dont 13.200 kilog. pulpe à 12 fr. à déduire...........   158,40

Reste..........................   219,60
qui, ajoutés aux frais de culture portés à.............   1.230 »
donnent, pour les frais de culture et de fabrication,
un total de.................................   1.449,60

Le produit en alcool de la betterave à 5 degrés de
densité est 4 litres 95 centilitres d'alcool à 90 degrés.

Les 60.000 kilog. en question, rapporteront donc 29
hectolitres 70 litres ayant coûté 1.449 fr. 60, soit par
hectol. d'alcool non logé   48,78
se décomposant comme suit :

Frais de culture..............................   41,41
Frais de fabrication..........................   7.27

Frais de culture et de fabrication et résultats d'un hectare rapportant 45.000 kilog. de betteraves à 6 degrés de densité.

Frais de culture invariables........................ 550^{fr.} »

La somme d'engrais consommé par la récolte de betteraves a été évaluée............................. 400 »

Si nous calculons comme précédemment, nous trouvons que les 45.000 kilog. × 0,24 d'azote pour 100, donnent un total de 108 kilog. d'azote, lesquels, au même prix que précédemment, représentent une somme de 415 fr., supérieure seulement de 15 fr. à la moyenne des évaluations.

Le voiturage des 45.000 kilog., à 2 francs par 1.000 kilog., représente une dépense de.................... 90 »

.1.040^{fr.} »

soit un prix de revient, par 1.000 kilog. de betteraves, de 23 fr. 10.

Les frais de fabrication, toujours calculés à raison de 15 fr. par 1.000 kilog. de betteraves, seront 45.000 kilog × 15.. .... 675 »

moins :

1° La pulpe, calculée ici à raison de 24 pour 100 du poids de la betterave pour le motif énoncé plus haut,

soit 10.000 kil. à 12 fr........... 129.60

2° La mélasse qui n'est plus calculée qu'à raison de 32 pour 100 des 1.000 kil. de betteraves, et qui donne comme résultat 1.440 kil. à 9 fr................. 129,60 } 259.20

Reste pour frais de fabrication........ 415,80, ci 415,80

3° Un supplément de frais pour l'eau ajoutée à la râpe à l'effet de ramener la densité des jus à 5 degrés pour pouvoir extraire de la betterave le jus qu'elle contient et qu'elle cède d'autant plus difficilement qu'elle est plus riche. Or, pour cette eau devant subir l'évaporation et tout le travail de la fabrication, il est nécessaire d'ajouter un supplément de frais, évalué à 120 »

Total des frais de culture et de fabrication.......... 1.575,80

La betterave à 6 degrés donne un rendement industriel de 7 kil. 60 de sucre pour 100 kilog. de betteraves.

La récolte de 45.000 kilog. à 6 degrés donnera donc
comme résultat, après fabrication, 3.420 kilog. de
sucre, lesquels ont coûté 1.575,80, soit par 100 kilog.
de sucre.. 46, 07
se décomposant comme suit :

  Frais de culture................................ 30, 40
  Frais de fabrication............................. 15, 67

Alcool. — Frais de fabrication : 45.000 kilog. à raison de 6 fr. 30 par 1.000 kilog......................... 283, 50
dont 10.800 kilog. pulpe à 12, à déduire, soit.......... 129, 60

      Reste...................... 153, 90
A quoi il faut ajouter les frais de culture.............. 1.040 »
Les frais de culture et de fabrication s'élèvent ensemble à.. 1.193, 90
Le rendement industriel de la betterave à 6 degrés
étant de 6,65, le produit total des 45.000 kilog sera de
29 hectolitres 92 litres, ayant coûté 1.193 fr. 90 ; soit
par hectolitre d'alcool à 90° degrés non logé........... 39, 89
se décomposant ainsi :

  Frais de culture................................ 34, 76
  Frais de fabrication............................. 5, 13

Résumons maintenant dans un même tableau, afin de mieux les
comparer, les diverses données et les résultats de ce triple
examen :

	90.000 kil.	60.000 kil.	45.000 kil.
Poids de la récolte par hectare.......	à 4 degrés	à 5 degrés	à 6 degrés
Densité des betteraves............			
FABRICATION DU SUCRE			
Rendements industriels en sucre........	3096 kil.	3336 kil.	3420 kil.
Coût de la culture à l'hectare	1557 fr.	1230 fr.	1040 fr.
id. par 100 kil. sucre	50 28	36 87	30 40
Coût de la fabrication à l'hectare..........	810 »	552 60	435 80
id. par 100 kil. sucre	26 17	16 56	15 67
Coût de la culture et de la fabrication réunies, à l'hectare	2367 »	1782 60	1575 80
id. id. par 100 kil.....................	76 45	53 43	46 07
Prix de revient de 1000 kil. betterave	17 30	20 50	23 10
FABRICATION DE L'ALCOOL			
Rendement industriel en alcool à 90........	33 h. 30 lit	29 h. 70 lit	29 h. 92 lit
Coût de la culture à l'hectare.............	1557 fr.	1230 fr.	1040 fr.
id. par hectolitre...........	46 75	41 41	34 76
Coût de la fabrication à l'hectare	351 »	219 60	153 90
id. par hectolitre	10 54	7 27	5 13
Coût de l'ensemble des frais de culture et de fabrication à l'hectare	1908 »	1449 60	1193 90
Coût de l'ensemble des frais de culture et de fabrication par hectolitre non logé	57 29	48 78	89 89

Il résulte du tableau ci-dessus, qu'une récolte de 90.000 kilog. de betteraves à 4 degrés, rend 320 *kilog. de sucre environ de moins qu'une récolte de 45.000 kilog. à 6 degrés* :

. Que le sac de sucre de 100 kilog. revient, dans la première hypothèse, à 76 fr. 45, tandis que, dans la seconde, il ne coûte plus à produire que fr. 46,05 ; différence, 30 fr. 40 au sac de sucre, et cependant la betterave, dans le premier cas, n'est comptée qu'à 17 fr. 30. son prix de revient, tandis que, dans le second cas, ce même prix de revient s'élève à 23 fr. 10.

La fabrication de l'alcool présente les mêmes sujets d'observations, puisqu'avec des betteraves de 90.000 kilog. à l'hectare, à 4 degrés de densité et au prix de revient de 17 fr. 30, l'alcool produit revient à 57 fr. 29 l'hectolitre, tandis qu'avec des betteraves de 45.000 kilog. à l'hectare, à 6 degrés et au prix de revient de 23 fr. 10, l'alcool ne revient plus qu'à 39 fr. 89 l'hectolitre, soit 17 fr. 40 en moins.

La différence entre la betterave à 60.000 kilog. à l'hectare, et à 5 degrés, est naturellement bien moins sensible. On peut encore cependant signaler pour le sucre un écart de 7 fr. 36 par 100 kilog., et, pour l'alcool, une différence en moins de 8 fr. 89 par hectolitre.

Si nous appliquons seulement à la production du sucre, la perte qui résulte pour la France entière, de l'erreur économique qui préside aux transactions de la betterave, nous trouverons que, en calculant seulement l'écart du prix de revient du sucre produit avec de la betterave à 5°, au lieu de l'être avec de la betterave à 6°, cette perte se chiffre par un total de plus de 24.000.000 fr.

Si l'on devait calculer sur la betterave à 4°, cette perte s'élèverait à 80.000.000 fr.

Que serait-ce, Messieurs, si nous ajoutions à ces chiffres, la perte résultant de la fabrication de l'alcool ?

Quant à moi, je n'estime pas à moins de 40 à 50 millions, le préjudice annuel résultant pour la culture et les industries betteravières, du mode commercial vicieux qui est la principale cause de la dégénérescence de la betterave.

C'est donc à relever la qualité, que doivent tendre les efforts de tous ceux qui s'intéressent à l'agriculture de notre pays, et cela non seulement dans l'intérêt de la sucrerie, mais aussi de la distillerie. Car c'est une erreur assez répandue, et qu'il importe de dissiper, que la fabrication de l'alcool n'aurait pas à cet égard le même intérêt que la fabrication du sucre.

L'honorable M. Bernard, dans une brochure très remarquable qu'il publiait, il y a quelques années, sur les conditions de l'industrie sucrière en Allemagne, invitait les planteurs à faire deux sortes de betteraves : l'une très riche, la plus riche possible pour la sucrerie, qu'il engageait en même temps à la rétribuer très-largement, en abordant même les prix de 30 fr. les 1.000 kilog, ; l'autre, de qualité moyenne ordinaire, pour la distillation. Je crois avoir démontré qu'il y avait là une erreur d'appréciation, et qu'il faut aux deux industries betteravières pour prospérer, de la bonne, de l'excellente betterave, et j'ajouterai, comme M. Bernard, que pour l'obtenir, ils ne doivent pas reculer devant une majoration de prix juste et nécessaire. Juste, car c'est le salut et la prospérité ; nécessaire, car la betterave riche coûtera toujours plus cher à produire que la betterave pauvre ou de qualité inférieure.

C'est une vérité qui ressort du tableau comparatif que je viens de vous présenter, mais qui n'avait point besoin de cette démonstration ; car il est évident que les excédants de récoltes, obtenus à l'aide des suppléments d'engrais, n'ont plus à supporter les frais généraux invariables qui restent les mêmes pour une grande récolte comme pour une petite. Or, ces excédants de récoltes excessives ne pourront jamais offrir ces hautes densités et cette pureté des jus indispensables pour les fabrications prospères.

Donc, Messieurs les fabricants, exigez des cultivateurs qu'ils vous fournissent de la betterave riche, la plus riche possible…. Mais aussi payez leur la plus-value que méritera cette marchandise. La loi de l'échange est une loi inflexible : *Do ut des.* Il faut donner pour recevoir, et vous n'aurez jamais la qualité de la betterave d'une façon certaine, assurée, constante, que si vous la payez à son taux rémunérateur.

Mais vous aussi, Messieurs les cultivateurs, vous ne la recevrez pas d'une façon certaine et constante si, constamment, et quels que soient les avantages momentanés que puisse vous offrir la concurrence, vous ne mettez pas tous vos soins à produire toujours et invariablement une marchandise d'une qualité supérieure.

Ne dites point que vous ne pouvez pas obtenir dans vos contrées ces hautes qualités de la betterave. Des expériences faites par plusieurs de vos collègues, par notre vice-président, M. Hellin, par M. Lepercq, à Quesnoy, et d'autres encore, prouvent que l'on peut, avec une bonne graine et de bons procédés de culture, arriver à une densité de 6 degrés.

Vous êtes bien arrivés, par la sélection des porte-graines, à la production de grands poids. Il faut simplement changer votre fusil d'épaule et, au lieu du poids, viser surtout la qualité saccharine. Quand vous serez une fois bien pénétrés de cette idée et de cette résolution, je ne doute pas du succès ; la question sera vite résolue.

Est-ce que la nécessité ne vous fait pas elle-même une loi d'agir ainsi ? L'invasion des pétroles américains n'a-t-elle point annihilé en grande partie vos plantations de colza ? Les autres importations étrangères nuisent également à beaucoup de vos récoltes. C'est dans la betterave , mais seulement dans la bonne betterave, que se trouve la meilleure ressource de la culture. Ne la laissez pas échapper et unissez-vous tous, fabricants et cultivateurs, pour conserver à notre pays, pour y développer encore l'un des éléments les plus féconds de sa prospérité.

Pour cela, que faut-il faire ?... Revenir aux résolutions du Congrès de 1876, à l'achat des betteraves à la densité.

Votre Commission ne pense pas qu'il y ait actuellement d'autre moyen d'arriver à un résultat certain et durable.

La Sous-Commission, chargée d'établir approximativement les prix de revient de la culture de la betterave dans les divers Cantons de Lille, venait de terminer son travail, quand est arrivée au Comice la lettre qui lui a été adressée par la Société des Agriculteurs du Nord, lettre qui appelait son attention et demandait son avis sur trois manières d'opérer les marchés de betteraves :

1° *La vente à la densité* (c'est le mode que nous conseillons d'adopter) ;

2° *Le forfait, comprenant pour le cultivateur, l'obligation de ne semer que la graine du fabricant, et, pour le fabricant, l'obligation de prendre la betterave telle quelle, au prix déterminé, pourvu que le cultivateur se soit abstenu de toutes pratiques que l'expérience a signalées comme contraires à la richesse saccharine.*

Ce mode est celui qui fut pratiqué dans le commencement de la fabrication du sucre en France, et il s'est conservé dans un certain nombre de fabriques ; mais il ne réalise pas , dans la mesure désirable, le progrès que l'on doit viser et atteindre, qui est d'intéresser le cultivateur lui-même au perfectionnement des qualités saccharines de la betterave.

Il n'est pas non plus exempt de difficultés graves et nombreuses. Dans les deux camps se sont manifestées des méfiances et des accusations. Des cultivateurs, dit-on, auraient mélangé, dans une mesure plus ou moins grande, la semence des fabricants avec une autre donnant une betterave semblable en apparence, et l'on citait des cas où l'on avait vu répandre, sur des récoltes en pleine végétation, des sels ammoniacaux à des heures que le soleil n'éclaire jamais. D'autre part, on citait que, dans certains endroits, des compromis de dix ans avaient été passés avec cette obligation de la graine fournie par le fabricant ; mais on ajoutait que l'espèce fournie primitivement au fermier, et qui donnait des récoltes assez satisfaisantes en poids, avait fait place, plus tard, à une espèce beaucoup plus riche en sucre, mais dont le rendement en poids était tout à fait insuffisant. Des procès même seraient pendants devant la justice, ayant pour cause ce litige.

Mieux vaudrait cependant voir la culture et l'industrie s'entendre sur cette base que de les voir continuer les errements actuels ; mais il serait alors nécessaire, indispensable, pour obtenir un résultat sérieux et durable, que la sucrerie et la distillerie tinssent un compte vraiment rémunérateur à la culture de la plus-value de la betterave, résultant de l'emploi de leurs graines ; sans quoi, cette dernière, découragée par des résultats trop peu satisfaisants et aidée par la concurrence même des fabricants de sucre, retournerait bien vite à ses anciens modes de transactions et de cultures.

La Société des Agriculteurs appelle ensuite l'attention sur les contrats ne contenant que *la seule détermination du prix pour une betterave loyale et marchande.*

Après l'examen que nous venons de faire des influences de la qualité des betteraves sur les produits à en retirer, peut-on admettre que des transactions de ce genre puissent avoir une base aussi vague et aussi peu précise ?... Nous ne le pensons pas. De pareils contrats ne peuvent plus exister, et il faut absolument les condamner et les bannir, en laissant à ceux qui voudraient ainsi s'engager, la responsabilité et les conséquences d'engagements qui deviendront en tout temps l'occasion et la matière de procédures inextricables.

Comment d'ailleurs définir la betterave loyale et marchande ?

Quand une marchandise cesse-t-elle d'être loyale ? C'est quand elle a été mélangée, falsifiée, sophistiquée par la volonté du vendeur. Tel serait le cas où un cultivateur aurait substitué à la graine d'une betterave à sucre celle d'une betterave uniquement propre à la nourriture du bétail. Mais si un cultivateur a fait un compromis avec un fabricant auquel, depuis plusieurs années, il livre ses récoltes, s'il continue à les ensemencer et à les cultiver d'une façon invariable, si les circonstances climatériques seules ont changé et altéré, en les diminuant, les qualités saccharines de la betterave récoltée, comment pourrait-on jamais prétendre avec raison que cette marchandise a cessé d'être loyale ?

Mais elle peut être restée *loyale* et n'être plus *marchande*. A quels caractères reconnaît-on qu'une marchandise n'est plus marchande ? C'est un des points les plus délicats et les plus difficiles qui se présentent devant les tribunaux, et quand ceux-ci se trouvent en présence de pareils litiges, et que, pour s'éclairer, ils nomment des experts, ils font entrer dans les éléments de l'expertise le *prix de la vente* et le *cours du jour* au moment de la conclusion du marché. La qualité loyale et marchande d'une betterave vendue 18 fr. ne saurait être établie sur le même pied que celle d'une betterave achetée le même jour, et dans la même contrée, 20 ou 22 fr. Comment établir des bases pour opérer ce classement ?

On dit aussi qu'une marchandise cesse d'être marchande quand elle est impropre à remplir l'objectif des deux parties contractantes au moment du marché. Qui pourra établir d'une façon certaine, indiscutable, le point précis où une betterave ne pourra plus être propre à la fabrication du sucre, où elle deviendra impropre même à la production de l'alcool ? Et, si l'acheteur est en même temps fabricant de sucre et distillateur, à quel emploi présumera-t-on que la betterave achetée doive s'appliquer ? car il est évident qu'une betterave peut encore servir à la distillerie alors qu'elle doit être tout-à-fait abandonnée par la sucrerie.

Ne pourrait-on pas prétendre aussi que, dans un marché de ce genre, les chances doivent être égales des deux côtés ? que le soleil et la pluie ne sont à la disposition de personne ? que si le cultivateur doit subir les conséquences d'une température sèche et chaude, qui vient évaporer l'eau contenue dans la betterave au détriment du poids brut et au profit du fabricant, ce dernier doit également subir les conséquences moins favorables des saisons froides et pluvieuses ?

Ces difficultés, déjà si grandes, de la fixation d'une qualité loyale et marchande pour la betterave, ne se compliquent-elles pas encore des perfectionnements plus ou moins grands apportés aux procédés et aux appareils de fabrication, de la qualité moyenne des récoltes annuelles et de bien d'autres conditions qu'il n'est guère possible d'énumérer ni même de prévoir ?

Personne n'a jamais songé et ne songera jamais à rechercher la définition du sucre loyal et marchand, de l'alcool loyal et marchand, sans désignation de type et de degré ; et cependant, les conséquences d'un manque de précision dans les marchés de ce genre, seraient peut-être moins différentielles pour le raffineur et le négociant de trois-six que pour les fabricants de sucre et d'alcool, puisque nous avons vu que les variations dans les prix de revient vont presque du simple au double.

Donc, nous ne saurions trop prémunir les cultivateurs contre des marchés basés sur une simple détermination du prix pour une betterave loyale et marchande.

Difficultés pratiques de la vente à la densité. — La vente à la densité est-elle suffisamment pratique ?

Telle est la question que vous vous êtes posée dès le commencement de l'étude que vous avez faite de cette question.

Toute innovation emporte avec elle des difficultés et des obstacles. Mais les plus grands obstacles, les plus grandes difficultés, proviennent surtout de cette force d'inertie qui rive les hommes aux usages, si mauvais qu'ils soient. Non seulement l'habitude, mais des combinaisons diverses, se liant aux vices mêmes de ces usages, multiplient leurs points d'attache et rendent leur extirpation lente et laborieuse.

C'est le cas pour le commerce de betteraves.

Les cultivateurs, avec beaucoup de soin et d'intelligence, ont produit par sélection, une espèce de betterave bien pivotante, à petit collet, de très bel aspect et à grand poids. Il leur en coûte peut-être de renoncer à ce résultat pour chercher une solution tout à fait contraire.

Et quant aux fabricants, habitués à n'aborder pour la betterave que des prix de 18 à 20 fr. en moyenne, ils s'épouvantent à la pensée de les payer 24 fr., 25 fr. et plus, et peut-être se demandent-ils s'il ne serait pas possible d'obtenir, sans changement de prix, cette surélévation de la qualité de la betterave que tout le monde désire.

Ce sont là les obstacles moraux qui se dressent devant le système de la vente des betteraves à la densité.

Pour les combattre, disons aux cultivateurs que le succès qu'ils ont obtenu par une sélection intelligente des porte-graines, lorsqu'ils ont voulu faire de lourdes récoltes, est le gage de celui qui les attend quand, abordant une réforme nécessaire, ils s'ingénieront à produire des racines riches en sucre.

Disons, d'autre part, aux fabricants, nos prix de revient en main, qu'il est impossible à la culture de fournir au même prix de la betterave riche ou de la betterave pauvre, parce que la première a dû être très sensiblement plus cher que la seconde et qu'elle a ensuite une valeur beaucoup plus élevée.

Disons à tous les deux que, s'ils ne s'entendent pas enfin, les uns pour produire, les autres pour payer la qualité, c'est la ruine pour tous.

Pour lors, que deviennent les difficultés pratiques ? Si grandes qu'elles soient, il faut les surmonter.

Quelles sont ces difficultés ?

Supposons l'application aussi complète que possible du système, c'est-à-dire la prise d'échantillon à chaque voiture, leur râpage et le pesage de leur densité.

Quant à la besogne matérielle, c'est une simple question d'installation et de personnel : une petite râpe, un petit appareil à presser le jus, quelques densimètres et thermomètres, voilà pour l'installation ; un employé intelligent, quelques aides, voilà pour le personnel.

La réception des betteraves ne dure que deux mois. Comme dépense aussi bien que comme exécution, il n'y a rien là de bien difficile, de bien onéreux, rien en tous cas, d'insurmontable.

Le fabricant peut donc facilement recevoir ses betteraves, toutes ses betteraves, en constatant leur densité. Ce n'est pour lui qu'une question de dépense peu importante en regard du but à atteindre.

Du côté des cultivateurs, la chose est plus compliquée. Ils ne peuvent suivre chacune de leurs voitures, ni assister à chaque épreuve ; de plus, ils sont peu familiarisés avec les expériences densimétriques, et on se défie toujours de ce qu'on ne connaît pas bien.

Voilà la plus grave difficulté. Est-il impossible de l'aplanir ? Je ne le pense point. On propose pour cela diffférents moyens.

L'un d'eux est de vendre les récoltes de betteraves comme on vend les récoltes de lins qui s'achètent, comme chacun sait, sur terre et quelquefois quelques semaines avant la cueillette. A une époque déterminée dans les compromis, on passerait dans les champs de betteraves, on prélèverait des échantillons moyens dont on prendrait la densité qui serait celle applicable à la récolte toute entière. Le fabricant et le cultivateur courraient ensuite, comme cela a lieu pour le lin, les chances favorables ou défavorables de l'augmentation ou de la diminution de la densité.

Un autre moyen serait que les cultivateurs d'un même village ou d'un même groupe, s'entendissent pour désigner et rémunérer l'un d'entre eux, à l'effet de surveiller la réception des betteraves.

Nous n'avons pas à nous prononcer ici sur la valeur de ces divers moyens, que nous ne mentionnons que pour mémoire.

Mais ce qui faciliterait pour tous l'adoption du système, ce serait de voir les cultivateurs s'armer du densimètre, faire eux-mêmes chez eux des expériences densimétriques. Ils pourraient ainsi, sans se déranger, contrôler les bulletins de réception des fabricants, et ceux-ci, avertis du contrôle, mettraient un soin scrupuleux à ne donner que des indications exactes.

La chose est-elle donc si difficile ? Dans les villes de Roubaix, de Tourcoing, et de Lille, bon nombre de débitants de boissons tiennent à être munis d'un alcoomètre et d'un thermomètre, afin de vérifier par eux-mêmes si les genièvres et eaux-de vie qui leur sont fournis, ont bien leur degré voulu.

Est-ce que, dans le Nord, les cultivateurs seront moins adroits et moins avisés que les cabaretiers ? Non ; l'usage du densimètre est des plus simples, il est à la portée de tout le monde. Il n'y a qu'à vouloir, et dès lors la défiance des cultivateurs, qui est à mon sens le plus grand obstacle, disparaîtrait rapidement.

On verrait aussi les plus intelligents et les plus progressifs, raisonner leurs graines, leurs méthodes d'engraissement et de culture au point de vue de la richesse saccharine, et réaliser ainsi des progrès inattendus.

En résumé, il y a des difficutés pratiques ; elles peuvent être aplanies de différentes manières, mais chacun doit s'appliquer à les surmonter.

Le conditionnement des laines oblige les commerçants à des complications plus onéreuses que les pesées densimétriques des betteraves. Toutes les marchandises, objets de transactions, doivent être transportées et déchargées dans les bureaux de conditionnement. Là, on prélève les échantillons et on les soumet aux appareils de dessication. Il faut recharger ensuite la marchandise et la transporter à son lieu de destination. Voilà à quélles séries d'opérations se soumet le commerce des laines pour constater, quoi ? une simple différence dans l'humidité de la laine, qui peut en faire varier la valeur de quelques unités pour cent à peine.

Dans la betterave, la valeur varie, suivant les qualités, de 50 et 60 pour cent, et l'on ne conditionne pas la betterave !

Valeur de la pulpe de betteraves suivant son degré d'humidité. — Cette anomalie de ne pas tenir compte de la qualité de la betterave s'applique aussi à la pulpe, et l'un des membres de votre Commission. M. Peucelle, a appelé son attention sur les différences très notables qu'il avait constatées entre certaines pulpes provenant cependant d'établissements où les procédés d'extraction des jus de betteraves étaient les mêmes.

M. Peucelle fait observer avec raison, que la quantité d'eau extra-anormale contenue dans une pulpe en diminue la valeur de deux manières : 1° parce que l'eau est une matière inerte ; 2° parce qu'elle occasionne une dépense de transport inutile.

Afin de mieux faire ressortir l'importance de la question, il a fait passer sous les yeux de la Commission un tableau où il a mis en regard de la quantité d'eau contenue dans 100 kilog. de pulpe :

1° Le rendement en pulpe correspondant à 100 kilog. de betteraves ;

2° La valeur relative de chaque qualité d'après la teneur en eau ;

3° La valeur de ces différentes qualités, avec la correction résultant des frais supplémentaires de transport.

Nous pensons que le Comice fera bien d'étudier à fond la question soulevée par notre honorable collègue, question qui intéresse trop vivement la culture et l'industrie, pour qu'elle puisse être résolue incidemment.

Conclusion. — Comme vous avez pu le voir, Messieurs, ce rapport est basé presque uniquement sur une étude comparative des prix de revient de la betterave et de ses produits.

Je sais par expérience, que c'est une chose très délicate aux yeux de beaucoup de personnes, que de mettre devant les yeux du public les prix de revient, et peut être verrons-nous quèlques craintes et quelques susceptibilités surgir à ce sujet. Ce serait à tort, car ces craintes, ces susceptibilités n'ont aucune raison d'être.

Si parfois, avant de conclure un marché, il est question entre les traitants du prix de revient, ce n'est là que du débat, de la plaidoirie. La loi, la seule qui s'impose aux parties contractantes, c'est la loi de l'offre et de la demande. Jamais la connaissance d'un prix de revient n'empêchera un acheteur de payer une marchandise très cher, voire même un prix exagéré, si cette marchandise est rare et très demandée; pas plus qu'elle ne sauvegardera un vendeur d'une perte, même excessive, quand, au contraire, cette même marchandise sera avilie par des offres trop abondantes.

Aussi, Messieurs, loin de nous accuser d'avoir, dans la mesure de nos renseignements et avec une portée beaucoup plus relative qu'absolue, cherché à vous éclairer sur les prix de revient, n'hésitez pas à maintenir constamment la question sur ce terrain. C'est le terrain de la lumière et du salut ; car ce n'est qu'ainsi que vous pourrez vous rendre compte des pertes subies par tous en raison du mode commercial mauvais qu'il s'agit de réformer.

Nous concluons donc, Messieurs, en émettant l'avis que le mode d'achat des betteraves à la densité, tel que l'avait décidé le Congrès de 1876 et avec l'échelle de prix indiqué par lui, est le mode le plus apte à faire entrer d'une façon certaine et durable la culture et les industries betteravières dans la voie qui supprime les difficultés actuelles et qui leur permette de prospérer.

Mais, quel que soit le mode adopté et quoi qu'il arrive, nous estimons qu'il y va de l'intérêt de tous, cultivateurs et fabricants, de relever la qualité de la betterave ; que les premiers doivent s'efforcer de porter la densité moyenne de leurs récoltes entre 5,5 et 6 degrés, et que les seconds doivent aborder résolument pour des betteraves de cette qualité les prix de 22 à 26 francs.

C'est, à nos yeux, l'unique moyen pour tous les intéressés de soutenir la concurrence étrangère qui menace de nous écraser et de conserver à notre agriculture l'un des éléments les plus féconds de son activité et sa plus précieuse ressource.

Echelle des valeurs des différents degrés de densité de betteraves d'après les propositions de la Commission du Congrès sucrier de Lille, de 1876, adoptée par ce dernier.

PRIX DES 1.000 KILOGRAMMES DE BETTERAVES.

Densité.	à 16 fr. les 5 degrés	à 17 fr. les 5 degrés	à 18 fr. les 5 degrés	à 19 fr. les 5 degrés	à 20 fr. les 5 degrés	à 21 fr. les 5 degrés	à 22 fr. les 5 degrés
4.5	13.28	14.11	14.94	15.77	16.60	17.43	18.26
4.6	13.92	14.79	15.66	16.53	17.40	18.27	19.14
4.7	14.56	15.47	16.38	17.29	18.20	19.11	20.02
4.8	15.04	15.98	16.92	17.86	18.80	19.74	20.68
4.9	15.52	16.49	17.46	18.43	19.40	20.37	21.34
5.»	16. »	17. »	18. »	19. »	20. »	21. »	22. »
5.1	16.32	17.34	18.36	19.38	20.40	21.42	22.44
5.2	16.64	17.68	18.72	19.76	20.80	21.84	22.88
5.3	16.96	18.02	19.08	20.14	21.20	22.26	23.32
5.4	17.28	18.36	19.44	20.52	21.60	22.68	23.76
5.5	17.60	18.70	19.80	20.90	22. »	23.10	24.20
5.6	18.08	19.21	20.34	21.47	22.60	23.73	34.86
5.7	18.56	19.72	20.88	22.04	23.20	24.36	25.52
5.8	19.04	20.23	21.42	22.61	23.80	24.99	26.18
5.9	19.52	20.74	21.96	23.18	24.40	25.62	26.84
6.»	20.00	21.25	22.50	23.75	25. »	26.25	27.50
6.1	20.64	21.93	23.22	24.51	25.80	27.09	28.38
6.2	21.28	22.61	23.94	25.27	26.60	27.93	29.26
6.3	21.92	23.29	24.66	26.03	27.40	28.77	30.14
6.4	22.56	23.97	25.42	26.79	28.20	29.61	31.02
6.5	23.20	24.65	26.14	27.55	29. »	30.45	31.90

Rapport de la Commission chargée de rechercher les moyens d'entente entre les cultivateurs et les fabricants de sucre, par M. TELLIEZ, Président honoraire de la Société des Agriculteurs du Nord.

La Commission que vous avez instituée pour rechercher les moyens les plus propres à concilier les intérêts du cultivateur et du fabricant de sucre, a consacré plusieurs séances à l'accomplissement de sa mission.

Vous avez voulu que cette Commission fût composée moitié d'agriculteurs, moitié de fabricants de sucre, avec l'adjonction d'un chimiste, dont la science, mise au service des intérêts agricoles, a une notoriété qui ne s'arrête pas aux limites de notre département. Des commissaires que vous avez choisis, tous ou presque tous, sont depuis vingt à trente ans aux prises avec les difficultés à résoudre (1). Votre Président et vos Vice-Présidents ont assisté à toutes les discussions, y apportant le concours de leurs lumières. Vous avez, enfin, par une circulaire, fait appel à toutes les Sociétés d'Agriculture de la région, en précisant les questions à résoudre. Jamais consultation n'aura offert plus de garanties de compétence et d'impartialité.

Lorsqu'un mal s'est déclaré, à défaut de science en l'art de guérir, le bon sens suffirait à indiquer qu'il faut rechercher les causes des désordres produits, et en déterminer la nature et la gravité, pour discerner le remède qui leur convient et mesurer l'énergie du traitement à l'intensité du mal. Votre Commission s'est conformée à ce précepte.

Dans sa première séance, cherchant les causes et la nature des désaccords survenus entre le cultivateur qui crée la betterave et le fabricant de sucre qui la met en œuvre, elle a cru reconnaître que la mésentente tenait principalement aux modes de transaction

---

(1) La commission se composait de M. Corenwinder, président ; de MM. Pottié, Tribout, Davaine et Telliez, agriculteurs ; Hallette, Trannin, Brabant et Dervaux, fabricants de sucre.

le plus généralement en usage et elle a ouvert l'enquête sur chacun de ces modes.

1ᵉʳ *Mode*. — Le premier, le plus ancien, qui reste encore le plus généralement répandu, se résume ainsi :

Le cultivateur s'est engagé à fournir au fabricant de sucre la récolte à provenir de la partie de son exploitation qu'il consacre à la culture de la betterave, et le fabricant, en retour a pris l'engagement de la prendre à un prix déterminé. Le contrat porte que la betterave sera de bonne ou de mauvaise qualité.

Ce mode d'opérer, disons-le de suite, est celui qui donne lieu au plus grand nombre de difficultés survenues. Après, en effet, que le traité a déterminé la quantité approximative et la qualité de la betterave à fournir, la convention s'émaille d'une foule de clauses au milieu desquelles chacun des intéressés aura peine à se reconnaître si, d'un côté ou de l'autre, on en exige l'application complète et rigoureuse.

Lorsque les conditions climatériques auront été favorables, si la betterave est riche et si le prix du sucre est élevé, on laissera sommeiller ces clauses et les difficultés seront rares. Mais si la betterave est pauvre et si le prix du sucre est abaissé, naîtront alors toutes sortes de désaccords. Son traité à la main, le fabricant de sucre prétendra que les prescriptions qu'il renferme n'ont pas été observées. De là, des procès, des expertises. Le cultivateur aura beau dire : « Mais j'ai fait comme les années dernières au cours desquelles ma betterave a été acceptée sans difficulté. »

Comment les experts pourront-ils le constater ?

Et, pendant ce temps, la betterave *reste sur le sol*, perdant encore de sa valeur, et les semailles, qui doivent suivre de si près son enlèvement sont empêchées. Que de sources d'amertumes et d'irritations !

Ce contrat, nous n'hésitons pas à le dire, a fait son temps, e , vouloir le perpétuer, c'est condamner la fabrication du sucre en France et, par cela même, la culture de la betterave à une ruine et à une disparition certaines, imminentes.

Pour se convaincre des dangers qu'il présente, il suffit d'examiner quels sont, d'une part, les intérêts du cultivateur et du fabricant de sucre, vus d'ensemble et dans leur collectivité ; quels sont d'autre part, ces mêmes intérêts dans les rapports respectifs de chacune des deux parties?

Le cultivateur et le fabricant de sucre ne peuvent se passer l'un de l'autre, cela est évident. Envisagés de haut, par conséquent, et d'ensemble, leurs intérêts sont solidaires, et il va de soi que, si l'un des deux souffre ou périt, l'autre souffrira ou périra. L'un produit la matière première, l'autre la met en œuvre ; tout cela nécessairement sur place et dans un temps restreint. On s'étonne vraiment que, dans un rouage si simple, l'accord soit si rare. C'est bien là que se montre dans toute son évidence, l'harmonie des intérêts dont parle Bastiat. Mais, hélas ! plus près que cette harmonie que l'on ne voit pas, se place l'intérêt privé, que l'on voit trop et, par une pente irrésistible, chacun des deux agents de la production commune se préoccupe de rechercher la plus forte part dans le bénéfice qu'elle peut donner.

Aux origines de l'œuvre commune, cette préoccupation était moindre et on n'y regardait point de si près. L'industriel, alors, n'avait pas à compter, comme aujourd'hui, avec ses concurrents de l'Autriche et de la Prusse qui tendent à le supplanter, non-seulement sur le marché anglais, mais même sur notre propre marché. Le cultivateur, de son côté, était moins sollicité à rechercher dans le maximum possible de sa récolte en betteraves une compensation aux mécomptes qu'il éprouve dans le reste de sa culture, et on comprend, qu'en un tel état de choses, on se soit contenté d'un mode de fonctionnement qui, s'il n'était point parfait, était pourtant supportable.

Sous l'influence de ces causes, il est forcément arrivé que le cultivateur a plus cherché le poids que la qualité, quand le fabricant devait forcément, aussi, demander à la betterave, plus de richesse pour qu'il puisse lutter avec ses concurrents étrangers.

De là, ces tiraillements, cette crise, avec lesquels nous sommes aux prises et dont il faut maintenant mesurer la gravité.

A cet égard, permettez-moi de vous citer deux passages de données qui nous ont été fournies par nos collègues MM. Georges, d'Hargival, et Ménard, de Solesmes.

M. Georges. « Si nous restons dans la voie déplorable où nous « pataugeons depuis si longtemps, et qui nous conduit à ne plus « retirer que 5 % de sucre de la betterave, pendant que *nos* « *concurrents d'Allemagne et d'Autriche en retireront à peu* « *près dix*, il est évident que la sucrerie française est perdue, et « on peut prévoir quel sera, à la suite, le sort de l'agriculture. »

M. Ménard. Dans un tableau de la densité moyenne des betteraves fournies à sa fabrique il montre que cette densité a été :

> De 1851 à 1861........................... 5.22
> De 1861 à 1871........................... 5.29
> De 1871 à 1876........................... 4.95
> De 1876 à 1880........................... 4.50

C'est la démonstration du décroissement de richesse saccharine
que nous signalions plus haut, quand, au contraire, les nécessités
de notre industrie appelleraient l'accroissement.

Il dit ailleurs : « Les chiffres sont plus éloquents que les paroles :
Si la fabrication du sucre avait continué sa marche ordinaire et
ascendante depuis 1860, nous produirions aujourd'hui 600.000
« tonnes de sucre ; tandis que de 462.000 tonnes produites en 1873,
« nous sommes tombés à 300.000 tonnes en 1879 et 1880.

» Alors cependant, que la consommation générale augmentait
« chaque année, nous produisions 162.000 tonnes en moins, mais
» l'Allemagne produisait 150.000 en plus, et l'Autriche 175.000.

» La France, en même temps, n'exportait en Angleterre, son
« principal marché, que 20.000 tonnes, tandis que la Belgique
« elle même en exportait davantage et l'Autriche et l'Allemagne
« *dix fois autant*.

Plus que toutes les phrases, ces chiffres ont leur triste élo-
quence.

Nous n'hésitons pas, enfin, à citer un extrait d'une lettre de
M, Vion de Lœuilly (Somme), toujours si précis et si saisissant :

« Pendant longtemps on a acheté la betterave telle quelle à un
« prix convenu pour 1.000 kilogr. Il y avait alors de bonnes et de
« mauvaises betteraves qui formaient une moyenne passable dont
« le fabricant pouvait se contenter, grâce aux prix qu'avaient alors
« les sucres.

» S'il perdait sur celles qui étaient au-dessous de cette moyenne,
« il gagnait sur celles qui la dépassaient, et le cultivateur avait la
« situation inverse. Mais on apprend plus aisément à gagner qu'à
« perdre, et le producteur de la betterave s'est bien vite aperçu
« qu'il avait plus de *profit à faire du poids* que de la qualité. En
« ce genre on est tombé si bas, que descendre encore serait la
« ruine complète de la fabrication et, par suite, la disparition,
« dans notre région, de la culture de la betterave. »

N'avions-nous pas raison de dire qu'un mode de transaction qui produit de tels résultats et amène le désaccord, l'antagonisme, là où l'harmonie s'impose comme première condition du succès, est condamnable ; que s'il a eu sa raison d'être, il a maintenant toutes sortes de raisons de ne plus être, et qu'il faut, de *toute nécessité*, le remplacer par un autre plus en harmonie avec les intérêts à servir.

Si pourtant, il s'est maintenu malgré ses inconvénients, à qui en imputer la faute ? Aux uns et aux autres. Toutes récriminations à cet égard, seraient inutiles. Le tort, d'ailleurs, est plus aux choses qu'aux personnes ; il est né d'un mode d'opérer qui, déjà défectueux à son origine, est devenu désastreux ; que, sans hésitation par conséquent, votre Commission n'hésite pas à rejeter.

Avant d'en finir avec lui, pourtant, disons un mot d'un point délicat qui se réfère aux difficultés survenues.

Pour donner une base aux solutions à intervenir sur ces difficultés, on nous a demandé de proposer à votre approbation la fixation d'un chiffre de densité au-dessous duquel la betterave destinée à la fabrication du sucre devait être considérée comme inacceptable.

Votre Commission n'a point pensé qu'elle doive, ni même puisse se prononcer en ce point. Si le chiffre maximum de la densité voulue a été spécifié au contrat, pas de difficulté ; s'il ne l'a pas été, on rentre dans le domaine d'une appréciation devant tenir compte d'abord du contrat lui-même, puis du temps, des lieux, du sol, du climat, des habitudes. Suivant ces données si variables, le chiffre à adopter doit varier lui-même.

On se tromperait, en effet, croyons-nous, si l'on pensait devoir appliquer en pareille matière les règles du droit commercial, prescrivant que la chose vendue sera loyale et marchande, c'est-à-dire qu'elle aura une manière d'être fixe et connue à l'avance.

Il ne s'agit point ici d'une vente commerciale portant sur une marchandise de nature et de qualité déterminées, soit par échantillons, soit par les usages commerciaux. Il s'agit d'une convention de droit civil obligeant chacun des intéressés à faire ce que l'usage et l'équité commandent (art. 1135 du Code civil). Selon nous donc, après satisfaction donnée au contrat lui-même, c'est par application de ce principe que doivent se résoudre les difficultés survenues.

IIe Mode. — Le 2e mode de transaction que nous avons à rencontrer est celui qui se formule ainsi :

Une convention s'est formée aux termes de laquelle, le cultivateur s'engage à ne faire emploi que de la graine de betterave qui aura été fournie ou acceptée par le fabricant de sucre, celui-ci s'engageant, de son côté, à prendre la récolte à en provenir, telle quelle, pourvu que le cultivateur se soit abstenu de toutes pratiques reconnues comme nuisibles à la richesse normale de la betterave.

Un traité de cette sorte, essentiellement de bonne foi, n'est possible qu'entre parties qui se connaissent de longue date et s'accordent une mutuelle confiance qui leur permet de se mettre pour ainsi dire, à la merci l'une de l'autre. Pour que la convention leur donne satisfaction à tous deux, il faudra, que le fabricant de sucre ne fournisse ou ne prescrive qu'une graine donnant à la fois le poids et la qualité voulus pour que chacun des deux intéressés y trouve son profit légitime ; que cette semence soit acclimatée et appropriée aux sols si divers dans lesquels elle devra éclore et se développer. Il faudra également que le cultivateur s'abstienne de mélanges et s'interdise d'adultérer la qualité du produit par un mode de culture ou des engrais nuisibles. Et, si ces conditions n'ont pas été observées, comment le constater ?

Quelques-uns, et des plus honorables, ont tenté cette façon d'opérer et ils ont dû y renoncer. D'autres, l'emploient avec succès on ne peut que les en louer.

Dans tous les genres d'industrie, on voit se traiter des affaires sous les seules garanties de la confiance que s'inspirent mutuellement les contractants, mais cela ne peut se poser comme règle dans n'importe quel ordre de transactions. Ce mode, assurément, n'est point condamnable comme le premier, il fait même l'éloge de ceux qui le pratiquent et témoigne de l'esprit de conciliation qui les anime. Mais, encore une fois, il n'est praticable que dans des circonstances exceptionnelles, soumis à des règles qui ne sont guère susceptibles que d'une contrainte morale ; et aux maux que nous venons de signaler, il faut un remède qui soit plus accessible à tous.

IIIe Mode. — Le 3e procédé, enfin, qu'il nous reste à examiner, se formule en deux mots : Vente à la densité.

La transaction, cette fois, ne consiste plus en des engagements

plus ou moins élastiques, se référant à des règles le plus souvent
peu saisissables. Il s'agit ici, non plus d'une convention qui n'a ni
un nom ni des règles qui lui soient propres, mais d'un contrat le
plus répandu de tous, *la vente*, dont les règles sont universellement connues ou devraient l'être.

Cette vente porte sur un produit (la betterave), que son auteur
aura créé comme il lui aura convenu, et le prix se déterminera
selon l'importance des deux éléments qui donnent de la valeur à
l'objet vendu : Son poids et sa qualité.

Chose bizarre : Il est peu de matières premières où la qualité
ait plus d'importance que celle de la betterave ; selon sa
richesse, celui qui l'achètera pour la convertir en sucre, ou bien
y trouvera profit ou bien se ruinera ; comment comprendre qu'on
veuille continuer à traiter sur le même pied celle qui ruine et qui
donne profit ?

Incontestablement, la qualité de la betterave a, pour déterminer
sa valeur, la même importance que celle du poids, et la fixation de
son prix sur ces deux données est seule juste, équitable, rationnelle.

Ce point établi, il nous reste à examiner si la détermination de
la densité est suffisamment pratique. C'est la question des voies et
moyens. Déjà, les cultivateurs ont à contrôler le pesage de leurs
livraisons, est-il beaucoup plus difficile de contrôler l'opération
qui aura pour objet la densité ? A cet égard, nous ne croyons pouvoir mieux faire que de transcrire ici quelques-unes des données
qui nous ont été fournies :

M. Georges d'Hargival. « La densité me paraît le seul mode
» qui concilie les deux intérêts en présence et qui puisse déter-
» miner une amélioration effective de la betterave. Adopté en prin-
» cipe par le Congrès de Lille en 1876 (1) et par diverses réunions
» de Comices agricoles et de Cercles sucriers, il a rencontré au
» début, dans la pratique, certaines difficultés qui sont aujourd'hui
» résolues.

» Voici les règles le plus généralement suivies pour ce mode

(1) Nous ne saurions trop engager les intéressés à se reporter au procès-verbal de
cette séance où la question se trouve traitée d'une façon tout-à-fait remarquable, au
point de vue scientifique, par notre collègue M. Corenwinder, et aux autres points
de vue, les avantages et l'applicabilité de la densité, par le rapporteur, M. Taffin-
Binauld

» d'achat : On fixe un point de départ pour l'échelle croissante et
» l'échelle décroissante ; ce point de base est ordinairement 5 ;
» à cette base on applique un prix qui s'établit chaque année sui-
» vant les cours et la demande du sucre. Ce prix de base est le
» plus généralement majoré de 0.40 par dixième de degré au-des-
» sus de 5, et réduit de 0.50 (par quelques-uns de 0.60) pour
» chaque dixième de degré de 4°9 à 4°5 inclus. Le plus souvent
» au-dessous de 4°5 la betterave n'est plus considérée comme
» recevable, sinon à des prix particuliers.

« Nous appliquons ici à la sucrerie de Vaudhuille ce mode
» d'achat depuis 5 ans. Je n'ai pas cherché à connaître tous les
» établissements qui l'ont adopté ; cependant je puis citer, dans
» un certain rayon à ma portée, des usines où il est appliqué.
» Ainsi, chez M. le marquis d'Havrincourt, chez M. Carlier, à Har-
» gicourt, M. Vion, à Lœuily, MM. Cosne et Cie, à Hervilly,
» MM. Coquin et Cie, à Cartigny, MM. Saguier et Cie, à St-Denis
» (Péronne), M. Normand, dans diverses usines de la Somme,
» M. Laborde, à Montdidier, M. Lefranc, à Flavy, M. Relancher,
» à St-Leu-d'Esserent (Oise), etc.. etc.

» Les marchés faits d'après cette méthode portent, en général,
» que chaque degré du densimètre doit correspondre à 2 % de
» sucre, mais il est très rare que la richesse offerte, ne coïncide
» pas avec la densité trouvée.

» La densité se constate à la réception à l'usine à chaque tare,
» en opérant sur le 1/3, la 1/2 ou la totalité des betteraves du
» panier de tare. C'est une opération aussi simple que rapide et
» mathématiquement exacte. Les producteurs, qui se sont mon-
» trés au début les plus hostiles à l'emploi du densimètre dont ils
» se faisaient un fantôme, reconnaissent aujourd'hui qu'ils sont à
» l'abri de toutes surprises. Le contrôle, d'ailleurs, est facile.

» L'opinion, assez répandue, qu'on ne peut plus faire de bette-
» rave riche dans le Nord, n'est pas fondée, et la qualité des bette-
» raves de M. Brabant, à Omnaing, suffit à le démontrer. On peut
» en faire de bonnes ou relativement bonnes partout, en employant
» la graine voulue, des engrais et un mode de culture appropriés,
» et je ne vois pas d'autres moyens de pousser la culture dans
» cette voie que d'acheter suivant la qualité, et de ne pas hésiter
» à payer suffisamment les qualités supérieures. J'approuve fort,
» par conséquent, le calcul de ceux qui donnent une prime aux

» racines plus riches en élevant, par exemple, la majoration des
» primes à 0.50 à partir de 5.5 au lieu de 0.40. »

M. Peltier, d'Avion. « La vente à la densité me paraît être de
» beaucoup le mode de transaction le meilleur pour les deux par-
» ties, mais surtout pour le planteur. En effet, les parties, à
» l'époque de la signature des contrats d'achat et de vente, traitent
» selon les conditions et les probabilités commerciales à un prix
» déterminé sur une base de densité, avec majoration ou réfac-
» tion au-dessus ou au-dessous de cette base.

» La vente à la densité est-elle pratique ? Oui, elle l'est suffi-
» samment pour constater avec une certitude presque complète
» la richesse saccharine à partir du degré 5, et ce n'est guère
» qu'en-dessous de cette limite qu'elle peut être faussée par la
» présence d'une plus ou moins grande quantité de sels contraires
» à la cristallisation des sucres.

» On a souvent objecté, et avec quelque raison, que la vente à
» la densité n'offrait pas de garanties au vendeur, parce qu'on ne
» le laissait pas toujours intervenir à son gré dans les opérations
» qui la déterminent. Il faut peut-être voir dans cette objection le
» motif principal qui a fait obstacle à ce que le système de la den-
» sité soit adopté. S'il y a défiance plus ou moins justifiée, il faut
» aviser à la faire cesser.

» Il y aurait donc lieu d'étudier et de publier un règlement spé-
» cial dont les principales conditions seraient les suivantes : l'éta-
» blissement dans la fabrique d'un atelier de râpage suffisant pour
» répondre à un nombre d'essais correspondant à l'importance
» de la réception des betteraves, et permettant de faire des
» épreuves contradictoires toutes les fois qu'elles seraient récla-
» mées par le planteur. Chaque épreuve serait faite sur 4 bette-
» raves au moins, dont deux seraient choisies par le planteur et
» deux par le fabricant. Elles devraient être prises, toutefois,
» non point parmi celles qui seraient exceptionnellement bonnes
» ou mauvaises, mais selon la qualité et le volume moyens du
» chargement de la voiture.

» Le planteur pourrait suivre ou faire suivre par un représen-
» tant l'opération du râpage, de la pression, de la constatation
» du degré, et de l'inscription sur un registre spécial. Plusieurs
» planteurs pourraient s'entendre pour avoir le même représen-
» tant. »

M. Ménard, de Solesmes. « Je voudrais que la Société des
» Agriculteurs du Nord puisse déclarer qu'elle se croit suffisam-
» ment éclairée pour affirmer :

» 1° Que dans le département du Nord, les cultivateurs, sans
» modifier leur culture, avec un rendement de 40 à 50.000 kilog.
» à l'hectare, peuvent toujours faire de la betterave manufactu-
» rière ordinaire renfermant de 9 à 11 % de sucre, richesse cor-
» respondant assez généralement à une densité de 4 1/2 à 5 1/2
» lorsque le coefficient n'a pas été faussé par l'emploi de nitrate
» ou autres sels de même nature, emploi qui devrait être absolu-
» ment prohibé et même considéré comme frauduleux. Cette
» betterave serait considérée comme *betterave ordinaire*.

» 2° Qu'il est assez facile, dans une culture raisonnée, avec de
» bonnes espèces et de bons engrais, avec même un rendement
» cultural égal au précédent, de produire de la betterave conte-
» nant de 11 à 13 % de sucre. Celles-ci porteraient le nom de
» *betterave de 1re qualité*,

» 3° Qu'il est possible, dans beaucoup de contrées du départe-
» ment du Nord, de produire une betterave contenant de 13 à 15 %
» de sucre avec un rendement satisfaisant à l'hectare sans sacri-
» fices exceptionnels mais avec plus de difficultés à l'arrachage.
» On la distinguerait sous le nom de *betterave supérieure*.

» 4° Que si, par erreur, ou par l'effet de conditions climatéri-
» ques ou autres exceptionnellement défavorables, le cultivateur,
» en cherchant à faire de la betterave ordinaire, n'arrivait à pro-
» duire qu'une betterave ne donnant que 8 à 9 % de sucre, cette
» betterave serait considérée comme *betterave de 2e qualité*.

» 5° Que si, enfin, par défaut de soins ou en vue d'un plus gros
» rendement, le cultivateur n'arrivait à produire qu'une betterave
» ne donnnant que 7 à 8 % de sucre, elle serait considérée comme
» de 3e *qualité*.

» 6° Qu'en-dessous de ces titrages, la betterave ne pourrait
» plus être considérée comme betterave à sucre.

» La betterave renfermant de 9 à 11 % de sucre, serait consi-
» dérée comme betterave manufacturière formant la base des
» marchés.

» Celle renfermant 11 à 13 % vaudrait 15 % de plus et celle
» qui donnerait 13 à 15 % serait majorée de 30 %.

» La 2e qualité serait payée 15 % de moins, et la 3e qualité 30 %
» en-dessous. »

Deux autres modes ayant le même objet nous ont été soumis, cette fois verbalement, par MM. Lemaire, de Gognies-Chaussée et Woussen, d'Houdain : M. LEMAIRE nous a fait connaître que, dans son entourage, adoptant le système de la densité, on a ainsi fixé le fonctionnement :

Le prix de base arrêté d'un commun accord, s'appliquerait à toute betterave titrant de 4, 5 à 5°. Au-dessus, la majoration serait de 50 centimes par degré : la réfaction serait, au-dessous, de 1 franc.

M. Woussen, qui pratique depuis plusieurs années l'achat à la densité, propose une simplification. Dans son système, les fractions de degré ne se comptent que par quart ; ainsi, pour partir, par exemple, du degré 4, l'accroissement de densité se compterait par 4 1/4, ce qui équivaut à 4° 25, 4 1/2 équivalant à 4° 50 ; 4 3/4 équivalant à 4° 75 et ainsi de suite. En faisant usage d'un densimètre portant en chiffres très apparents 4 1/4, 4 1/2, 4 3/4, 5, 5 1/4, etc., on arrive à une vérification des plus faciles et selon lui, très suffisante pour l'application du prix de base et des réfactions ou augmentations à faire.

M. Woussen offre de mettre à la disposition de notre Société, un spécimen de ce densimètre.

Nous lui devons plus encore. A l'aide d'un plan avec légende, qui seront à la disposition des intéressés, il offre un spécimen de laboratoire où les opérations ayant pour objet d'établir la densité seraient simples, sûres et du contrôle le plus facile pour tous. Nous signalons comme ayant le même objet, une brochure de M. Trannin, de Lambres, qu'il met à la disposition de tous ceux qui en feront la demande.

Entre les systèmes que nous venons d'exposer, votre Commission ne croit pas devoir se prononcer : chacun, à cet égard, consultera ses convenances. Celui vers lequel elle inclinerait toutefois pour le département du Nord, est celui qui est indiqué par M. Lemaire. Elle y apporterait cette modification, toutefois, que la densité adoptée pour le prix de base, devrait être 4° 7 à 5° 1 au lieu de 4° 5 à 5°. De même, la différence du simple au double entre le chiffre de la réfaction et celui de l'accroissement lui paraît peut-être un peu élevé, surtout au point de départ. Qu'il y ait différence, c'est justice, et cela se justifie par ce fait que le rendement en sucre n'est pas aussi élevé pour les degrés inférieurs que pour les degrés supérieurs.

Les analyses, en effet, auxquelles s'est livré M. Corenwinder montrent que la teneur en sucre croît non pas *proportionnellement*, mais *progressivement*.

C'est ainsi que 4 degrés de densité ne donnent que 1,67 de sucre par degré, tandis que 6 degrés donnent 2,12 de sucre par degré. Il en résulterait également que la majoration de 0,50 par degré devrait s'accroître pour les qualités supérieures, à partir du degré 6 par exemple.

Cela dit, votre commission n'hésite pas à déclarer qu'à son avis, le mode d'achat à la densité est celui qui paraît le mieux pouvoir concilier les intérêts du cultivateur et du fabricant de sucre. Elle ajoute que dans son opinion la facilité pour le cultivateur de contrôler le titrage de sa betterave diffère bien peu de la facilité de contrôler son poids.

Certains pensent qu'on peut aussi se livrer aux opérations ayant pour objet de déterminer la densité sur le champ même, à des époques précises déterminées d'avance. Cela paraît pouvoir simplifier l'opération, mais offre l'inconvénient de laisser place à un certain aléa, la betterave pouvant changer de densité entre le moment de cette expérience et celui de sa livraison. Il semble, d'ailleurs, que cela ne peut guère s'appliquer qu'aux grandes étendues, le dérangement devant être excessif, si l'expérience devait s'appliquer à une foule de parcelles. C'est affaire de convenances personnelles et cela ne peut pas modifier les avantages que présente dans son ensemble le contrat de vente à la densité.

Votre Commission, enfin, Messieurs, a cru que, pour ne pas laisser son œuvre trop imparfaite, il lui restait à indiquer par quels moyens on peut toujours produire une betterave qui, si elle n'est pas chaque année également bonne, ne restera pourtant jamais, quelles que soient les intempéries, au-dessous d'un titrage la rendant propre à la fabrication du sucre.

Se bornant aux indications principales, elle estime qu'il faut :

Fumer la terre avant l'hiver avec du fumier de ferme, le recouvrir légèrement, et faire ensuite un labour profond en ajoutant autant que possible à la charrue une défonçeuse ou une fouilleuse.

Au printemps, ajouter un engrais complémentaire, avec du tourteau ou des compositions chimiques pour le choix desquelles on aura tenu compte de la nature du sol ; se garder surtout d'user avec exagération du nitrate de soude qui a été l'une des causes principales de la situation défavorable de la fabrication du sucre dans le Nord et de la disparition d'un grand nombre d'établissements autrefois livrés à cette fabrication.

Ne faire emploi que de bonnes graines provenant de betteraves améliorées par la sélection et, si on ne sait, on ne peut les faire soi-même, s'adresser aux maisons qui sont connues pour le mérite de leurs produits.

Semer de bonne heure et ne pas faire une fausse et misérable économie sur la quantité de la semence à employer ; au sarclage, avoir soin de laisser les betteraves assez rapprochées pour qu'il y en ait de 8 à 10 par mètre carré.

En suivant ces prescriptions, on aura le poids en même temps que la qualité qui, même dans les années défavorables ne sera jamais inacceptable.

Il faut, au cours de la végétation, s'abstenir d'engrais liquide ou de nitrate de soude. Cette pratique serait déloyale et constituerait une véritable fraude que l'on doit sévèrement réprimer.

On doit se garder enfin, d'effeuiller la betterave, des expériences positives ayant démontré qu'en le faisant, on diminue en même temps le poids de la récolte et sa richesse.

Et si le fabricant de sucre qui a intérêt à une récolte abondante et de bonne qualité, veut venir en aide au cultivateur pour la lui faire obtenir, il lui aura donné une marque de sympathie en même temps qu'il aura servi ses propres intérêts. Il serait bon, pas exemple, qu'il mît à la disposition de ses planteurs de la graine de betteraves améliorées par la sélection, suffisamment acclimatées pour donner un bon rendement.

Pour les engrais aussi, nous connaissons un fabricant de sucre, M. Demiautte, de St-Léger, qui chaque année achète une quantité considérable d'engrais qu'il obtient ainsi à prix réduit, il les livre à ses planteurs au prix coûtant et se rembourse du coût sur le prix de la betterave.

Sur les modes de culture les plus propres à donner l'abondance et la qualité, nous avions deux brochures des plus intéressantes émanant, l'une de M. Derome, de Bavai, l'autre de M. Bracq, de Vendegies-sur-Ecaillon, et nous ne doutons pas qu'ils ne les mettent à la disposition de tous ceux qui leur en feront la demande.

Puisqu'enfin il faut conclure et que nous agissons par la voie de conseils sous **votre** haute approbation, nous **vous** proposons de dire :

Aux Fabricants de sucre :

« Vous avez intérêt à voir se produire une betterave riche — plus elle le sera, plus votre travail sera facile et prompt et plus vos frais de fabrication seront diminués. — Pour l'obtenir, n'hésitez pas à offrir aux planteurs, une large compensation de la diminution de poids que l'augmentation de la richesse saccharine amènera. — N'hésitez pas non plus à leur donner pour les modes de vérification de la densité toutes garanties et toute sécurité.

» Vous établirez pour cela un laboratoire où les appareils aussi parfaits que possible auront un fonctionnement que tout le monde pourra suivre. Afin que le soupçon ne puisse vous atteindre, il faut que la maison soit de verre, ainsi que le dit M. Vion, avec sa verve ordinaire. — Vous y entretiendrez un personnel suffisant à des opérations promptes, n'entraînant qu'une faible perte de temps pour ceux qui auront intérêt à les vérifier. — C'est une dépense nouvelle, mais elle trouvera sa large compensation dans les avantages que vous en recueillerez.

Aux cultivateurs :

« Au milieu des épreuves déjà si dures que vous subissez et qui sont l'objet de nos plus constantes préoccupations, nous considérons que si la culture de la betterave continue à s'exercer dans les conditions anciennes, elle ira toujours s'amoindrissant, pour enfin disparaître.

» Si vous voulez la voir se maintenir et s'étendre dans vos exploitations, n'hésitez pas à adopter les mesures que nous proposons et à produire une racine plus riche. Vous le pouvez sans y rien perdre de la juste rémunération qui vous est due. Les sacrifices que vous devrez vous imposer pour cela, ne seront que des sacrifices de temps et de soins.

» C'est en apportant des soins plus grands dans le choix ou la création par vous-mêmes des semences, dans les modes de culture dont nous venons d'exposer les principales règles, que vous produirez une betterave meilleure.

» C'est également en donnant plus de soins à la vérification du poids, de la tare et de la densité (*opérations qui peuvent toutes se contrôler en même temps*), que vous ferez disparaître les fâcheux désaccords qui se sont produits jusqu'ici entre vous et les fabricants de sucre. »

Avons-nous tout dit ? Non, Messieurs, en pareille matière, on ne saurait tout prévoir. S'il se produit des doutes, des objections, votre Commission se déclare prête à les rencontrer et à tenter de les résoudre. Ce qu'elle croit avoir montré, c'est qué, pénétrée de la gravité des intérêts engagés et du désir de justifier votre confiance, elle n'a point ménagé ses efforts pour se rendre un compte exact et sincère de la réalité des choses.

En l'état, c'est avec une conviction profonde qu'elle dit aux uns et aux autres : Voulez-vous maintenir et voir prospérer en France la culture de la betterave et la fabrication du sucre, il faut pour cela que l'un produise une betterave riche, et que l'autre la paie suivant sa richesse. Ce mode est le seul qui puisse ramener entre les deux intéressés, la confiance et l'harmonie essentielles au maintien et au succès de leur œuvre commune.

Le rapporteur,

R. TELLIEZ.

PRIMES A ACCORDER AUX MEILLEURES CULTURES DE BETTERAVES

Rapport de la Commission spéciale, lu et adopté dans la séance du 1ᵉʳ juin 1881 de la Société des Agriculteurs du Nord.

Rapporteur : M H. TAFFIN-BINAULD.

Messieurs,

A plusieurs reprises vous vous êtes préoccupés de la crise qui sévit sur la culture et les industries betteravières. Vous avez in diqué les causes du mal et les remèdes à y apporter.

Les causes sont la mauvaise qualité de ia betterave, le mode vicieux qui préside aux transactions dont elle est l'objet.

Quant au remède, d'accord en cela avec le Congrès de 1875, avec toutes les Sociétés agricoles et les plus grandes autorités scientifiques, vous avez déclaré qu'il consistait surtout à substituer aux errements commerciaux actuels, un mode nouveau qui tiendrait compte tout à la fois du poids et de la richesse saccharine de la betterave.

Dans l'état actuel, c'est l'achat et la vente à la densité ; ce qui revient à dire que, de l'avis de tous, on ne doit plus considérer dans la betterave, pour les transactions dont elle sera l'objet, que le sucre qu'elle peut rendre industriellement.

C'est là, désormais, un point acquis et hors de discussions, et qu'il importait avant tout de bien établir. Car la vente au degré densimétrique n'est pas autre chose que la vente du sucre contenu dans la betterave.

Telle est, Messieurs, la conclusion du remarquable rapport de notre honorable collègue, M. Telliez, conclusion que vous avez adoptée à l'unanimité.

Mais il s'agit de faire passer dans la pratique ces conseils si sages et si salutaires et vons vous dites avec raison que là est la grande difficulté.

C'est pour vaincre cette difficulté que vous avez pris plusieurs résolutions ; la première, de faire appel à M. le Ministre de l'instruction publique, à l'effet d'obtenir que l'enseignement des principes et de l'application du densimètre fassent partie du programme des études primaires, au moins dans les départements où la culture de la betterave industrielle est en vigueur ; en second lieu, vous avez voté le crédit nécessaire pour permettre l'acquisition d'instruments densimétriques et thermométriques, lesquels seront par vos soins distribués aux instituteurs des campagnes. Vous avez voulu de cette façon mettre à la portée des fils de cultivateurs et des cultivateurs, ces instruments, pour les familiariser avec leur emploi et détruire par là même l'extrême défiance qui est un des principaux obstacles à la vulgarisation de la vente des betteraves à la densité.

Aujourd'hui vous voulez faire plus encore.

Vous voulez *instituer des primes importantes pour accélérer dans toute la mesure du possible, le mouvement qui a pour but l'amélioration des qualités saccharines de la betterave*, et vous faites appel aux pouvoirs publics, aux grandes administrations, aux Sociétés agricoles et industrielles, à tous ceux enfin qui de près ou de loin ont leurs intérêts liés à cette grave question, ou qui ont quelque souci de la prospérité générale de notre pays. Nous ne doutons pas que cet appel soit entendu et que des ressources importantes soient mises à votre disposition.

Mais il s'agit de déterminer les conditions à imposer aux cultivateurs pour l'obtention de ces primes. Car le problème est complexe. Dans une récolte de betteraves, il y a deux choses : le poids et la qualité. Ce qu'il s'agit de relever aujourd'hui, c'est la qualité bien certainement. Mais doit-on lui sacrifier entièrement les avantages du poids ? Ne faut-il pas, au contraire, chercher à concilier les deux intérêts dans une formule qui leur donne satisfaction, en même temps qu'elle indiquerait le véritable progrès à atteindre ?

En Allemagne, en Autriche, où l'impôt repose sur la matière

première employée, c'est-à-dire, sur la betterave, la réponse à ces questions ne serait point douteuse. La qualité avant tout, dût-on pour cela sacrifier le rendement en sucre à l'hectare, parce que plus la qualité des betteraves est élevée, moins on paie de droit. C'est même par ce moyen que les fabricants allemands et autrichiens peuvent nous faire une concurrence ruineuse sur nos marchés, en recevant à la sortie de la frontière la soi-disant restitution de droits qu'ils n'ont jamais payés.

Mais, en France, les droits étant perçus sur les produits fabriqués, les mêmes considérations ne doivent point entrer en ligne de compte et il y a lieu d'examiner si les conditons les plus favorables à la production du sucre à bon marché ne peuvent point permettre de rechercher à la fois dans nos récoltes de betteraves le poids et une qualité qui, tout en n'atteignant pas les hauts degrés des betteraves allemandes, mettrait cependant nos fabricants dans des conditions sinon meilleures, tout au moins égales à leurs concurrents d'outre-Rhin.

Que faut-il avant tout ?... Relever notre production qui décroît et qui recule sans cesse devant les produits étrangers. Nous ne pourrons y arriver qu'en produisant dans des conditions aussi avantageuses.

Du reste Messieurs, *le bon marché de la production* n'est-ce point, en toutes choses, le véritable progrès ; n'est ce point celui que cherchent constamment à réaliser tous les industriels et tous les inventeurs, quel que soit l'objet sur lequel s'appliquent leur activité et leurs recherches.

C'est donc vers les conditions les plus économiques de la production du sucre que nous devons diriger notre attention.

Actuellement le cultivateur produit *peu de sucre* à l'hectare avec de très grosses récoltes, et tout en vendant ses betteraves à un prix relativement bas, il fait payer au fabricant beaucoup trop cher le sucre qu'elles renferment, parceque ce sucre lui revient lui-même à un prix exagéré.

Avec des récoltes d'un poids moindre et des betteraves de meilleure qualité, il pourra obtenir une quantité supérieure de sucre dont le prix sera d'autant moins élevé qu'il aura fallu moins d'engrais et moins de voiturage.

Ce que le cultivateur doit voir dorénavant dans la culture de la betterave, ce n'est plus le poids des racines qu'il récoltera, mais la quantité de sucre qu'elles pourront rendre, puisque par la vente à la densité, il né recevra jamais que la quantité de sucre qu'il fournira réellement.

Quand on ne tenait point compte de la qualité des betteraves, l'intérêt des cultivateurs était de produire le plus grand poids possible, parceque la somme de frais généraux invariables qu'on peut évaluer dans le Nord à 550 fr. environ par hectare, en n'y comprenant pas les dépenses d'engrais et de voiturage qui sont nécessairement variables, se répartissant sur un plus grand nombre de kilogrammes obtenus, en diminuait nécessairement le prix de revient et augmentait d'autant le bénéfice.

Maintenant que le paiement se fera en raison de la quantité de sucre contenue dans la récolte, c'est à produire cette quantité aussi grande que possible que devront tendre tous les efforts de la culture. Cette considération nous amène à formuler de la manière suivante les conditions de l'espèce de concours qui, par vos soins, va s'ouvrir dans les divers cantons de notre département.

Les primes seront accordées aux cultivateurs dont les récoltes de betteraves accuseront à l'hectare le plus grand rendement en sucre industriellement extractible et dont les betteraves n'auront pas une densité inférieure à 5 degrés 5/10.

Cette formule qui avait déjà été énoncée devant quelques-uns d'entre vous, a soulevé de suite deux objections : la première, c'est que, par son adoption, on sacrifiait entièrement le poids à la qualité, au seul avantage des fabricants ; la seconde, c'est que par suite on diminuait les quantités de pulpe dans une proportion malheureuse pour l'alimentation du bétail.

Je répondrai tout à l'heure à cette seconde objection. Quand à la première, elle n'est nullement fondée. Car par l'adoption de la formule et en se plaçant sur le terrain que nous ne pouvons pas quitter, sans renier vos délibérations précédentes et sans renoncer à l'espoir de remédier à la situation, le terrain de l'achat et de la vente des betteraves à la densité, il importe peu pour le cultivateur d'avoir ou de n'avoir pas un grand poids en betteraves ; il lui importe seulement d'avoir un grand rendement en sucre, puisqu'il ne sera payé qu'en raison du sucre contenu dans sa récolte et que plus sa récolte contiendra de sucre, plus il recevra d'argent.

En outre, comment obtiendra-t-on le plus grand rendement en sucre à l'hectare ?

Sera-ce par l'application des méthodes allemande et autrichienne ? C'est-à-dire avec de très faibles récoltes en poids mais avec des betteraves ayant un rendement industriel de 10 pour cent de sucre ?...

C'est ce que nous allons examiner.

Il résulte de la comptabilité agricole pour deux grands doaines exploités par une sucrerie allemande pendant trois campagnes successives, que le rendement moyen de 633 hectares cultivés, a été de 27.540 kilogrammes à l'hectare.

Cette donnée est extraite du N° du 24 août 1877 du journal hebdomataire de Berlin, la *Deutsche Zuckerindustrie* et a été déjà reproduite dans la brochure de M. Henri Bernard, intitulée la *Sucrerie indigène en France et en Allemagne*.

Le rapport moyen en sucre étant en Allemagne de 10 pour cent de sucre, ces 27.540 kilogrammes donnent donc un rendement industriel à l'hectare de 2.754 kilogrammes de sucre.

Mettons en regard de cette culture où, par suite du régime fiscal, on a tout sacrifié à la qualité saccharine, les produits obtenus en France par ceux qui cultivent la betterave dans les meilleures conditions.

D'expériences nombreuses faites ou constatées par MM. Corenwinder, Ladureau, Derôme, Mariage et autres, il résulte qu'en limitant le poids à obtenir d'un hectare, entre 45.000 kilog. et 55.000 kilog., et en employant les meilleures graines et les meilleurs procédés de culture, on peut arriver à produire des betteraves ayant une densité variant entre 5.7 et 6.2. Prenons le poids moyen, soit 50.000 kilogrammes à l'hectare, et la densité que selon nous on doit et peut obtenir, soit 6 degrés, correspondant à un rendement industriel de 7 kil. 60 de sucre. Cela nous donnerait un rendement industriel de 3.800 kilog. de sucre à l'hectare, soit 1.046 kilog. de plus que dans le cas susmentionné, ou 38 p. 100 en plus.

Peut être trouvera-t-on que la densité de 6 degrés est trop élevée pour une récolte supposée de 50.000 kilogr. de betteraves à l'hectare. Admettons qu'il en soit ainsi et descendons notre appréciation à un degré moindre, soit à 5 degrés 75 centièmes ou au rendement industriel de 7 kil. 10 de sucre pour cent et nous aurons encore un rendement de 3.550 kilogrammes de sucre à l'hectare, supérieur encore aux rendements allemands de 796 kilogr., soit de près de 29 pour cent.

Descendons encore notre appréciation et portons-là seulement à 5 degrés 5/10, ce que certainement, personne ne pourra contester. Ce degré correspond à un rendement industriel de 6 kilogram. 59 de sucre par 100 kilog. de betteraves, soit pour l'hectare 3.295 kilog. de sucre ou 551 kilog. de sucre en plus ou près de 20 pour cent en plus.

Ces exemples suffiront, je pense, pour prouver que la formule proposée, ayant pour but de primer les plus forts rendements en sucre industriellement extractible à l'hectare, n'exclut pas un rendement satisfaisant en poids de betteraves ; et c'est là une première réponse à l'objection ayant trait à la quantité de pulpe.

Mais avant d'aborder cette question de la pulpe, il est bon de faire ressortir les résultats obtenus, au point de vue du rendement industriel en sucre, par les plantureuses récoltes de 90.000 kilog. à l'hectare dont la densité atteint souvent avec peine 4 degrés, c'est-à-dire un rendement industriel de 3 kilog. 44 de sucre par 100 kilog. de betteraves, de semblables récoltes ne donnant que 3.096 kilog. de sucre à l'hectare. Mais nous verrons tout à l'heure à quel prix insensé ce résultat est acquis, même pour la culture seulement, sans compter les frais supplémentaires énormes qu'une qualité aussi affaiblie impose à la fabrication.

Nous pouvons donc déjà conclure de ce qui précède que les grands rendements en sucre à l'hectare, s'ils n'existent pas dans les très grands poids de betteraves à faible densité, ne résident point non plus dans les récoltes où l'on a tout sacrifié à la bonne qualité ; mais que dans cette question comme dans beaucoup d'autres, la vérité économique et le progrès résident dans un juste milieu, où viennent converger en s'harmonisant tous les éléments de succès.

Quant à la question des pulpes, elle ne peut plus, dans ces conditions, être une objection, surtout si l'on tient compte que le rendement en pulpe s'élève avec la qualité saccharine de la betterave. La proportion de pulpe, qui n'est que de 20 pour cent pour des betteraves titrant de 4 degrés à 4 degrés 5/10, atteint 24 pour cent lorsque la densité s'élèvent à 6 degrés. Donc, il n'y a pas à craindre de voir les quantités de pulpes mises à la disposition de la culture diminuer dans une proportion inquiétante, par la réalisation des progrès que nous avons en vue.

Mais peut-être jugerez vous utile d'établir par des chiffres que le progrès qu'il s'agit de réaliser, sous peine de voir la culture et les industries betteravières disparaître du sol français, c'est-à-dire l'abaissement du prix de revient du sucre, ressortira le programme que nous vous proposons d'adopter.

Permettez-moi à cet effet de reprendre brèvement les données d'une étude que j'ai présentée dernièrement au Comice agricole de Lille sur les prix de revient de diverses récoltes de betteraves à différents poids et degrés de densité et de les appliquer au présent travail.

Pour ne pas l'étendre davantage, je les résume dans le tableau suivant, en expliquant que les rendements industriels en sucre qui y sont indiqués sont la moyenne des appréciations de MM. Vivien, Corenwinder, Durin et du Comité des fabricants de sucre de Lille, appréciations qui ont reçu le contrôle des membres de la Commission du Congrès de Lille en 1876, et que les frais de culture appliqués aux diverses récoltes sont le résultat des études d'une Commission composée de fabricants de sucre et d'agriculteurs de l'arrondissement de Lille. Les personnes qui désireraient examiner plus en détail les bases de ce travail pourraient se reporter aux procès-verbaux des séances des 23 février et 3 mars 1876 du Congrès sucrier de Lille et à un rapport du mois de mars 1881 sur le commerce des betteraves, au Comice agricole de Lille. J'ajouterai seulement et à l'appui des chiffres qui composent les frais de culture de la betterave, que la moyenne des estimations de dépenses d'engrais consommés par chaque récolte correspond presque exactement avec la quantité d'azote enlevée par lesdites récoltes, au prix commercial du kilogramme d'azote. Cette coïncidence est bonne à constater et prouve l'exactitude et la sûreté des renseignements qui ont servi à établir ces calculs, et c'était le point principal à éclaircir ; car l'engrais est, avec le voiturage, la seule dépense variable en raison du plus ou moins grand poids qu'on veut atteindre dans une récolte de betteraves.

Quant aux frais généraux invariables, applicables à chaque hectare de terre. quel qu'en soit le rendement, frais qui se composent du loyer, des contributions, intérêts, labours, semence, sarclage, déplantage, etc., etc., ils ont été estimés s'élever dans l'arrondissement de Lille à 550 fr. par hectare.

Quant au voiturage, on l'a évalué à 2 fr. par mille kilogrammes de betteraves.

C'est sur ces bases qu'a été établi le tableau suivant : (1)

La question qui nous occupe embrasse tout ce qui a rapport avec la betterave. Il est donc intéressant de savoir quels sont les résultats des diverses récoltes que nous donnons dans le tableau qui précède, au point de vue de la distillerie, comme nous venons de le faire au point de vue de la sucrerie.

C'est dans ce but que nous avons dressé le tableau suivant, dont les rendements ont été pris dans le rapport indiqué plus haut, du Congrès de 1876. (2).

La conclusion à tirer du tableau qui précède est que pour l'alcool de même que pour le sucre, le prix de revient cultural de l'alcool industriellement extractible est beaucoup plus élevé dans les betteraves de basse qualité, malgré leur grand rendement en poids, que dans les betteraves de qualité supérieure, et qu'il y a le même intérêt pour la distillerie comme pour la sucrerie à ne produire que ces dernières.

Dans ces tableaux que nous présentons, *non point comme l'expression d'une vérité certaine et absolue (ce qui ne saurait entrer dans l'esprit de personne), mais comme une base de discussions et d'appréciations particulièrement appelée à recevoir le contrôle des expériences que vont provoquer les primes qu'il s'agit d'établir,* nous avons classé par ordre les diverses récoltes comparées, en plaçant dans le N° 1 celle qui, à notre sens, devait produire *le sucre dans la betterave au meilleur marché,* et ainsi de suite, et nous voyons par l'ordre même de ce tableau, que la betterave allemande, malgré son rendement industriel élevé de 10 pour cent. n'arrive qu'au troisième rang.

La récolte de 50.000 kil. et à 6 degrés, celle du même poids à 5 degrés 7/10, non seulement donnent un rendement en sucre plus élevé à l'hectare, mais le sucre obtenu revient à meilleur compte, soit à 28 fr. 80 et à 30 fr. 85, au lieu de 30 fr. 95.

Mais où le prix de revient du sucre industriellement extractible atteint dans la betterave des proportions impossibles, c'est dans la récolte de 90.000 kilogr. à 4 degrés de densité. Il s'élève à 50 fr. 25 les 100 kilogr., et si nous voulions poursuivre ces appréciations du prix de revient en y comprenant les frais de fabri-

(1) Voir le tableau page 232.
(2) Voir le tableau page 233.

FABRICATION DU SUCRE.

Tableau comparatif indiquant les différents résultats de diverses récoltes de Betteraves.

Nᵒˢ d'ordre	1	2	3	4	5	6
Poids de la récolte par hectare Densité des betteraves Rendement industriel en SUCRE p. 0/0	50.000 kil. à 6 degrés 7 k. 60 0/0	50.000 kil. à 5 degr. 7/10 7 k. 10 0/0	27.540 kil. Culture allem. 10 k. 0/0	50.000 kil. à 5 degrés 5/10 6 k. 59 0/0	60.000 kil. à 5 degrés 5 k. 56 0/0	90.000 kil. à 4 degrés 3 k. 44 0/0
Rendement industriel en sucre par hectare	3.800 kil.	3.550 kil.	2.754 kil.	3.295 kil.	3.336 kil.	3.096 kil.
Frais généraux de culture par hectar	550 fr.	550 fr.	550 fr.	550 fr.	550 fr.	550 fr.
Engrais consommés par la betterave par hectare	445 »	445 »	247 50	445 »	560 »	827 »
Voiturage de la récolte à 2 f. par 1.000 k	100 »	100 »	55 10	100 »	120 »	180 »
Total des frais de culture	1.095 »	1.095 »	852 60	1.095 »	1.230 »	1.557 »
Prix de revient de la betterave par 1.000 kilos	21 90	21 90	30 95	21 90	20 50	17. 30
Prix de revient du sucre industriellement extractible dans la BETTE-RAVE RENDUE A L'USINE AVANT FABRICATION	**28.80**	**30.85**	**30.95**	**33.23**	**36.87**	**50.25**

FABRICATION DE L'ALCOOL.

Tableau comparatif indiquant les différents résultats de diverses récoltes de betteraves.

Nos d'ordre	1	2	3	4	5	6
Poids de la récolte par hectare	50.000 kil.	50.000 kil.	27.540 kil.	50.000 kil.	60.000 kil.	90.000 kil.
Densité des betteraves	à 6 degrés	à 5 degrés 7/10	Culture allem.	à 5 degrés 5/10	à 5 degrés	à 4 degrés
Rendement industriel en ALCOOL 0/0	6 k. 65 0/0	6 k. 15 0/0	8 k. 40 0/0	5 k. 65 0,0	4 k. 95 0/0	3 k. 70 0/0
Rendement industriel par hectare	33 h. 25	30 h. 75	23 h. 14	28 h. 25	29 h. 70	33 h. 30
Total des frais de culture indiqués au tableau précédent	1 095 fr.	1.095 fr.	852 fr. 60	1 095 fr.	1.230 fr.	1.557 fr.
Prix de revient de l'hectolitre d'alcool industriellement extractible dans la BETTERAVE RENDUE A L'USINE AVANT FABRICATION	33 »	35 60	36.84	38.78	41.45	46.45

cation, nous arriverions à une différence bien plus grande encore, en raison des frais énormes qu'exigent supplémentairement des betteraves de cette catégorie. Mais le résultat comparatif des frais culturaux seulemeut suffit pour en motiver la condamnation absolue.

Quant à la récolte de 60.000 kilogr. à 5 degrés, elle fait encore ressortir le prix du sucre à 36 fr. 87, ce qui constitue une majoration de 6 francs sur une récolte de 50.000 kilogr. à 5 degrés 7/10 , et de 9 fr. si cette même récolte atteignait la densité de 6 degrés.

Ces calculs et ces appréciations rencontreront sans doute des incrédules et des contradicteurs, et on les regardera comme simplement hypothétiques. Ils reposent cependant sur des expériences déjà faites et sur des résultats constatés. Mais fussent-ils même erronés, l'examen et le contrôle dont ils seront forcément l'objet , lors des vérifications qui seront faites pour les récoltes à primer, amèneront sur cette question primordiale *du sucre à bon marché dans la betterave,* une lumière indispensable.

Ces vérifications confirmeront, j'en ai la confiance, ce qui ressort de cette étude, c'est-à-dire que nous pouvons en France, produire le sucre à aussi bon marché que peuvent le faire nos voisins, et que la mauvaise direction donnée à la culture de la betterave est la seule cause de notre infériorité actuelle, en dehors des questions fiscales dont nous n'avons pas à nous préoccuper ici.

Ces expériences auront encore ce résultat heureux de permettre de déterminer quelle est la limite de poids et de qualité la plus avantageuse pour la production du sucre à bon marché.

Il reste à répondre à l'objection tirée de la plus ou moins grande pureté des jus. En tiendra-t-on compte dans la constatation des résultats du concours ? La formule proposée plus haut semble l'admettre ; mais ne serait-ce pas, dans les commencements surtout, alors que les défiances sont déjà grandes pour les épreuves simplement densimétriques, un danger de les accroître, si on inscrivait dans le concours cette complication de l'analyse chimique. J'ajoute même : cela serait-il utile, alors que l'on exclut de ce même concours toute betterave ayant un degré inférieur à 5 degrés 5/10 ? Je ne le pense point, car personne d'entre vous n'ignore que des betteraves de cette qualité ont une teneur en sels constante et très rarement compromettante pour les rendements en sucre et en alcool.

Cela n'empêcherait pas néanmoins de soumettre les divers échantillons prélevés à l'analyse, et si les résultats indiquaient des différences trop appréciables, les concours futurs pourraient introduire à ce sujet une nouvelle clause.

Il vous restera à déterminer, Messieurs, comment vous répartirez vos récompenses, quels seront les Sociétés ou les Commissions appelées à examiner le mérite des concurrents, comment on procédera pour constater leurs succès, où et avec quel cérémonial se fera la distribution des prix à décerner.

Ces questions sont trop importantes et trop multiples pour pouvoir être examinées dans le présent travail qui a pour principal objet de déterminer d'une façon aussi précise que possible le but que vous poursuivez et les conditions que les concurrents auront à remplir pour mériter les récompenses que vous voulez décerner.

Je crois utile de résumer toutes les considérations qui viennent d'être développées dans le projet de délibération suivant :

Considérant que l'amélioration des qualités saccharines de la betterave est la condition indispensable du maintien de la culture et des industries betteravières en France ;

Considérant que la substitution au mode commercial ancien de l'achat et de la vente de la bettérave à la densité, doit faire converger l'attention de tous les intéressés vers la production du sucre à *bon marché dans la betterave ;*

Considérant que ce résultat sera atteint par les récoltes qui auront à l'hectare le plus grand rendement en sucre industriellement extractible, puisque la somme de frais généraux afférente à toute récolte quel qu'en soit le résultat, se trouvera répartie sur un plus grand nombre de kilogrammes de sucre obtenus ;

Considérant que par suite des motifs développés dans le cours de ce rapport, la quantité de pulpe ne saurait diminuer dans une proportion regrettable pour l'alimentation du bétail ; que dès lors, il y a lieu de ne plus considérer la betterave que comme *du sucre à l'état rudimentaire ;* que c'est à ce même point de vue qu'il importe de se placer pour mettre les producteurs de sucre et d'alcool en situation de soutenir avantageusement la lutte avec leurs concurrents du dehors ;

Considérant que si, dans les efforts tentés pour l'amélioration de la betterave, on ne visait pas un degré minimum de 5 degrés 5/10, on courrait le risque de voir la betterave, dans les années malheureuses comme celle que nous venons de traverser, descendre encore à ces degrés inférieurs où les frais de fabrication augmentent dans une proportion très importante ; considérant qu'il est nécessaire d'atteindre et même de dépasser ce degré pour arriver à la production économique du sucre ;

Considérant qu'à cette densité, les données du densimètre indiquent généralement la richesse proportionnelle en sucre qui correspond, d'après les évaluations moyennes de plusieurs autorités savantes et industrielles, aux rendements industriels suivants :

Densité.	Rendement industriel en sucre par cent kilogrammes de betteraves.
5 degrés 2/10	5 kilogs 99
5 » 3/10	6 » 19
5 » 4/10	6 » 39
5 » 5/10	6 » 59
5 » 6/10	6 » 79
5 » 7/10	6 » 99
5 » 8/10	7 » 19
5 » 9/10	7 » 39
6 » »	7 » 60
6 » 1/10	7 » 81
6 » 2/10	8 » 02
6 » 3/10	8 » 23
6 » 4/10	8 » 44
6 » 5/10	8 » 65
6 » 6/10	8 » 86
6 » 7/10	9 » 07
6 » 8/10	9 » 28
6 » 9/10	9 » 49
7 » »	9 » 70

Considérant néanmoins qu'il y a lieu de constater par l'analyse la teneur en sels des betteraves objets du concours,

La Société des Agriculteurs du Nord délibère :

Les primes seront accordées aux cultivateurs qui, sur l'ensemble de leurs récoltes de betteraves et sur une étendue d'un hectare au moins, auront obtenu la plus grande quantité de sucre industriellement extractible, avec une densité supérieure à 5 degrés 5/10.

Le rendement en sucre sera calculé d'après le tableau ci-dessus.

Les divers échantillons seront analysés et un rapport sera fait sur chacun d'eux.

Transitoirement et en raison de ce que, à cette époque de l'année, les ensemencements de betteraves sont terminés, abaisse pour la récolte de 1881 le minimum de densité ci-dessus fixé, à 5 degrés 2/10.

SOCIÉTÉ DES AGRICULTEURS DU NORD.

Amélioration de la culture de la Betterave.

La Commission que vous avez instituée pour rechercher les moyens d'encourager la culture d'une betterave dont la teneur serait la plus propre à concilier les intérêts du cultivateur et du fabricant de sucre, s'est réunie (1).

Elle a pris pour point de départ de son travail les données déjà établies par la délibération que vous avez prise sur ce même objet, données qui peuvent se résumer ainsi :

La culture de la betterave périclite en France et spécialement dans la région du Nord.

La production du sucre de betterave n'a été, dans l'année de fabrication qui vient de s'écouler, que de 325.000 tonnes, tandis qu'elle était de 462.000 en 1875.

Si cette production avait suivi sa marche régulière et normale, elle aurait dû être de 600.000 tonnes au moins.

De cette décroissance résulte d'abord pour le Trésor une perte considérable.

En même temps, la valeur de la propriété territoriale diminue, le loyer des terres en culture s'abaisse, un assez grand nombre d'exploitations ne trouvent plus preneurs. Personne ne conteste que dans cette diminution de la fortune publique, la décroissance de la culture de la betterave ait une importance considérable.

Déjà, dans vos délibérations antérieures, préoccupés de la gravité de cet état de choses, vous avez, après un examen approfondi, reconnu qu'il tenait principalement au mode de transaction vicieux le plus généralement en usage entre cultivateurs et fabricants de sucre, mode qui a pour effet de pousser plus à la pro-

(1) Cette commission se compose de MM. Macarez, Taffin-Binauld, Ladureau, De Mot, Dubar et Telliez.

duction d'une betterave impropre à la fabrication du sucre qu'à
celle d'une plante saccharifère, qui donne en même temps satisfaction aux deux intéressés, et tout le monde reconnaît aujour-
d'hui que le seul remède à cet état de choses est l'amélioration de
la qualité de la betterave.

Étant donnés ces causes et ces effets, votre commission estime
que le moyen le plus propre à réaliser l'amélioration voulue consiste, d'une part, à faire appel à tous ceux qui ont un intérêt plus
particulier aux réformes voulues, pour créer des ressources suffisant à des encouragements sérieux et multiples, et, de l'autre,
à organiser un système de récompenses signalant à l'attention
publique les hommes de bonne volonté qui voudront prendre
l'initiative de ces réformes, et entraîner par leur exemple ceux-
là, toujours en trop grand nombre, qui difficilement se décident
à rompre avec des habitudes invétérées, si dommageables qu'elles
puissent être.

Le système des primes que nous vous proposerions d'accorder
est des plus simples. Il s'adresserait aux cultivateurs qui auraient
le plus fait pour réaliser ce désidératum : *créer une betterave
rémunératrice à la fois pour le cultivateur et pour le fabricant
de sucre.* — Ces récompenses devraient se distribuer dans tous
les cantons où se pratique la culture de la betterave à sucre. Elles
seraient à la fois honorifiques et pécuniaires.

Dans un département comme le nôtre, composé de 61 cantons
qui se livrent tous à la culture de la betterave, la dépense serait
considérable ; aussi, le premier soin à prendre consiste-t-il à
demander leur intervention à tous ceux qui ont intérêt à l'œuvre
que nous voulons accomplir.

En tête nous mettons :

1° L'Etat, qui certainement ne refusera pas de nous venir en
aide.

2° Le Conseil général du Nord, toujours plein de sollicitude
pour les intérêts agricoles.

3° Les Compagnies de chemins de fer, si intéressées au
trafic de toute nature auquel donne lieu la fabrication du sucre
indigène.

4° Les Comités de Fabricants de Sucre et ceux de Distillateurs.

5° Les Fabricants et les Distillateurs personnellement.

6° Les Administrations des Hospices, les Grands propriétaires, etc., etc. En nous adressant à ces derniers par la seule voie de la publicité, nous sommes autorisés à penser qu'ils nous viendraient sérieusement en aide.

Personne ne contestant que la qualité de la betterave est un des éléments essentiels de sa valeur, beaucoup restent préoccupés de la difficulté de faire entrer dans la pratique la détermination de cet élément. Le seul mode connu jusqu'ici au point de vue pratique, applicable à la réception des betteraves, est la vente à la densité. Bien que l'usage du densimètre n'ait rien de difficile, encore est-il peu répandu. Il s'agit de le vulgariser. Nous voulons pour cela faire appel à *tous les instituteurs*, après avoir sollicité, pour agir de la sorte, l'autorisation et le concours des pouvoirs publics.

Nous offririons des récompenses à ceux d'entr'eux qui auraient le plus fait auprès de leurs élèves et même auprès des adultes pour vulgariser l'usage du densimètre, et à ceux qui voudraient se livrer à des essais de culture en vue de produire la betterave à la fois la plus riche et s'accommodant le mieux pour son poids et son arrachage, au sol de la commune où se feraient ces expériences.

Vous le voyez, Messieurs, pour entreprendre une pareille œuvre, il faut des ressources considérables. Nous vous proposons, soit d'instituer une Commission nouvelle, soit de confier à la Commission déjà instituée le soin de s'adresser en votre nom à l'État, au Département, aux Compagnies de chemins de fer, aux Comités de Fabricants de sucre et de Distillateurs, à tous ceux des plus intéressés enfin que nous venons d'indiquer, pour obtenir d'eux un ensemble de subventions qui permette d'organiser sur une base suffisante le système des récompenses dont nous venons de parler. Ces subventions réunies formeraient une caisse spéciale ; c'est au nom de ceux qui auraient concouru à sa formation que les récompenses seraient allouées.

Lorsque ces ressources seront créées, vous aurez à déterminer par quels voies et moyens il y aura lieu de les distribuer. L'important pour le moment est d'arrêter en principe le mode d'action et de pourvoir à la création des ressources nécessaires pour faire face à la dépense.

L'un d'entre nous, M. Taffin-Binauld, avait pensé qu'en présence de la gravité des intérêts engagés, il conviendrait peut-être de prendre l'initiative d'un Congrès qui se tiendrait à Versailles à l'occasion du prochain Concours régional. Votre Commission s'est effrayée de l'idée d'organiser un Congrès à pareille époque. Elle a pensé que, pour le moment, il était peut-être plus sage de s'en tenir aux modes d'action que nous venons d'esquisser s'exerçant dans le rayon qui nous entoure.

Si nous réussissons à les réaliser comme nous en avons ferme espoir, nous les offrirons comme exemple, et alors le Concours régional devant se tenir l'année prochaine à Arras, peut-être conviendra-t-il alors d'y organiser le Congrès proposé. C'est là une grande et généreuse idée qui mérite d'être méditée.

Un autre d'entre nous, enfin, M. Dubar, a pensé que le premier mode d'action que nous pourrions dès à présent à la fois voter et mettre en œuvre, consisterait en l'acquisition d'une quantité considérable d'appareils densimétriques que nous mettrions à la disposition de ceux qui en feraient la demande, et plus particulièrement des instituteurs, avec une notice sur le mode de leur emploi.

Votre Commission a été unanimement d'avis que cette mesure serait du meilleur effet et elle vous propose de lui donner votre adhésion. C'est sur les ressources personnelles de la Société que se ferait cette première dépense, vous confieriez à l'un des vôtres le soin de rédiger la notice. Ce ne sont point heureusement les hommes de savoir et d'expérience qui vous manquent, et à ceux-là la bonne volonté ne fait généralement point défaut. Après vous avoir été soumise, cette notice serait imprimée et jointe aux appareils. Il y aurait là pour notre Société un premier apport à l'œuvre entreprise qui ne laisserait pas que d'être assez lourd. Mais aussi y eut-il jamais un intérêt plus actuel, plus pressant et plus grave à servir.

Pour le reste, les propositions de votre Commission se résument ainsi :

Réunir les ressources nécessaires pour offrir des récompenses dans chaque canton :

1º Aux cultivateurs qui auraient pratiqué la culture de la betterave à sucre dans les conditions les plus propres à donner satisfaction à la fois aux intérêts du producteur et à celui du fabricant ;

2º Aux instituteurs qui auraient le plus fait pour vulgariser l'usage du densimètre, comme à ceux qui se seraient livrés à des expériences de culture ayant pour objet de faire reconnaître quelles seraient les betteraves les plus propres à réaliser dans le sol de la commune à laquelle ils appartiennent, le meilleur rendement en poids et en sucre.

Il me reste à vous soumettre un vœu dû à l'initiative de M. Taffin-Binauld, pour obtenir des pouvoirs publics l'intervention des instituteurs dans la vulgarisation du densimètre.

VŒU.

La Société des Agriculteurs du Nord,

Considérant que le mode commercial actuellement en usage, entre les planteurs et les acheteurs de betteraves, a amené la dégénérescence de cette plante, au point de mettre en péril tous les intérêts qui s'y rattachent ; que, par suite, la fabrication du sucre, en France a subi une énorme diminution, alors que l'Allemagne et l'Autriche, grâce à la qualité des betteraves qu'elles récoltent, augmentent chaque année leur production d'une façon considérable et envahissent non seulement les marchés où nos excédants antérieurs de production trouvaient leur écoulement, mais le marché français lui-même ;

Considérant que les effets désastreux de l'état de choses actuel s'applique également à la distillerie de betteraves ;

Considérant que le maintien de pareils errements, c'est la ruine de la culture et des industries betteravières en France et par suite celle de la prospérité agricole sur une très grande étendue du territoire national.

Considérant que, de l'aveu de tous, le seul moyen de relever la qualité des betteraves réside dans la réforme du mode commercial actuellement employé et dans l'adoption d'un mode nouveau, où la qualité entre en ligne de compte pour sa valeur réelle ;

Considérant que le densimètre est le seul instrument pratique actuellement connu propre à constater la qualité des betteraves à sucre ; mais, considérant que son emploi inspire encore à un grand nombre de cultivateurs une défiance qui empêche le seul mode de vente rationnel, le mode de vente à la densité, de se répandre et de se généraliser ;

Considérant que, pour combattre cette défiance, il faut avant tout, répandre dans les campagnes la connaissance des instruments et des expériences densimétriques ;

Considérant que le meilleur moyen d'atteindre ce résultat serait de faire entrer dans le programme des études primaires les principes de la densité et l'application des densimètres ;

Considérant que les instituteurs peuvent en peu de temps acquérir une science aussi facile ; que les instruments pour la démonstration des principes de la densité sont peu coûteux ; que leur maniement et leurs indications sont aisés à saisir, même pour de jeunes élèves ;

Considérant que ces derniers pourraient ainsi acquérir une connaissance pratique qu'ils pourraient mettre à profit en mainte circonstance ;

Considérant qu'une semblable mesure pourrait avoir un effe immédiat au point de vue spécial du commerce des betteraves et du relèvement de leur qualité ; que les cultivateurs voyant leur fils familiarisés avec les expériences densimétriques et à même de contrôler les densités accusées par leurs acheteurs de betteraves n'auraient plus la même répugnance pour le nouveau mode de vente à la densité ;

Considérant qu'il y a lieu pour tous, et notamment pour les pouvoirs publics, de se préoccuper de la situation grave et inquiétante de la culture et des industries betteravières, qu sont un des éléments les plus essentiels de la richesse du pays,

Emet le vœu :

Que l'étude des principes de la densité et des instruments propres à la constater, entre dans le programme des études primaires,

Et subsidiairement que M. le ministre et MM. les recteurs de l'Université autorisent et engagent même MM. les instituteurs des contrées où résident les industries betteravières, à enseigner l'usage des dits instruments, et à recevoir les renseignements et les encouragements qui pourraient leur être donnés à cet égard, par les Sociétés agricoles et industrielles de ces mêmes contrées.

Le Rapporteur,
R. TELLIEZ

SOCIÉTÉ DES AGRICULTEURS DU NORD.

Notes sur l'amélioration de la culture de la Betterave à sucre. — Conseils pratiques aux agriculteurs et instituteurs.

Du choix des betteraves comme porte-graines

PAR M. BRABANT.

Presque toutes les variétés de betteraves à sucre que nous cultivons en France, peuvent être enrichies dans une certaine mesure, sans nuire cependant, par cette amélioration à leur rendement en poids.

Il appartient à l'expérimentateur de s'arrêter dans la voie où il le jugera bon.

Pour obtenir ce résultat, il faut surtout de l'observation, cette faculté si utile et si habituelle au cultivateur, et de la bonne volonté. Voici quelle est l'opération bien simple à faire, la seule nécessaire, et que beaucoup connaissent déjà :

Dans un bain additionné d'une certaine quantité de sel, dont nous indiquons plus loin les proportions, on plonge les types dont la forme convient suivant le sol que l'on cultive, mais bien nettoyés (même à la brosse si cela est nécessaire) pour enlever complètement la terre qui pourrait y rester adhérente.

On ne recueille pour servir de *mères à sélection* que les sujets qui s'étalent dans toute leur longueur sur le fond du bac ; ceux-ci sont ensuite trempés dans l'eau pure pour être débarrassés de la solution salée, qui, par la suite nuirait à la germination des rejets.

Les mères à sélection doivent peser environ 1 kilo. C'est là un entraînement cultural qui garantit la fixité de la qualité dans l'espèce et qui l'assure dans la descendance.

On pourrait objecter que, par le moyen que je recommande, on court risque de rejeter des plantes riches contenant de l'air, mais, précisément à cause de cette particularité, on peut craindre que ces betteraves ne se conservent moins bien et, à notre sens, notre manière de faire les élimine heureusement.

Pour que la densité totale des racines soit avec certitude en rapport avec la quantité de sucre qui s'y trouve contenue, on a soin de ne les récolter que sur des terres donnant généralement des blés d'un grand poids portés sur une tige versant difficilement et fumées avant l'hiver avec des engrais complets (préférablement avec du fumier de ferme bien fait) enterrés dans cette saison autant que le comporte la profondeur du sol sur lequel on opère, et surtout après une sole d'avoine. Il en est de la betterave comme du lin, tous les cultivateurs savent que dans ces conditions ce textile arrive à être d'une qualité supérieure.

Après l'hiver, au moment de la plantation, on repasse le choix dans un nouveau bain, et on n'emploie que les sujets qui ont conservé le mieux leur densité.

Dans tous les végétaux aqueux susceptibles à l'état frais d'une longue conservation, il s'en trouve qui maintiennent plus longtemps leur qualité, et nous donnons par cette nouvelle façon un avantage de plus à notre variété.

On ne doit jamais agir avec un liquide moins dense que 105° ou 5° au densimètre. Dans toutes les betteraves à sucre, on en trouve certainement, par les années ordinaires, qui possèdent cette richesse ; on en fait alors suffisamment pour ne pas opérer sur les récoltes médiocres.

On vérifie assez fréquemment avec le densimètre, les quelques parties de terre en suspension dans l'eau augmentant constamment la densité du liquide.

Pour donner à l'eau salée une densité de :

105°, on met 5 kil. 500 de sel pour 94 kil. 500 d'eau
106°　　» 7 kil.　　»　　» 93 kil.　　»

Pour connaître la richesse moyenne en sucre des betteraves, il suffit de multiplier :

Pour les betteraves de 105　à 105.6 2.05 par 5
»　　　　»　　　» 105.6 à 106　2.08　» 6
»　　　　»　　　» 106　à 106.7 2.15　» 6.7

La richesse de la betterave peut être considérée comme les 97/100 de celle du jus. (Voir *Sucrerie indigène*, 27 juillet 1881, page 78).

Prise de densité du jus des betteraves

PAR MM. CORENWINDER ET LADUREAU.

Toutes les betteraves ne renferment pas la même proportion de sucre. Les unes, sont riches, les autres pauvres en cet élément qui en fait toute la valeur. Il est donc nécessaire de pouvoir apprécier rapidement et aussi exactement que possible, la quantité de sucre que contiennent ces racines, afin d'en établir la valeur commerciale.

Le moyen le plus prompt et le plus simple est la constation de a densité du jus qu'on en extrait, au moyen des petits instruments en verre qu'on nomme *Densimètres*. Ces densimètres, sont de petits tubes fermés aux deux extrémités, lestés au moyen du mercure ou du plomb, et portant sur leur tige supérieure une graduation correspondant à la densité du liquide dans lequel on les plonge.

Un grand nombre d'expériences ont montré qu'il y a, en général, une corrélation assez exacte entre la *Densité* d'un jus de betteraves et la quantité de sucre que ce jus renferme ; il est donc facile, lorsque l'on connaît la densité du jus d'un lot de betteraves. d'en déduire approximativement sa richesse saccharine. Cette approximation est presque toujours suffisante pour les besoins de la pratique. Dans les cas où l'on veut savoir très exactement la teneur en sucre de betteraves, il faut avoir recours à un instrument plus compliqué, nommé *saccharimètre*, ou bien à un procédé de détermination basé sur la décomposition des sels de cuivre par les solutions sucrées. Mais nous n'avons pas à nous arrêter à la description de ces procédés de laboratoire qui ne peuvent être appliqués que par les cultivateurs qui ont fait des études spéciales.

Voici, d'une manière générale quel est le rapport de la densité d'un jus de betteraves avec sa richesse, à la température de 15 degrés centigrades :

Lorsque le dens. marque 1040 ou 4° le jus renferme 7 % de sucre

—	1045	4°5	—	8,5	»
—	1050	5°	—	10	»
—	1055	5°5	—	11,2	»
—	1060	6°	—	12,5	»
—	1065	6°5	—	13,8	»
—	1070	7°	—	15	»

Nous ne nous occupons pas des densités inférieures à 4° parce que ces densités ne s'appliquent qu'à des racines absolument impropres à la fabrication ou même à la distillerie, et qui ne sont susceptibles d'être utilisées qu'à la nourriture du bétail, ni des densités supérieures à 7° ou 1070, parce qu'elles sont tellement rares dans nos climats qu'on ne peut pas en tenir compte ici.

Voici comment on prend la densité d'une betterave ou d'un lot de betteraves :

On commence par râper les racines, soit au moyen d'une râpe spéciale, soit avec une étrille de cheval si l'on n'a pas sous la main d'instrument plus convenable. On réunit la pulpe ainsi formée dans un sac en toile ou simplement dans un essuie-mains en toile forte, puis on presse le tout aussi énergiquement que possible par les moyens dont on dispose. On réunit le jus qui s'écoule dans une terrine, puis on en remplit une éprouvette, sorte de tube large ouvert à sa partie supérieure, fermé à sa base et pouvant se tenir verticalement. (On peut remplacer cet instrument par un verre de lampe ordinaire dont un ferme une des extrémités avec un bon bouchon.) On attend ensuite un quart d'heure afin que les bulles d'air emprisonnées dans le jus aient eu le temps de remonter à la surface, et on y place délicatement le *Densimètre* de manière qu'il puisse flotter librement dans le liquide. On lit alors sur la tige de cet instrument le point auquel cette tige émerge du liquide et l'on a saisi la densité recherchée.

Cette densité doit être prise à la température de 15 degrés centigrades. Si la température est plus ou moins élevée, la densité est inférieure ou supérieure à la densité réelle à 15°, et l'on doit faire alors une correction en plus ou en moins. Cette correction est de 0,25 pour chaque degré de température en plus ou en moins. Par exemple, un jus qui, à la température de

20° centigrades, marque 5° ou 1050, marquerait 5,12 ou 1051,25
à celle de 15°

Espacement des lignes et des plants dans la ligne.

PAR M. EM. MACAREZ.

La principale raison qui fait que le cultivateur écoute généralement peu les conseils qu'on lui donne sur le rapprochement des
betteraves dans la ligne, c'est qu'il craint *d'user sa terre* et
conséquemment de voir la récolte suivante, le blé presque toujours, lui donner un moindre rendement.

C'est une erreur dont il est facile de se rendre compte ; de
même que nous avons dans les animaux des *herbivores* ou mangeurs d'herbes et des *carnivores* ou mangeurs de chair, de
même, dans les plantes, nous en avons qui puisent dans la terre
certains sucs ou sels que d'autres négligent en partie.

Le racines, par exemple, n'étant pas de même nature que les
céréales, ne peuvent avoir été formées exactement par les mêmes
éléments, sous une même influence.

Pour s'en convaincre, on peut, dans un même champ faire des
carrés d'essai de 20 mètres de côté sur 5 mètres ; par exemple
(voir page 250) dans les uns, placer la betterave à 0.20 c. dans la
ligne, dans un autre à 0.25, puis, dans un 3° à 0.30 et ainsi de
suite, à 0.35, 0.40, 0.45, les espacements entre les lignes restant
les mêmes.

En plaçant ces carrés d'essai sur la lisière d'un champ, il sera
facile de voir l'année suivante si la croissance des blés présente
des différences, et alors on sera fixé.

Le cultivateur doit tenir à conserver ses betteraves *très serrées* dans la ligne, parce que c'est le meilleur moyen d'avoir
beaucoup de poids à l'hectare et en même temps une marchandise de *belle vue*.

Elle est de bonne vue *à la réception*, parce que le fabricant
remarquera de suite que cette betterave, n'étant pas creuse à
l'endroit du décolletage, il lui sera plus facile de la conserver en
tas, et de la préserver de la pourriture, si nuisible à son rendement en sucre.

Pour vérifier si réellement la betterave placée *drue* donne
plus de poids à l'hectare, il y a encore un moyen bien simple. Le

cultivateur n'a qu'à faire transporter sur place la petite bascule avec laquelle il pèse ses sacs de blé, et un panier. Puis, il prend au hasard, dans une des lignes de chaque carré d'essai, une longueur de 10 mètres, par exemple ; il fait arracher les betteraves comprises dans ces 10 mètres, les fait nettoyer, puis mettre dans le panier et peser successivement. En un tour de main, c'est fait.

Ce sont certainement les carrés d'essai où la betterave aura été placée à 0.20 et 0.25 qui donneront les meilleurs résultats. Chacun sait, du reste, qu'à *volume égal*, la chair d'une racine quelconque, qu'elle s'appelle betterave, carotte, navet de moyenne grosseur, sera toujours plus ferme, plus dense, plus lourde que celle d'une racine de grosseur exagérée.

Ouvrez une *grosse* betterave, elle sera *moussue* à l'intérieur et sa chair cèdera facilement sous la pression du doigt ; ouvrez-en une *petite*, la chair sera *ferme*, dure et sucrée ; prenez sur chacune un même volume, soit un cube de 0.10 c. de côté, par exemple ; pesez-les séparément sur une de ces petites bascules dont se servent les épiciers, et vous verrez que le cube de la petite betterave est bien plus lourd que celui de la grosse.

Pour toutes ces raisons, le cultivateur a intérêt à chercher à produire de 9 à 10 betterraves au mètre carré.

Indications pour les carrés d'essai figurés à la page 250.

A   Champ dans lequel on a établi 4 carrés d'essai de 20 mètres de hauteur sur 5 mètres de largeur, soit 1 are.

DISTANCE ENTRE LES LIGNES, 0,40 c.

Carré N° 1. — Placer la betterave à 0,25 d'écartement dans la ligne, ce qui donnera 80 betteraves par ligne de 20 mètres de hauteur ou 10 racines au mètre carré et 100.000 racines à l'hectare.

Carré N° 2. — Placer la betterave à 0,30 centimètres, ce qui donnera 66 betteraves à la ligne ou 8 au m. carré et 80.000 racines à l'hectare.

Carré N° 3. — Placer les betterraves à 0,35 centimètres, ce qui donnera 56 betteraves à la ligne ou 7 au m. carré et 70.000 racines à l'hectare.

Carré N° 4. — Placer la betterave à 0.40 centimètres, ce qui donnera 50 betteraves à la ligne ou 6 au m. carré et 60.000 racines à l'hectare.

B   Développement d'un des carrés d'essai.

NOTA. — En prenant la distance entre CD, d'un côté de la pièce, et celle entre EF de l'autre côté, il sera facile, l'année suivante, de constater la croissance de la récolte qui aura suivi celle de la betterave, sur la place de divers carrés d'essai, leurs limites pouvant ainsi être facilement reconstituées.

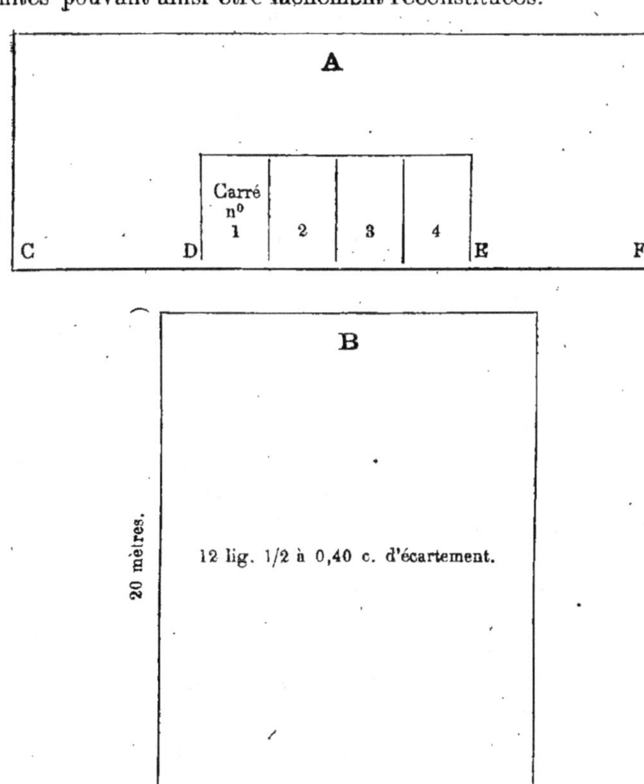

On recommande aux instituteurs de s'entendre avec les cultivateurs, pour établir des carrés et noter les observations qui seront faites sur des feuilles de renseignements, suivant le modèle intercallé page 252.

Utilité des carrés d'essai

PAR M. FLORIMOND DESPREZ.

La même variété de betteraves n'étant pas convenable à tous les terrains, il est nécessaire d'en cultiver plusieurs espèces si l'on veut être fixé à ce sujet, savoir la distance à laquelle il faut espacer les betteraves et connaître les engrais les plus favorables. C'est en établissant des carrés d'essai qu'on peut faire des expériences sérieuses. Pour cela, il faut chercher une terre homogène, ayant toujours été cultivée partout de la même façon, sur laquelle il n'y a pas eu de charrois effectués, ni d'animaux au piquet, et sur laquelle l'engrais a été répandu avec un grand soin de façon à ce qu'il n'y ait pas un carré favorisé au détriment d'un autre. Il faut aussi que les betteraves que l'on veut comparer, soient exactement mises à même distance et qu'il y en ait le même nombre sur chaque ligne.

(Il en est autrement si les carrés d'essai portent sur le rapprochement des plantes dans la ligne).

La terre doit être dans de bonnes conditions de culture, labourée profondément avant l'hiver, chaque variété de graines employées bien séparée; tous les carrés d'essai doivent être semés le même jour. Pendant la croissance des betteraves, il est nécessaire de les visiter très souvent pour voir si la levée et si la végétation sont partout égales, et enfin, si certains carrés n'ont pas souffert les uns plus que les autres. Il faut noter toutes les observations qui ont été faites pour qu'à l'arrachage, on puisse s'expliquer les anomalies que l'on rencontre parfois, si l'on veut faire des expériences sur le rendement en poids et en sucre à l'hectare.

Lorsque le moment d'arracher est venu, il faut noter la quantité d'eau tombée au moins 15 jours à l'avance; on commence par arracher le même jour une ligne de chaque carré, dont il est nécessaire d'analyser les betteraves ou d'en constater le degré de richesse au moyen d'un densimètre bien réglé. On prend le poids moyen des betteraves, puis le poids général de la ligne.

On doit continuer l'expérience en arrachant une nouvelle ligne un certain temps après le premier essai.

Chaque jour, il faut noter les résultats obtenus sur le tableau ci-joint; on peut ainsi facilement se rendre compte des betteraves qui conviennent le mieux au sol que l'on cultive, sous le rapport du poids et de la qualité :

*Modèles de feuilles de renseignements à fournir
pour les carrés d'essai.*

CARRÉ Nº   largeur   longueur   surface
Ce carré a été planté avec des graines de betteraves provenant
de
Date de la plantation   espacement entre les lignes.
       id.   récolte   id.   des plants dans la ligne

DATES DES ESSAIS.	Nᵒˢ des lignes.	NOMBRE de betteraves à la ligne.	POIDS moyen des betteraves.	POIDS total de la ligne.	DENSITÉ à 15 degrés centigrades.	RENDEMENT en poids à l'hectare.	RENDEMENT en sucre à l'hectare.	OBSERVATIONS. — Forme des racines etc.

Observations générales faites pendant la croissance.

NOTA. — Dire si les densités reconnues au densimètre ont été
contrôlées par l'analyse chimique. — En donner le résultats.

Récoltes faites précédemment sur la place des carrés d'essai.
En 188   en 188   en 188
Labours et façons donnés au carré d'essai.

Fumure.

LISTE DES GRAINES DE BETTERAVES

que la Société fournit gratuitement aux intéressés.

I

Graines de Betteraves pour essai,

Mises gratuitement à la disposition de la Société, par
M. VILMORIN, Marchand grainetier, quai de la Mégisserie,
à Paris.

1° — Betterave à collet rose.
2° — — — vert, race Brabant.
3° — — — vert.
4° — — — gris.
5° — améliorée, Vilmorin.
6° — rose hâtive (améliorée).

Renseignements pour prix de gros.

(Marchandise prise à Paris, emballage et port en sus, valeur
90 jours.)

Betterave à collet rose,	110 f. les 100 k.	et	1 f. 20 le k.
— — vert, race Brabant,	110 f.	—	1 f. 20 —
— — vert,	110 f.	—	1 f. 20 —
— — gris,	100 f.	—	1 f. 10 —
— améliorée, Vilmorin,	350 f.	—	4 f. » —
— rose hâtive-améliorée,	250 f.	—	2 f. 70 —

II

Graines de Betteraves

Mises à la disposition de la Société, par M. DESPREZ,
producteur de graines de Betteraves, à Cappelle,
près Templeuve (Nord).

1° — Variétés à chair dure et à peau très rugueuse, blanches
et roses.

2º — Variétés à chair tendre et à peau lisse, blanches et roses.

3º — Variétés intermédiaires entre celles à chair dure et à chair tendre , blanches et roses.

Pour les prix en gros, s'adresser directement à M. Desprez.

III.

Graines de Betteraves

Mises à la disposition de la Société , par M. SIMON-LEGRAND ,
producteur de graines de Betteraves , à Bersée ,
près Orchies (Nord).

Roses nº 1.
   —   2.
   —   2 lisse.
Blanches nº 1.
   —   2.
Jaune de la Hesbaye.

S'adresser directement à M. Simon-Legrand.

Conclusions du rapport de **M. TAFFIN-BINAULD** *adoptées par la Société des Agriculteurs du Nord, dans sa séance du 7 décembre 1881, pour le concours de 1882.*

La Société des Agriculteurs du Nord ,

Considérant que l'émulation qui s'est manifestée en l'année 1881 parmi les cultivateurs du département, pour l'amélioration de la betterave , justifie les mesures prises par la Société pour récompenser les meilleures cultures et fait augurer d'excellents résultats pour l'avenir ; qu'il y a lieu de persévérer dans la même voie pour l'année 1882 et de conserver, pour ce nouveau concours , les mêmes termes et conditions insérés dans la délibération du 1ᵉʳ juin 1881 :

Considérant cependant que les raisons qui avaient fait abaisser transitoirement et pour l'année 1881 seulement, le degré minimum de densité des betteraves qui pourraient être l'objet des récompenses à décerner, à 5 degrés 2/10, n'existent plus cette année, puisque les cultivateurs avertis en temps utile, auront le temps voulu pour disposer leurs terres et leurs ensemencements, de façon à entrer dans les conditions du concours ;

Considérant que si la densité de 5 degrés 5/10, dépasse la moyenne de qualité normalement obtenue dans ce pays, elle peut être atteinte et même être dépassée par les cultivateurs qui voudront seconder les efforts de la Société ; que les betteraves à cette densité sont susceptibles d'une plus-value sur le prix de base généralement adopté dans les transactions entre planteurs et fabricants, prix de base qui s'applique presque toujours à la densité de cinq degrés, que dans ces conditions de plus-value et avec le poids qui peut s'allier à cette qualité, les récoltes ainsi primées pourront en même temps être lucratives pour les cultivateurs ;

Considérant d'ailleurs, que le mode d'achat et de vente de betteraves à la densité a fait dans la dernière campagne de sérieux progrès et que son adoption, toujours conseillée par la Société des Agriculteurs et considérée par elle comme inséparable de l'amélioration des qualités saccharines de la betterave, s'impose presque par les avantages que leur procurera la qualité obtenue et constatée, aux cultivateurs concurrents ;

Considérant que dans un concours qui a uniquement pour objet d'améliorer les conditions économiques de la production du sucre et de l'alcool, de façon à préserver les cultivateurs et les industriels français des effets de la concurrence ruineuse qui leur est faite par les producteurs étrangers, on ne saurait, sans risquer de manquer le but poursuivi, primer des récoltes dont la qualité simplement moyenne, pourrait encore, dans les années malheureuses et sous l'influence de circonstances atmosphériques désagréables, descendre à ces bas degrés qui rendent le travail de la betterave presque impossible et compromettent tous les intérêts ;

Considérant qu'il y a lieu d'encourager également dans cette voie d'amélioration, les petits cultivateurs auxquels la moindre importance de leur exploitation ne permettrait pas d'ensemencer annuellement un hectare de betteraves : qu'il y a lieu d'instituer à cet effet une catégorie spéciale de récompenses.

Délibéré.

Des primes ou médailles seront accordées aux cultivateurs qui, sur l'ensemble de leurs récoltes de betteraves et sur une étendue d'un hectare au moins, auront obtenu la plus grande somme de sucre industriellement extractible à l'hectare, avec une densité au moins égale à cinq degrés 5/10.

Le rendement en sucre industriellement extractible sera calculé d'après le tableau ci-dessous :

Densité.	Rendement industriel en sucre par cent kilogrammes de betteraves.
5 degrés 2/10	5 kilogs 99
5 » 3/10	6 » 19
5 » 4/10	6 » 39
5 » 5/10	6 » 59
5 » 6/10	6 » 79
5 » 7/10	6 » 99
5 » 8/10	7 » 19
5 » 9/10	7 » 39
6 » »	7 » 60
6 » 1/10	7 » 81
6 » 2/10	8 » 02
6 » 3/10	8 » 23
6 » 4/10	8 » 44
6 » 5/10	8 » 65
6 » 6/10	8 » 86
6 » 7/10	9 » 07
6 » 8/10	9 » 28
6 » 7/10	9 » 49
7 » »	9 » 70

Néanmoins, les divers échantillons seront analysés et un rapport sera fait sur chacun d'eux afin d'apprécier, si, à l'avenir, il peut devenir utile ou nécessaire, de faire entrer l'analyse comme élément d'appréciation du mérite des divers concurrents.

Autant que possible, les examinateurs devront adopter un même mode de procéder, lequel sera ultérieurement déterminé.

Une catégorie spéciale de récompenses sera établie pour les cultivateurs dont les ensemencements en betteraves représenteront *moins d'un hectare*.

SUBVENTIONS INDUSTRIELLES.

QUESTION DE PRINCIPE.

La loi de 1836 sur les subventions industrielles avait en vue d'atteindre :

Les dégradations *extraordinaires* commises par les industries et il avait été spécifié que les *produits agricoles* seraient exempts de cet impôt.

Il y a deux mots qu'il ne faut pas perdre de vue dans la mise à exécution de cette loi : Les dégradations doivent être *extraordinaires* et la loi n'atteint pas les produits *agricoles*.

Extraordinaires.

A l'époque ou a été faite cette loi, les conditions de la circulation générale et de la circulation industrielle étaient tout à fait différentes de ce qu'elles sont aujourd'hui. Il n'existait pas de chemins de fer ; la principale fatigue était causée par les entreprises de Roulage public (qui ne paient pas de subventions d'après la loi) ; quant à la circulation industrielle, elle était très peu développée alors, et quand une industrie métallurgique par exemple, se servait des routes, il en résultait des dégradations exceptionnelles, réellement extraordinaires, visibles, facilement appréciables ; et c'est là ce qui a donné lieu à la loi de 1836. Aujourd'hui, les conditions de la vie en général et de la vie industrielle sont changées ; les charrois industriels sont devenus la règle, pour ainsi dire. Ils ne sont plus une exception comme alors, et si, par suite, l'entretien des routes est plus coûteux, les industries qui s'en servent apportent au Trésor public directement et par leur mille conséquences, bien plus que l'argent nécessaire à leur entretien.

Faire payer aux industriels une subvention spéciale pour l'entretien des routes, c'est imposer de la part du Trésor public une

amende à ceux qui l'enrichissent , et leur en enlever les moyens.
C'est dire à celui qui vous rend service : « Payez moi une indem-
nité pour le service que vous me rendez. »

Si on calculait la somme rapportée au Trésor par une industrie telle que la fabrication du sucre de betteraves, tant en impôts
directs qu'indirects , par elle-même et par toutes les industries
qui vivent d'elle , on arriverait à un chiffre énorme , supérieur à
ce qu'il faudrait pour entretenir toutes les routes de France et
cela en dehors de toute subvention spéciale supplémentaire.

Et cependant, on l'oblige à payer, en outre , un impôt quelquefois écrasant, pour des dégradations dites extraordinaires et
qui ne le sont pas , qu'elle cause aux routes d'un pays dont elle
fait la richesse industrielle et agricole , souvent hélas à ses
dépens.

En résumé, sur ce mot *extraordinaire*, les circonstances ont
changé depuis 1836 ; ce qui était extraordinaire ne l'est plus , et
est compensé par les faits nouveaux ; et la loi surannée de 1836
doit être changée ou supprimée ; elle est devenue un anachro-
nisme.

Agricoles.

La loi de 1836, mettait en dehors des subventions industrielles
et avec raison, les produits agricoles , et cependant, par une
dérogation à l'esprit et à la lettre même de la loi, on en est
arrivé peu à peu à faire supporter presque tout le poids de cet
impôt par une industrie essentiellemet *agricole*, la fabrication
du sucre de betteraves, qui ne peut exister et faire vivre avec
elle l'agriculture qu'au moyen des charrois de betteraves, produit *agricole*, sur les routes qui mettent l'usine en communication avec les champs.

Sans ces charrois, la culture de la betterave, richesse *agricole*
disparaîtrait, et comme la contradiction avec les termes et l'esprit
de la loi serait flagrante, si l'administration des ponts et chaus-
sées frappait les betteraves dans les mains des agriculteurs ; et
que cela rencontrerait une opposition et une réprobation générales , elle les frappe dans les mains des fabricants de sucre ,
chez qui elle a trouvé, au temps où cette industrie était prospère,
une plus facile rentrée de cet impôt, réellement *illégal*.

Lorsque le blé est amené au moulin , il ne paie pas de subven-

i ons, et cependant, il est destiné à des industriels , les meuniers,
t out comme les betteraves sont destinées à des industriels, les
fabricants de sucre.

Voilà donc deux produits agricoles , qui sont traités d'une
manière différente, non pas devant la loi , (la loi les assimile),
mais devant les interprétations du fisc.

QUESTION DE FAIT.

Non seulement l'impôt sur la circulation de certains produits
agricoles, et notamment des betteraves et des pulpes, est illégal,
aux termes et dans l'esprit de la loi encore existante de 1836 ;
mais la perception de cet impôt, *ne peut se faire d'une manière
équitable*. L'administration ne peut pas constater contradictoirement avec l'industriel, les dégâts au moment où ils se produisent : il faudrait suivre chaque chariot ; elle se borne à faire
compter par les ouvriers des routes , dits cantonniers, le nombre
des chevaux attelés , (en termes consacrés le nombre de colliers),
qui circulent pour tel ou tel industriel , (les chevaux des cultivateurs se rendant à une fabrique de sucre étant considérés comme
s'ils appartenaient au fabricant), puis, à la fin de l'année, elle
multiplie ce nombre de colliers par un coefficient *à son choix* ,
qui varie selon les besoins généraux de l'entretien des routes ; il
en résulte une somme à payer par l'industriel , non pas pour
dégradations extraordinaires, comme le veut la loi ; mais en
réalité pour *l'entretien normal* des routes , ce qui n'est pas dans
la loi.

Si l'industriel se récrie, on autorise une sorte d'expertise, l'administration nommant elle-même les experts, sauf un, qui se
trouve nécessairement en minorité ; et l'industriel eût-il autant
d'experts que l'administration, l'expertise est *impossible*. Car on
peut bien constater après 6 ou 8 mois, si une route est en bon ou
en mauvais état, mais il est impossible de savoir qui l'a mise en
mauvais état.

Des betteraves peuvent avoir circulé par un temps sec, au
mois d'octobre, par exemple, ou au mois de décembre sur des
routes gelées, sans occasionner aucun dégât, ni même aucune

fatigue à la route ; et cependant elles sont grevées de leur nombr
de colliers ; tandis qu'en un autre moment, des charrois, exempts
peut-être des paiements de subventions auront défoncé la route :
et c'est la betterave qui paiera pour eux.

Il pourra se faire aussi que la route n'aura pas souffert de
dégradations extraordinaires (c'est même généralement le cas)
et cependant le tableau des colliers et de leurs coefficients, aura
malgré tout son effet.

Il se pourra enfin que, si la route est en mauvais état, cela
soit dû à la négligence des ouvriers et des cantonniers (c'est
aussi très généralement le cas). Mais toujours le nombre de
colliers et son coefficient aura son effet aux dépens de l'agriculture.

Il faut bien le dire , c'est *l'arbitraire complet, absolu* , et ce
qui est pis , l'arbitraire avec un semblant d'organisation et de
légalité.

On rencontre dans cette malheureuse question de subventions
industrielles, des exemples comme celui-ci :

Une fabrique de sucre, de moyenne importance , payait autrefois par abonnement , une somme déjà énorme de 3.000 fr. par an
de subventions pour les betteraves que la culture lni apportait.
L'abonnement expiré, l'administration ne voulut pas le renouveler bien que pendant la période de huit années qu'il avait duré
les routes aboutissant à cette fabrique se fussent notablement
améliorées ; l'abonnement était donc plus que suffisant. Les
années qui suivirent, l'administration exigea tout à coup des
sommes variant de 9.000 à 11.000 francs par an , sans que la
fabrique eût augmenté d'importance et sans que les routes
eussent eu plus de fatigue que par le passé. Le malheureux fabricant se refusa à subir de pareilles exactions. Il plaida au Conseil
de Préfecture , au Conseil d'État, gagnant tantôt d'un côté pour
perdre de l'autre , usant son temps et sa vie à se débattre ; et
cependant les routes étaient en bon état , bien qu'il ne payât plus
rien, en attendant l'issue des procès.

Autre exemple. Il y a quelques années , un fabricant de sucre
dont nous pourrions citer le nom avait été taxé, pour une
année , à une somme d'environ 15.000 fr. (quinze mille). Il con-
sulta son avocat pour une réclamation à produire devant le
Conseil d'État ; et quelques temps après, l'administration redou-

tant sans doute l'issue du procès, transigea avec lui, avant les débats, pour une somme de 1.100 fr. (onze cents).

Quel était donc l'utilité et quel était le but des sommes écrasantes et ruineuses qu'on exigeait de ces industriels?

En principe comme en fait, quand on voit qu'une loi qui touche l'industrie et l'agriculture a été faite en 1836, alors qu'il n'y avait pas d'industries agricoles ; et qu'elle subsiste encore maintenant, quand les choses auxquelles elle se rapporte sont aussi changées que si plusieurs siècles s'étaient écoulés depuis, il est évident que cette loi doit être abrogée ou changée. Elle est devenue par la force des choses et des temps, un abus, une illégalité.

Enfin, un criterium certain auquel on reconnait qu'une loi est mal faite, c'est qu'on *ne peut pas* l'interpréter, et c'est ce qui arrive pour celle-ci.

Les Tribunaux compétents, les Conseils de Préfecture et le Conseil d'État, l'interprètent depuis plusieurs années de façons différentes, et même diamétralement opposées, et non seulement ces divergences existent entre les divers Tribunaux, mais un même Tribunal, celui qui juge en dernier ressort, le Conseil d'État vient de changer trois fois de jurisprudence en cette matière, depuis quelques années, se déjugeant complètement à plusieurs reprises. Ce qui a fait donner pour épigraphe à une brochure sur cette malheureuse question :

» *Au Conseil d'État, les arrêts se suivent et ne se ressemblent pas.* »

Importance du sacrifice que coûterait l'exonération des betteraves et des pulpes.

Il est probable que le chiffre total des subventions payées par les fabriques de sucre de France est d'environ 5 à 600.000 francs ce qui, (*également réparti*) correspondrait à environ 1.000 francs par fabrique.

Supposons 525.000 fr. sauf à établir le chiffre exact par une statistique que l'on demanderait aux préfets des départements sucriers.

L'exonération des betteraves et des pulpes coûtera environ 425.000 fr. et il restera une subvention de 100.000 fr. pour sucres, mélasses charbons, etc., qui continueront à payer. En effet, l'ensemble des transports d'une fabrique de sucre, par rapport à 1.000 kilog. de betteraves, peut se détailler comme suit :

Poids à exonérer :	Betteraves		1.000 k^{os}
	Pulpes		300
			1.300
Poids proportionnel	Charbons.........	150	
qui	Sucre ..,..........	60	
	Mélasse	50	
continuera à payer :	Moëllons	30	
	Divers...........	30	320
	Ensemble		1.620 k^{os}

Si donc on exonère les betteraves et les pulpes, la proportion du revenu que l'on perd est de 1.300 k^{os} sur 1620 que l'on avait avant cette exonération ;

$$1.620 : \text{perd } 1.300 :: 525.000 \text{ fr.} : \text{perdront X.}$$

$X = 421.000$ fr. : soit en chiffres ronds 425.000 f. de revenu perdu.

Et il restera........................ 100.000 fr. pour sucres, mélasses, etc.

Ce chiffre pourra varier un peu, par suite de la statistique exacte, mais la proportion entre ce qui ne paiera plus, après exonération, et ce qui continuera à payer restera la même.

On voit que l'exonération des betteraves et de pulpes ne coûtera pas bien cher (425.000 francs environ par an.)

Mais alors on pourrait s'étonner que les agriculteurs et les fabricants attachent tant d'importance à l'exonération d'une somme si minime, qui ne correspondrait, en moyenne, qu'à 1.000 fr. par an (*si elle était également répartie*).

L'importance qu'on y attache vient d'un sentiment de justice et d'équité, parce que cette somme est *inégalement répartie*.

Pour des transport *exactement les mêmes en poids*, alors que la plupart des usines paient 400 à 600 francs par an quelques autres paient jusqu'à 10.000 francs par an.

C'est là ce qui explique qu'il n'y ait pas un tolle *plus général* contre cet impôt : (les heureux ne réclament pas) ; mais il n'est pas moins vrai qu'un dixième peut-être des fabricants de sucre de betteraves, souffrent de cette injuste répartition, au point de voir *leur existence en péril.*

Le Gouvernement et les Chambres voudront faire cesser une pareille iniquité, et il leur sera facile d'accomplir cet acte de justice, puisqu'il n'en résultera qu'un sacrifice bien faible pour le budget.

EXTRAITS DES PROCÈS-VERBAUX

DES

DÉLIBÉRATIONS DU CONSEIL GÉNÉRAL DU NORD

De 1876 à 1881.

Août 1876.

RAPPORT DE LA COMMISSION DES SUCRES ET ALCOOLS.

M. le Président donne la parole à **M. Macarez,** rapporteur d'une commission spéciale nommée à la session d'avril « pour rechercher les causes de la crise de la sucrerie et de la distillerie, et les meilleurs moyens pour y remédier. »

Lecture est donnée de ce rapport. (V. page 268).

M. Jules Brame fait remarquer que le document qui vient d'être lu a une importance considérable, et demande qu'il soit imprimé et distribué avant toute discussion.

Il se bornera à faire en ce moment une seule observation. Il croit avoir entendu une phrase disant que les membres du Sénat et de la Chambre des Députés s'étaient peut-être trop désintéressés de la situation qui était faite à l'industrie sucrière. Or, l'honorable membre a à cœur de déclarer de la manière la plus nette et la plus positive, que les sénateurs et les députés du département ont fait des efforts considérables pour hâter la mise à l'ordre du jour de la question de la sucrerie et de la distillerie. Comme l'honorable rapporteur l'a dit avec raison, pendant que le temps se passait à discuter des sujets de théorie gouvernementale, l'industrie sucrière mourait. C'est certainement un scandale !

Cette question a d'autant plus d'importance qu'il ne s'agit pas d'une industrie isolée, mais d'une industrie qui, on peut le dire, est la mère de toutes les autres. La sucrerie et la distillerie, en effet, font vivre l'industrie métallurgique et minière ; elle fournit du travail aux forgerons, aux charrons, à une quantité d'industries qui sont aujourd'hui dans un état déplorable à cause de la mauvaise législation sur les sucres. Tous ces faits sont constatés dans le rapport si bien fait et si complet de M. Macarez, rapport qui mérite les remerciments de toute l'Assemblée.

En présence d'un mal aussi profond, sénateurs et députés, tous, sans exception de nuances politiques, ne doivent pas cesser de réclamer, et ces réclamations seront plus puissantes, lorsque le Conseil général aura donné son approbation aux conclusions de la Commission spéciale.

M. Goussard dit que les conclusions du rapport tendent à prier les sénateurs et les députés du Nord, auxquels la Commission livre des renseignements et des documents de nature à les éclairer et à donner plus de force à leurs réclamations, de provoquer des modifications dans la législation.

Ces conclusions sont donc le témoignage de la confiance la plus entière de la Commission dans les sénateurs et les députés du Nord. M. Jules Brame a eu raison de demander l'impression de ce rapport, parce qu'une simple lecture ne suffit pas pour en faire saisir toutes les phrases. Si, en effet, il se reportait à la phrase qui a un peu éveillé sa susceptibilité, il verrait que le rapporteur s'est borné à dire que, comme la culture de la betterave et l'engraissement du bétail assurent la prospérité de départements herbagers autres que le Nord, les sénateurs et les députés *de ces départements* ont eu peut-être tort de se désintéresser de la question sucrière.

M. Testelin demande que le rapport soit imprimé à un nombre d'exemplaires suffisant pour être distribué à tous les sénateurs et à tous les députés.

Il avait d'ailleurs compris comme M. Jules Brame, la phrase du rapport qui a été relevée et il trouvait le reproche d'autant plus injuste que si la loi sur l'exercice des raffineries a été rendue, on le doit certainement aux député du Nord. Il y a d'ailleurs une question pendante, c'est la nomination d'une commission d'enquête pour constater la situation de la fabrication dans toute la France, commission qui serait analogue à celle qui a été nommée pour le phylloxera, car la disparition de la betterave serait aussi préjudiciable à la France que celle de la vigne.

M. Legrand (de Valenciennes) présente une observation sur un autre point du rapport.

M. Macarez, dit-il, fait allusion, à la fin de son travail, à la conférence internationale qui s'est réunie dernièrement à Paris pour s'occuper de la question des sucres et il émet le vœu que les sénateurs et les députés se préoccupent du résultat auquel elle pourrait aboutir. Or, il est bon que le Conseil général sache que cette Commission, qui s'est réunie le 17 juillet, s'est séparée le 9 août, sans avoir pu arrêter aucune solution. Il peut être intéressant d'en rechercher les causes. Cela tient à ce que les négociations ont été conduites en dehors de l'influence légitime des intérêts qu'il s'agissait de sauvegarder et de faire prévaloir. Le ministre de l'agriculture, a présidé lui-même ces conférences, assisté de MM. Ozenne et Amé, qui n'ont jamais passé pour être les défenseurs de la fabrication du sucre, dont ils se sont au contraire, montré les adversaires en toute circonstance. C'était déjà beaucoup que les négociations fussent confiées à des hommes aussi peu qualifiés pour représenter la fabrication du sucre, mais cette industrie n'a même pas été admise à faire connaître ce qu'elle désirait, n'a même pas été avertie. C'est pour cela que s'inspirant de principes qui ne correspondent pas aux besoins de cette industrie, ces négociations ont misérablement échoué. On s'est ajourné à l'hiver prochain. D'ici là, une nouvelle campagne sera engagée ; elle ne pourra qu'augmenter les ruines dont M. Macarez a présenté le tableau. Il faut émettre le vœu que l'administration à l'avenir veuille bien se mettre en rapport avec la fabrication du sucre indigène et lui donner un représentant dans la prochaine réunion.

M. le Président pense qu'il serait préférable de remettre la discussion après l'impression du remarquable rapport qui vient d'être lu, suivant la proposition qui en a été faite.

M. Jules Brame exprime le même avis : il demande que la

discussion soit renvoyée au commencement de la semaine prochaine afin qu'on ait le temps d'étudier le rapport. Il se rallie d'ailleurs à la proposition de M. Testelin et croit comme lui qu'il est utile que le rapport soit distribué à tous les sénateurs et députés.

M. Macarez, rapporteur, confirme les explications données par M. Goussard, relativement à l'interprétation d'une des phrases du rapport. Elle ne pouvait, dans la pensée de personne s'appliquer aux sénateurs et aux députés du Nord, alors qu'on a pu lire, dans le *Journal Officiel* du 5 avril dernier, qu'une proposition tendant à la nomination d'une commission spéciale, ayant pour mission d'étudier et de proposer les moyens de remédier aux maux de la sucrerie indigène, venait d'être présentée par MM. Louis Legrand, Brame, Deusy, Desmoutiers, Charles Mention, Florent-Lefèvre et Devaux.

On savait déjà que les députés du Nord se préoccupaient de la question, mais l'eût-on ignoré, que la lecture du *Journal Officiel* ne pouvait laisser aucun doute à cet égard.

COMMISSION DES SUCRES ET ALCOOLS.

M. MACAREZ, Rapporteur.

Messieurs,

Lors de votre dernière session, vous avez nommé une Commission (1) chargée de rechercher les causes de la crise sucrière, son importance, et ses conséquences sur la richesse publique du département du Nord

Votre Commission s'est aussitôt constituée et mise à l'œuvre ;

(1) Cette Commission, nommée dans la séance du 29 avril 1876 (procès-verbaux, p. 136), était composée de MM. Goussard, *président ;* Desmoutiers, Chombart, Fiévet, Duquenne, Delérue, Caullet, Boulangé, Macarez, *secrétaire.*

ne voulant juger qu'en parfaite connaissance de tous les faits, elle a pensé que le meilleur moyen pour s'éclairer et pour juger d'une manière impartiale, était d'adresser une série de questions aux Sociétés les plus importantes du département, Chambres de Notaires, de Commerce, etc., afin d'avoir leurs avis.

Presque tous les questionnaires nous sont revenus avec les réponses les plus complètes ; nous en remercions les personnes qui ont bien voulu nous aider ainsi ; mais l'examen des documents qui nous ont été remis démontrent malheureusement que la crise est plus sérieuse encore que nous ne le pensions, elle atteint toutes les industries qui donnent la vie et la prospérité, non seulement à notre département, mais encore à une grande partie de la France.

Elle arrête la production des denrées de première nécessité ; elle tend à diminuer la valeur du sol.

Déjà elle a anéanti des établissements considérables et amené la ruine dans bien des endroits.

Du reste, par l'analyse que nous allons vous donner des documents reçus, vous en jugerez par vous-mêmes.

Les **Chambres des notaires** d'Avesnes, Cambrai et Lille se sont empressées de nous envoyer leurs appréciations. Elles constatent que la culture de la betterave a élevé la valeur vénale et locative de la terre dans des proportions notables, et que c'est à elle qu'on doit l'aisance et la prospérité qu'on a remarquées dans nos campagnes agricoles dans ces derniers temps.

Les **Chambres de Commerce** indiquent dans leurs rapports combien les industries du Nord sont solidaires les unes des autres. L'industrie sucrière et la distillerie donnent du travail en quantité aux métallurgies, aux ateliers de construction, aux filatures de aine, jute, etc. ; elles donnent des matières pondéreuses à transporter aux compagnies de chemins de fer, à la bâtellerie. Elles aident puissamment à la consommation des produits de nos mines, de nos fabriques d'engrais, de graisse, de produits chimiques et d'une foule d'autres industries qui sont nées avec elles et disparaîtraient sans elles.

Les **Sociétés d'Agriculture** de Cambrai, Dunkerque, Bailleul, Lille et Valenciennes nous ont fait remettre des documents intéressants qui démontrent combien la culture souffre de la crise sucrière. Toutes constatent que si le mal se prolonge, c'est la ruine à bref délai, pour le cultivateur, et par conséquent, la perte de tout ou partie de la rente foncière pour le propriétaire.

Les **Comités des fabricants de sucre** de nos arrondisse-ments donnent un exposé de la situation.

La fabrication du sucre en France est représentée par un Comité central dont le siège est à Paris. Les membres de ce Comité central sont élus à la majorité des suffrages par les fabricants de sucre, à raison de un à trois par arrondissement et snivant le nombre des fabriques qui y sont installées. Dans les arrondissements, il y a des Comités locaux.

Le Comité central a été renouvelé cette année ; tous les anciens membres ont été réélus presque à l'unanimité. C'est assez dire combien ce Comité a d'autorité et combien les fabricants de sucre ont approuvé les démarches, malheureusement restées inutiles, qui ont été faites et dans les Ministères et près de l'Administration supérieure, pour défendre ies intérêts de l'industrie betteravière. C'est vous dire aussi que, pour l'avenir, le Comité a toute la confiance de la grande majorité des fabricants de sucre de France.

Or, dans les documents qui nous ont été communiqués, il est clairement démontré dans quelle triste et ruineuse situation a été précipitée presque du jour au lendemain, la sucrerie et la distillerie si prospères encore il y a quelques années ; et que cette situation est due à la mauvaise assiette de l'impôt, à sa mobilité et à son énormité.

La mobilité de la législation est surtout embarrassante, elle empêche les marchés à long terme, sans lesquels l'industrie ne peut à l'avance s'assurer un travail régulier et rémunérateur.

Comme remède on indique :

1° Un large dégrèvement des droits qui frappent le sucre et les alcools ;

2° Une législation basée sur l'impôt à la consommation par l'exercice permanent des raffineries, comme cela se pratique pour les fabriques de sucre et les fabriques-raffineries ;

3° Une convention avec les gouvernements étrangers assurant une réciprocité complète.

Les Chambres de commerce, comme nous vous l'avons dit plus haut, nous ont indiqué combien l'industrie du sucre et la distillerie aidaient à la consommation des produits de nos grandes industries et combien elle leur procurait de travail.

Nous avons consulté les représentants de ces industries. L'ho-

norable directeur-général de la Compagnie d'Anzin s'est empresse,
le 25 mai, d'envoyer à votre Commission ses appréciations à ce
sujet. En voici, en partie, le contenu :

« La cessation complète de ces industries (la sucrerie et la
» distillerie). nous dit-il, serait pour notre Compagnie un véri-
» table désastre, attendu que, sur une production de plus de deux
» millions de tonnes en 1875, la fabrique de sucre et la distillerie
» nous ont demandé le chiffre énorme de 352.000 tonnes ! — La
» crise que ces industries traversent aujourd'hui a pour consé-
» quence une diminution d'environ un quart dans le chiffre de
» leur consommation, et déjà nous subissons l'influence de cette
» diminution, les demandes sont moindres, et il nous est très
» difficile de trouver de nouveaux débouchés pour remplacer
» ceux qui se perdent. »

Les représentants des autres houillères du Nord : Vicoigne,
Nœux et Aniches, confirment ces dires ; nous trouvons leurs
réponses au dossier :

A Nœux, disent-ils, nous extrayons, chaque année, quatre
» millions de quintaux de charbon gras ; plus d'un million de
» quintaux sont fournis à la sucrerie et à la distillerie ..... Si
» ces industries venaient à cesser, à l'instant même nos valeurs
» charbonnières subiraient une baisse sensible.......

» Dans une pareille situation, que deviendraient nos machines
» nos appareils d'exploitation que nous avons achetés à grands
» frais pour augmenter encore notre production et puis nous
» mettre à même de répondre à tous les besoins de la consomma-
» tion ? Que deviendraient surtout nos nombreux ouvriers qui se
» trouveraient, pour la plupart, sans travail ? La tranquillité
» publique , soyez-en sûrs , serait compromise au plus haut
» degré. »

Et, d'autre part (lettre de M. le Directeur de la Compagnie
d'Aniche) : «....Pour fabriquer un kilog. de sucre, il faut quatre
» kilog. de houille ou la même quantité que pour fabriquer un
» kilog. de fer. Les trois quarts au moins de la houille consom-
» mée par la fabrication du sucre sont fournis par les charbon-
» nages du Nord et du Pas-de-Calais, dont la production, pendant
» les trois dernières années, a varié de 6.269.000 à 6.623.000
» tonnes.

« Toute diminution dans la fabrication du sucre amènera

» nécessairement une réduction parallèle dans la production de
» ces houillères, au grand détriment des 40.000 ouvriers qu'elles
» occupent et des intérêts divers et très importants engagés dans
» cette industrie. »

Une autre industrie qui donne aussi la vie à de nombreux ouvriers et dont, lorsque vous parcourez le département, vous voyez partout les vastes bâtiments et les nombreuses cheminées qui, jadis, par la fumée qu'elles dégorgaient à foison, indiquaient une activité aujourd'hui en partie arrêtée, est celle de la métallurgie et des constructions mécaniques. Pour vous faire apprécier combien la vitalité de ces industries est liée à celle des sucres et des alcools, je demande la permission de faire lecture des lettres de deux principales maisons du Nord, celles de MM. Carion-Delmotte, à Anzin, et J.-F. Cail et Cie, dont les actions sont cotées à la bourse de Paris.

Voici celle de M. Carion-Delmotte :

« Nous avons fait des recherches afin de vous répondre aussi exactement que possible.

« En passant en revue les quinze dernières années, nous voyons que la sucrerie seule nous donnait, année moyenne, un chiffre d'affaires d'environ 700.000 fr., à la production duquel étaient employés environ 180 ouvriers. Ce chiffre d'affaires s'est élevé à plus du double dans les années 1872 et 1873.

» Dès l'année 1875, la sucrerie ne nous donnait plus qu'un chiffre d'affaires d'environ 400.000 fr., et cette année, où nous sommes encore favorisés par le montage, que nous exécutons pour la première fois en France, du procédé de la diffusion, chez MM. Quarez et fils et Cie, à Villeneuve-sur-Verberie, nous arriverons à peine pour la sucrerie au chiffre de 200.000 fr.

» Vous appréciez à quelle réduction de personnel nous allons être amenés si nous ne trouvons, coûte que coûte, de nouveaux travaux pour combler un tel déficit, et nous ne savons quelle industrie pourrait nous les donner. »

Voici la seconde, celle de MM. Cail et Cie :

« Notre maison de Denain, autrefois si prospère, fit encore l'année dernière plus de deux millions 500.000 francs d'affaires.

» Notre maison de Douai fit un chiffre d'affaires en sucrerie à peu près égal à celui de Denain.

» Cette année, aucune de ces deux maisons ne fera 50.000 fr. de travaux pour la sucrerie. Comme vous voyez, Monsieur, la situation de nos établissements travaillant pour cette branche d'industrie est désastreuse.

« Notre maison de Valenciennes, qui ne fait absolument d'autres travaux que des appareils en cuivre, tels que serpentins pour triple effet cuite en grains, tuyaux et appareils de toutes sortes, se rattachant spécialement à la sucrerie, se trouve fermée actuellement, vu la triste situation de l'industrie sucrière.

» Si malheureusement on ne peut venir en aide à la subsistance et à l'encouragement de la sucrerie, dans notre département du Nord, cet état causera la ruine de cette industrie et une dépréciation considérable pour nos établissements métallurgiques.

Inutile, je pense, d'ajouter d'autres commentaires.

Pour les **Compagnies de transport**, dont, pour quelques-unes, les revenus sont garantis par l'État et le Département, nous avons demandé des renseignements à la Compagnie du Nord, mais elle n'a pu nous les envoyer à temps. Le relevé des transports faits par la Compagnie des Mines d'Anzin pour la sucrerie et la distillerie, que nous devons à l'obligeance de M. le Directeur de cette Compagnie, vous donnera une idée de ce qu'il doit être pour les autres réseaux du Nord.

En 1875, le chemin de fer de la Compagnie d'Anzin, dont la longueur kilométrique est restreinte, a transporté pour le compte de la sucrerie :

Sucre	9.892	tonnes.
Mélasses	847	»
Charbon	12.661	»
Engrais	571	»
Betteraves	5.216	»
Divers	1.011	»

et pour la distillerie :

Alcool	4.645	tonnes.
Divers	6	»

soit en tout, 34.849 tonnes. »

Si cette circulation venait à s'arrêter sur les réseaux garantis, vous devinez quelle somme l'État et le Département seraient exposés à devoir payer.

Pour la batellerie, nous avions pensé trouver des renseigne-ments près de l'Ingénieur compétent, mais nous ne les avons pas encore reçus.

Vous voyez, Messieurs, que tous sont d'accord pour affirmer que la richesse de notre département et sa transformation depuis quarante ans, ont pris leur source dans l'industrie sucrière et la distillerie, et que les malheurs dont le pays est menacé dé-couleront de la crise que subit actuellement cette industrie si elle se prolonge.

Le mal, qui était réparable en partie au début de la campagne, si, par une législation stable et promise depuis longtemps, le Gouvernement était venu dissiper les incertitudes, ne l'est mal-heureusement plus aujourd'hui, principalement en ce qui concerne la production pour cette année ; et cependant, c'est une des meil-leurs ressources du budget, puisqu'elle y rapporte annuellement des sommes considérables, (178 millions en 1875, pour les sucres seulement.)

Si l'industrie, quelquefois peut attendre ou modérer son travail, suivant les exigences des situations, la culture ne le peut pas ; elle doit suivre les saisons et agir une fois l'époque venue.

Néanmoins, cette année, malgré le préjudice que cela lui de-vait lui causer, le cultivateur a attendu le plus longtemps possible pour emblaver ses terres en betteraves : il n'osait espérer un prix lui assurant des bénéfices , mais il comptait sur des offres qui dussent au moins solder ses peines, se rappelant la dernière campagne, où une partie de ses betteraves est restée invendue sans qu'il puisse tirer aucun profit des récoltes entières gâtées sur place. Il ne voulait recommencer la culture de cette racine qu'après s'être assuré de son écoulement.

De son côté, le fabricant de sucre ne trouvant sur nos mar-chés que les quelques raffineurs de France qui se partagent la place et qui n'offraient, pour la campagne prochaine, que des prix dérisoires et inconnus jusqu'à ce jour, n'a pu proposer au cultivateur le prix rémunérateur qu'il attendait.

Le mobilité de notre législation sur les sucres, la rigueur ap-portée dans son interprétation, l'incertitude même de cette inter-prétation, qui a donné lieu cette année à de nombreux procès entre les fabricants et l'administration, toutes ces causes avaient éloigné les acheteurs étrangers.

Les acheteurs anglais, hollandais, auxquels on s'adressait pour éviter la ruine qui eut été la conséquence du chômage de notre industrie, répondaient invariablement : « Votre régime fiscal a-t-il été modifié ? les engagements pris par l'Assemblée législative et consacrés par une loi ont-ils été tenus ? avez-vous enfin une législation définitive qui puisse servir de base pour des marchés à long terme ?

« Nous avons pu le croire après deux votes successifs de votre Assemblée ; mais notre attente a été trompée, et nous ne voulons plus traiter avec vous.

« L'Allemagne, l'Autriche, nous offrent toutes garanties à ce sujet, c'est avec ces pays que nous entamerons des affaires. »

Et depuis nous avons su, qu'en effet, de nombreux marchés avaient été traités !

Que faire ? des fabricants, dégoûtés par cette situation intolérable, ont fermé leurs établissements ; d'autres, tout en reconnaissant qu'en France le cultivateur ne peut produire comme en Allemagne de la betterave riche et à bon marché relativement, ont néanmoins offert des prix en rapport avec ceux des sucres. Ces conditions ne pouvant donner satisfaction au cultivateur, ce dernier a préféré réduire sa culture en betteraves, et même, dans certaines localités, la supprimer complètement.

Le tableau suivant, que nous avons pu constituer exactement avec l'aide de la Préfecture, démontre dans quelle proportion considérable cette culture a été réduite.

ARRONDISSEMENTS	Nombre des communes.	Communes cultivant la betterave	HECTARES ENSEMENCÉS		DIFFÉRENCE en moins pour 1876.
			En 1875.	En 1876.	
			hect.	hect.	hect.
Lille	129	127	9.518	6.019	3.489
Avesnes	153	102	4.493	3.142	1.340
Dunkerque...........	61	48	2.539	1.211	1.358
Douai	66	65	8.210	4.666	3.544
Hazebrouck	53	25	1.079	387	693
Valenciennes.	82	82	10.081	7.111	2.951
Cambrai.	118	118	13.363	8.651	4.712
Totaux.....	662	568	hect. 47.528	hect. 30.055	hect. 18.087

Ces chiffres, Messieurs, n'en disent-ils pas assez ? On manifestait des doutes sur cette réduction importante qui était annoncée comme un malheur public, nous-mêmes ne voulions pas y croire, et pour nous en assurer d'une manière certaine, nous avons cru devoir prier M. le Préfet de faire prendre des renseignements dans toutes les communes du département. Les réponses qui nous ont été transmises sont résumées au tableau annexé au présent rapport ; vous pourrez les consulter, elle vous convaincront que les chiffres donnés ont des bases certaines, et en compulsant ces documents, vous verrez aussi les plaintes qui y sont formulées.

Toutes indiquent comme causes des pertes que la culture a à subir, la fâcheuse position dans laquelle se trouve l'industrie sucrière. La culture est du reste aux abois, ses charges augmentent journellement et ses produits diminuent de valeur. L'Amérique envoie sur nos marchés des blés à bien meilleur compte qu'on ne peut les produire en France ; le pétrole, les graines oléagineuses expédies de Russie et des Indes ne permettent plus de cultiver le colza et l'œillette ; seule la betterave, depuis quarante ans, lutte avec l'impôt qui n'a, jusqu'à ce jour, pu encore l'écraser ; mais aujourd'hui elle s'avoue vaincue.

Cette diminution de plus du tiers dans une culture aussi importante, survenue sans transition d'une année à l'autre, est, Messieurs, un fait considérable et sans précédent dans les annales de l'agriculture ; et comme, dans le Nord, on n'a pas l'habitude de laisser la terre improductive, nous avons vu, par les documents cités plus haut, que la culture de la betterave avait été remplacée par celle de l'avoine et de l'orge pour les 2/3, et pour le surplus par du lin, des luzernes, des colzas, œillettes et pommes de terre, c'est-à-dire par toutes plantes qui, soit parce que la valeur de la récolte est bien inférieure à celle de la betterave, soit parce qu'elles ne peuvent se cultiver que sur des terres exceptionnelles et encore à des intervalles très éloignés, non seulement donnent peu de rapport au cultivateur, mais encore ne produisent que des salaires insignifiants pour les ouvriers et peu d'aliments pour nos industries.

En examinant d'abord le produit pour le cultivateur, nous trouvons qu'un hectare de betterave rapportait, année moyenne, environ 900 francs. Toutes les autres plantes cultivées dans le Nord, sauf le lin, qui ne peut se récolter que dans des terrains exceptionnels, et le blé, qui ne doit sa valeur qu'à sa venue après une récolte de betteraves, ne donnent qu'un produit moyen de moitié environ, soit 450 francs.

La réduction des hectares ensemencés en betteraves étant cette année de 17.473, nous pouvons ainsi calculer la perte du cultivateur :

18.087 hectares de betteraves à 900 fr. donnent   16.278.300 fr.

17.473 hectares de récoltes diverses à 450 fr. donnent............ .... 8.139.150

Différence en moins........................ 8.139.150 fr.

A ce chiffre, il convient d'ajouter la moins-value de la betterave récoltée sur les 30.055 hectares ensemencée cette année ; c'est 4 fr. en moyenne par 1.000 kil., la betterave ne vaut cette année que 16 à 18 fr. au lieu de 20 à 25 fr. La moyenne des rendements étant supposée de 45.000 kil. à l'hectare, c'est une somme de 5.409.900 fr. qu'il faut ajouter au chiffre précédent et qui totalise une perte première pour le cultivateur du Nord, de 13 millions 500 chiffre rond.

C'est énorme pour un seul département, mais ce n'est pas tout. Consultez les agronomes et ils vous diront que ce changement de culture, sera certainement la cause de pertes considérables dont il est impossible de fixer le taux parce qu'elles sont multiples. Une des principales résultera de l'influence qu'ont certaines plantes sur celles qui sont ensemencées après elle. Nous avons des plantes épuisantes qui appauvrissent le sol à tel point que jadis, quand la culture de la betterave était inconnue, on était obligé après la récolte de ces plantes, de laisser la terre inculte pendant un an: c'était ce que l'on appelait alors faire des jachères. L'avoine dont on a tant semé cette année, là où l'on pensait mettre des betteraves, est de la catégorie des plantes épuisantes. Que mettre donc l'an prochain sur une partie de ces 18.087 hectares soustraits à la culture de la betterave ? Devra-t-on reprendre le système de la jachère ?

Aujourd'hui, si la famine résultant du manque de blé n'est plus à craindre, c'est aussi grâce à la betterave. Cette plante, qui exige des binages répétés et profonds, a transformé le sol et l'a débarrassé des plantes parasites qui jadis nuisaient tant aux céréales ; là, où l'on cultive la betterave, le rendement du blé à l'hectare a doublé en quantité et en qualité ; les statistiques démontrent que dans le Nord, depuis quarante ans, le nombre des hectares ensemencés de blé n'a pas augmenté, mais qu'ils ont produit près du double en grains.

Et pour l'ouvrier de la campagne, quelle perte aussi ! Pendant les mois d'avril, mai et juin, et une grande partie de l'hiver, la culture de la betterave et la fabrication du sucre occupent tous les bras disponibles ; il y a de l'ouvrage pour le petit comme pour le grand, pour le faible comme pour le fort : hommes et femmes trouvent un salaire élevé et un travail approprié à leurs forces. Autrefois, l'ouvrier de la campagne était inoccupé l'hiver ; à cette époque, il consommait les économies qu'il avait pu faire pendant l'été ; aujourd'hui, c'est pendant l'hiver qu'il trouve dans les fabriques de sucre de quoi économiser sur ses salaires pour se procurer tout ce qui lui est nécessaire, utile ou agréable. Questionnez le petit commerce des villes, il vous dira que ses meilleures pratiques sont les ouvriers des fabriques de sucre, que volontiers il leur accorde crédit pendant les mois de fabrication, sûr qu'il est de rentrer dans ses avances aussitôt la fabrication terminée.

L'ouvrier vous dira aussi que s'il n'a pas, comme dans tant d'autres localités, émigré vers les villes, c'est parce qu'il a chez lui une fabrique de sucre ou une distillerie qui lui donne de l'ouvrage, à lui, à sa femme, à ses enfants.

Il vous dira quelle transformation s'est faite dans son intérieur depuis quarante ans ; jadis, il mangeait deux fois par an de la viande, à la fête communale et aux fêtes de Pâques, du pain fait avec du blé, des fèves et du seigle écrasés ensemble, le tout arrosé d'eau ; aujourd'hui, il a son pot-au-feu chaque dimanche et du pain blanc de farine de froment. Et comme luxe, il a chaque année des vêtements neufs, le vieil habit légendaire ne passe plus de génération en génération, et, croyez-vous, que si les produits considérables qui sortent de nos manufactures de toiles et de lainages, trouvent leur écoulement, ce n'est pas en partie à ce luxe qu'ils le doivent ? Parcourez la campagne les jours de fêtes et les dimanches, et vous reconnaîtrez vos produits sur le dos de nos campagnards. Croyez-vous que ces industries qui déjà se plaignent, n'auraient pas à le faire davantage si les gros salaires donnés par la fabrique de sucre venaient à disparaître ?

Dans les campagnes du Nord, où il y a des fabriques, la population a augmenté ; où il n'y en a pas, elle a diminué. Pour la moisson, il faut beaucoup de bras ; à cette époque, la betterave ne réclamant aucun soin, là où on la cultive, on trouve facilement des ouvriers qui volontiers quittent la bineuse pour la faux ; là o on ne la cultive pas , les bras manquent et souvent on est obligé d'avoir recours à l'armée.

Une des grandes questions qui se rattache aussi d'une manière intime à la culture de la betterave, est celle de l'alimentation du bétail et de la production de la viande.

A l'arrière-saison, la betterave fournit en quantité aux moutons de la nourriture verte : c'est grâce à cette ressource que le Nord peut livrer, à cette époque, non seulement des moutons gras à la boucherie du pays , mais aussi alimenter les marchés de Paris, Bruxelles et Londres. Avec la pulpe fournie par l'extraction du jus de la betterave, les nourrisseurs du Nord peuvent entretenir et engraisser les nombreux animaux qui peuplent leurs étables pendant l'hiver. A cette époque , les pays herbagers ne pouvant plus rien fournir à la boucherie, c'est dans les fermes que les bouchers et les facteurs des marchés de Paris, Londres et Bruxelles viennent s'approvisionner. C'est grâce à la pulpe produite dans le Nord, que les départements herbagers peuvent vendre à des prix si rémunérateurs et jadis *inconnus*, leurs bêtes d'élevage ou celles qui n'ont pu être qu'imparfaitement engraissées en prairie avant l'arrière-saison. Des documents et renseignements certains nous indiquent que de la Mayenne, de la Haute-Saône, du Doubs, de la Nièvre, de l'Anjou, de l'Auvergne, de la Franche-Comté, etc., il est annuellement introduit dans le Nord plus de 56.000 bêtes à cornes dont la majeure partie est nourrie avec de la pulpe : l'époque de leur introduction relevée dans les gares de chemins de fer l'indique suffisamment. Que la fabrication du sucre périclite ou diminue, et les éleveurs de ces pays seront des premiers à en recevoir le contre-coup. Et pourtant les Représentants de ces départements au Sénat et au Corps législatif se désintéressent peut-être de la question sucrière !

Sans pulpes , impossible d'engraisser aux prix de revient actuels ; nulle part, on ne trouverait une nourriture assez abondante pour remplacer la pulpe de betterave : et savez-vous combien la diminution de la culture de la betterave enlève de rations aux bêtes bovines et par conséquent de kilog. de viande à la consommation ?

18.087 hectares , à 45.000 kilog. de betteraves , donnent en pulpe 200 millions de kilogr., (chiffres ronds). La ration moyenne et journalière d'une bête bovine adulte, mise à l'engrais, étant de 40 kilog., c'est 5 millions de rations en moins.

Or, comme il faut environ 100 jours pour rendre un bœuf propre à la boucherie, c'est 50,000 bêtes bovines qui, cet hiver, devront manquer dans les étables des engraisseurs. Mais comme avec la nourriture qu'on ajoute à la pulpe, on pourra engraisser environ un tiers de ces bestiaux, ce sera certainement plus de 33.000 bêtes bovines en moins pour la boucherie ; et comme le poids moyen de viande fournie par un animal, bœuf ou vache, est de 300 kilog. environ, cela fait 10 millions de kilog. de viande en moins pour la consommation, viande qu'il faudra bien trouver, car la population a aujourd'hui des besoins ou habitudes qu'il faut satisfaire.

La boucherie, manquant de bêtes grasses, pourra, il est vrai se rejeter sur les bêtes maigres ; mais combien d'animaux ne faudra-t-il pas sacrifier en plus pour arriver au même poids de viande ? Et quelle nourriture cela fera-t-il ? Et quelle utilité auront maintenant vos concours d'animaux gras que vous dotez si largement ?

La consommation en viande de boucherie a tellement progressé qu'actuellement on ne trouve plus, en France, les animaux gras en quantité suffisante, il faut s'adresser à l'Allemagne.

Dans ce pays, le nombre des sucreries et distilleries augmente sans cesse, et la législation les protège. Aussi, c'est grâce à ces établissements, qu'on peut entretenir et engraisser une telle quantité d'animaux, qu'en toutes saisons le marché de Paris en regorge !

Dans les discours officiels, on saisit volontiers l'occasion de flatter l'agriculture, cette mamelle de l'État, comme disait Sully ; mais l'exécution ne suit pas toujours les promesses, témoin des mesures votées par l'Assemblée, et qui sont restées sans exécution.

Et pourtant le budget, si difficile à équilibrer, paraît-il, n'a-t-il rien à perdre à la diminution de la production du sucre en France? Le rendement de l'impôt énorme, 73 fr. 32 cent. par 100 kil. de sucre, qui pèse sur cette matière de première nécessité, ne diminuera-t-il pas ?

Avec les données inscrites plus haut, c'est un compte facile à établir, et pour le département du Nord, le voici :

A 45.000 k. à l'hectare, 18.087 hectares donnent 813.915.000 k.

de betteraves (chiffre rond), qui ; au rendement moyen en sucre
de 5 p. %, auraient produit 406.957 sacs de sucre à 100 kil.
L'impôt moyen étant de 73 fr. 32 c., nous trouvons 29.838.087 fr.
Sans doute, une partie du sucre fabriqué est exporté et ne sup-
porte pas de droits ; aussi, le chiffre de 29 millions 800.000 fr.
est-il supérieur à la perte subie réellement par le Trésor. Mais,
une partie de ces betteraves aurait été convertie en alcool, et
ici la perte pour le Trésor peut-être calculée pour la totalité des
produits.

En supposant que la quantité de 814 millions de kilogrammes
de betteraves, qui représente le déficit de la culture cette année,
fût tout entière employée à faire du sucre, cette même quantité
de betteraves produira encore, après l'extraction du sucre,
environ 35 kil. de mélasse par 1.000 kil., soit 28 millions 500.000 kil. qui, au rendement de 25 litres d'alcool à 100
degrés par 100 kil. de mélasse, donnent 71.250 hectolitres d'alcool. Le droit étant de 155 francs par hectolitre, c'est 11 millions
43.750 fr. qui viendraient s'ajouter à la perte subie sur les sucres.
Mais si l'on admet qu'une partie de ces betteraves aurait été
directement livrée à la distillerie, la perte pour le Trésor prend
des proportions bien plus considérables encore. L'an dernier, le
département du Nord a produit, d'après les chiffres de la régie,
111 millions 217.165 kil. de sucre et 422.576 hectolitres d'alcool ;
c'est un ensemble de droits pour le sucre de 78 millions 241.277 f.
18 c , et pour l'alcool, de 63 millions 386.400 fr., soit un total de
141 millions 627.677 fr. 18 c. (1)

---

(1) Après l'alcool, la mélasse fournit encore environ 12 p. 100 de son poids de
salins composés le plus ordinairement comme suit :

SALIN BRUT.		CARBONATE POTASSE.		CARBONATE RICHE.	
Carbonate potasse.	25.50	Carbonate potasse.	77.80	Carbonate potasse.	91.51
Id. soude ..	19.80	Id. soude ..	10.30	Id. soude ..	1.53
Chlorure potasse..	15.90	Chlorure potasse ..	4.80	Chlorure potasse..	2.85
Sulfate potasse....	19.75	Sulfate	5.20	Sulfate potasse....	2.53
Résidus insolubles.	13.80	Eau et sels ..1 à 2 p. 100		Résidus..........	0.31
Eau........4 à 5 p. 100				Eau.............	0.50
				Phosphate	0.77

CHLORURES.			SULFATES.		
Carbonate potasse....	2 à 3 p. 100		Carbonate..........	1 à 2 p. 100	
Chlorure de potasse..	75 à 78	»			
Sulfate potasse......	10 à 13	»	Sulfate pur........	93 à 96	»

La *potasse brute* se vend aux raffineries de potasse qui en extraient le carbonate

Ces chiffres n'en disent-ils pas assez, et des industries qui rapportent autant, ne sont-elles pas dignes de toute la préoccupation du Gouvernement et des Assemblées ? On pourrait objecter que le rendement en sucre pourra être au-dessus de 5 °/₀; soit, mais on l'a vu aussi en-dessous et le chiffre de 5 °/₀ est généralement considéré comme moyen. Du reste, que ce rendement atteigne 5 1/2, même 6, ce qui serait à désirer, non seulement pour le Trésor, mais principalement pour le fabricant, le cultivateur, le propriétaire et tout ce qui touche à l'industrie féconde du sucre, ce ne serait qu'un 11ᵉ ou un 6ᵉ en plus, mais il pourrait aussi très-bien se faire que le rendement de 45.000 kil. de betteraves à l'hectare, fût de beaucoup inférieur sur les 30.055 hectares ensemencés seulement cette année, et jusqu'à ce jour, les influences climatériques n'ont pas été en faveur du développement de la racine et de son rendement saccharimétrique.

Les résultats de la crise, Messieurs, nous venons en partie de vous les énumérer; mais bien d'autres industries, d'autres sources de richesses et de vitalité sont déjà ou seront aussi atteintes ! Tout ce qui place en première ligne notre beau département a, ou aura non seulement à souffrir, mais aussi à disparaître, si un remède prompt et efficace n'est apporté à la situation présente. (1)

Ce remède, il faut le trouver, et pour aider ceux qui le recherchent, il faut, avant d'en parler, voir quelles sont les causes de la crise.

Ces causes, elles ne sont malheureusement que trop connues, et les remèdes annoncés ne manquent pas ; ce qui manque ce sont des médecins de bonne volonté, des médecins qui se décident enfin à vouloir bien reconnaître officiellement que le mal existe, qu'il est grand, contagieux, et contient des principes mortels

de potasse pour en faire de la potasse raffinée qui titre 75 à 80 p. °/₀. Cette potasse trouve écoulement auprès des *savonniers*.

Le *sel de soude* se vend aux *verreries* et *cristalleries*.

Le *chlorure de potassium* se vend ainsi que le *sulfate de potasse* aux industriels qui les travaillent et les transforment de nouveau au moyen du procédé Leblanc (charbon et craie) en carbonate de potasse qui, cette fois, titre 88 à 92 p. °/₀ de carbonate pur.

Ce *carbonate* est peu employé en France, il trouve son débouché à l'étranger, principalement en Angleterre et en Allemagne.

(1) Le tableau suivant, qui indique les matières principales employées pour la transformation de 1.000 kil. de betteraves en sucre, mélasse, etc., donnera une idée

pour tout ce qui l'entoure, des médecins qui veulent bien enfin reconnaître que le malade ne se plaint point à tort et que les empiriques qui disent le contraire, sont intéressés à prolonger la maladie des industries qui nous occupent, au risque de les faire périr.

Les causes, comme nous vous le disions, sont connues ; la principale c'est que la production du sucre en France a continué à progresser jusqu'à ce jour, tandis que la consommation s'est arrêtée du jour où on a augmenté l'impôt dans les proportions exorbitantes que vous connaissez.

L'an dernier, on a produit en France, 450 mille kil. de sucre, la consommation s'est arrêtée à 250 mille ; c'est un excédant considérable qu'il faut ou ne plus produire, ou faire consommer par la population, par l'industrie ou par l'exportation.

Ne plus produire, est-ce possible ? Faut-il marcher en arrière du nombre des industries dont la prospérité est liée à celle de la sucrerie.

DÉPENSES MOYENNES PAR 1.000 KILOG. DE BETTERAVES.

Betteraves	20. »	REPORT....	34.614	REPORT.....	35.787
Noir (os carbonisés)	0.500	Sacs en laine		Coutil	
Pierres calcaires	0.280	Id. pour emballage		Déchets de coton	
Charbon	3.600	Id. pour noir	0.898	Ficelle	
Coke	0.456	Laine à raccommoder		Chanvre	0.085
Main-d'œuvre	4.500	Estamettes		Fil de jute	
Impôts (patente, foncier, portes et fenêtres)	0.770	Potasse		Méches	
		Soufre		Toiles	
Assurances	0.228	Sulfate de fer		Tissus, feutre	
Frais de Banque	0.180	Sel ammoniac	0.051	Plomb	
Transports divers	1.340	Id. de soude		Zinc	
Frais généraux	2.410	Bisulfite de chaux		Etain	0.043
		Acide muriatique		Soudure de cuivre	
Allumettes		Beurre de coco		Borax	
Balais		Suif		Couleur	
Brosses		Saindoux		Goudron	
Cordes		Dégras	0.094	Siccatif	
Mannes en osier	0.022	Savon		Huile de lin	
Manches de pelles, balais, etc		Graisse		Id. de colza	
Palois		Fer spaté		Mastic noir	
Fil à coudre		Pointes		Id. minium	
		Boulons		Id. pour vitrier	0.050
Cuirs		Rivets		Céruse	
Lanières	0.056	Clous		Minium de fer	
Caoutchouc		Tire-fonds, vis à bois		Pinceaux, brosses	
		Fil de fer, de cuivre	0.130	Résine	
Chaux grasse		Aiguilles			
Chaux hydraulique	0.121	Lame de rape, lateaux		Verre à vitre	
Plâtre		Pelles		Id. à quinquet	
		Bassins		Id. divers, glaces	0.012
Huile à graisser		Seaux		d'appareils	
Pétrole	0.152	Acier, etc			
Essence					
À REPORTER.	34.614	À REPORTER.	35.787	TOTAL.....	35.978

1.000 KILOG. DE BETTERAVES PRODUISENT EN MOYENNE :

Sucre	50	kilog.
Mélasse	35	»
Pulpes	200	»
Engrais	100	»

Dans ce tableau ne sont pas compris les prix de transport par chemin de fer, ces prix étant variables suivant les situations.

et reprendre les anciennes théories qui ont failli aboutir au rachat des fabriques ?

A ce dernier point, nous ne nous arrêterons pas, il est jugé depuis longtemps.

Et la culture de la betterave a-t-elle donc tellement pris de l'extension qu'il faille la réduire ? A-t-elle envahi toute la superficie cultivable du département du Nord ? Non certainement, puisqu'elle n'en occupe à peine que la dixième partie. Sur 475.000 hectares mis en labour dans le département, la betterave, en 1875, n'a été ensemencée que sur 47.528 hectares, et c'est le plus haut chiffre auquel on soit arrivé ; pour cette année, vous avez vu qu'elle n'occupe que 30.055 hectares.

La betterave a tout bonnement pris la place de la jachère et, au lieu de nuire aux plantes cultivées avant elle, elle en est au contraire la protectrice ; elle est aujourd'hui la base de la culture ; tous les hommes compétents, les encouragements donnés dans les concours régionaux, patronés par le gouvernement, tendent à recommander aux cultivateurs de mettre au moins un quart de leur culture en betteraves : c'est la bonne, la seule culture rémunératrice ; nous sommes donc loin, dans le Nord, d'avoir atteint cette proportion, et, au lieu de diminuer la culture de cette précieuse racine, il faudrait encore l'encourager. Ce serait le progrès si admiré, si recommandé par nos Ministres et par le Président de la République quand, avec leur autorité, ils prennent la parole dans nos comices agricoles.

Diminuer la culture de la betterave, c'est enlever une partie des salaires de l'ouvrier qu'on estime à 10 francs par 1.000 kilog. de betteraves, payés par la culture et le fabricant de sucre. C'est dépeupler les campagnes pour augmenter encore la population des villes. C'est ôter la valeur aux propriétés, faire baisser le revenu foncier.

Conseiller la réduction dans la production, c'est aller au rebours de tout ce qui a été prôné jusqu'à ce jour ; il n'est pas possible qu'un économiste français ait cette idée ; et du reste, par quoi remplacer cette culture ? N'avons-nous pas vu que si on n'y prend garde, le Nouveau-Monde écrasera l'Ancien sous l'excès de ses exportations ?

Pour sortir de l'impasse, c'est du côté de la consommation qu'il faut se rejeter.

La consommation en France n'est que de 7 kilog. par tête

d'habitant ; en Angleterre elle a doublé depuis qu'on a supprimé tout impôt sur le sucre, elle a progressé annuellement et elle atteint aujourd'hui 27 kilog. par habitant (950 millions de kilog.). Cette progression tend à augmenter encore, tandis qu'en France elle est stationnaire à 250 millions de kilog. depuis l'augmentation des impôts sur le sucre et sur tous ses véhicules tels que le café, la chicorée, etc.

Dans les autres pays voisins, la Belgique, la Hollande et l'Allemagne, la législation laisse tellement de place à la fraude, sur laquelle elle ferme volontairement les yeux, qu'il est impossible d'y constater la consommation exacte ; mais il est reconnu que le sucre y est consommé dans toutes les classes de la société, même les plus pauvres, à cause de son bon marché.

En Angleterre, depuis la suppression de l'impôt, on a recommencé à donner le sucre et la mélasse en nourriture aux chevaux et bestiaux, et ces animaux s'en trouvent tellement bien, que, de ce chef, on espère voir la consommation augmenter encore dans de grandes proportions.

Si on ne savait si bien l'influence qu'a en France, sur l'arrêt de la consommation, l'impôt de 74 centimes par kil. sur le sucre qui ne vaut en fabrique que 55 centimes, et de 1 fr. 55 c. par litre d'alcool, dont la valeur n'est que de 43 centimes, ce qui se passe en Angleterre nous l'indiquerait suffisamment.

Connaissant les exigences du budget et plus patriotiques que les distillateurs de quelques autres départements, nos fabricants de sucre et distillateurs de la partie nord de la France n'ont jamais eu la pensée de demander à leurs Députés et Sénateurs de profiter d'une circonstance quelconque pour surprendre à leur profit un vote favorable ; l'exemple des bouilleurs de crû ne les encourage pas à suivre la même voie, et, loin de rechercher dans la législation une protection pour la fraude, ils réclament depuis longtemps des mesures qui, en empêchant toute fraude, rendrait la situation égale pour tous devant l'impôt.

Ils savent qu'il y a la rançon de la France à payer, et tout en réparant les désastres causés à leurs établissements, et par l'invasion prussienne, et par l'ouragan du 12 mars, (pour lesquels, soit dit en passant, le Midi ne leur a envoyé aucun secours), ils continueront à porter leur charge d'impôt, quelque lourde et mal répartie qu'elle soit, et, au besoin, ils donneront encore leur obole si de nouvelles inondations venaient à se produire soit dans le Midi, soit ailleurs. Nos industriels réclament moins haut, travaillent plus, mais désirent tout autant que qui ce soit que justice soit faite et qu'on n'oublie pas que c'est le Nord qui paie le 11ᵉ de l'impôt en France.

La conclusion de ce qui précède, Messieurs, est donc que si la production dépasse la consommation, il faut chercher à augmenter cette consommation.

Or, dans l'état de prospérité financière du pays, la consommation augmenterait si le prix du sucre s'abaissait et si l'impôt était modifié. On peut dire qu'une consommation qui ne progresse pas *diminue*, et, lorsque la fixation d'une taxe amène cette diminution, elle doit être abaissée, non pas dans l'intérêt du consommateur, mais dans l'intérêt même du Trésor.

Il nous paraît incontestable que cette vérité économique est méconnue dans cette circonstance ; nous croyons qu'il y a lieu de recommander l'étude de cette question à nos Représentants.

Ne pourrait-on aussi exonérer des droits, les sucres, mélasses et alcools qui seraient employés à confectionner ou, améliorer certains produits déjà imposés, tels que la bière, le vin, etc., etc.

D'après des relevés statistiques, la brasserie anglaise, en 1874, a employé 68 millions de livres de sucres et près de 100 millions en 1875.

Faire payer l'impôt deux fois sur un même produit, n'est ce pas en prohiber l'emploi ? Et à combien de choses utiles et de première nécessité ne pourrait-on pas faire servir le sucre et l'alcool ?

Ne pourrait-on aussi, comme pour le sel, exonérer du droit les sucres et mélasses dénaturés et destinés, soit à la culture, soit à la nourriture des animaux ?

Des sucres de basse qualité, pourraient être alors employés comme en Angleterre, pour la nourriture des bestiaux ; c'est un essai qui n'est plus à faire, et les mélasses, vu leur extrême bon marché (elles ne valent actuellement que 7 fr. les 100 kil et elles sont invendables même à ce prix dans les localités éloignées de canaux), ne pourraient-elles pas remplacer avantageusement comme engrais les sels qu'on va chercher à si chers deniers au Pérou et ailleurs ? (1)

---

(1) Par les analyses des résidus de mélasses (page 281), on peut juger de la richesse des mélasses employées comme engrais.

Et pour l'exportation n'y a-t-il rien à faire ? Ne doit-on pas chercher à attirer les acheteurs étrangers, au lieu de les repousser ? Les personnes compétentes, d'accord avec les documents qui traitent de cette question, disent qu'au contraire tout est à faire.

Vous connaissez, Messieurs, tous les incidents relatifs à la discussion des intérêts de la raffinerie et des fabricants de sucre Vous avez lu tous les mémoires et les articles qui y sont relatifs, nous ne reviendrons pas sur cette question irritante. Cependant, nous devons insister sur deux ou trois points, qui appellent plus particulièrement votre attention.

En fait, les intérêts de ces deux industries, qui devaient être solidaires, sont devenus tellements distincts, que, tandis que la raffinerie prospère et fait des bénéfices immenses, les fabriques succombent et se ferment successivement.

Cette situation différente tient-elle à la nature même de ces deux industries, qui, tout en traitant la même matière, diffèrent dans les produits ? Non, car les fabriques-raffineries qui se sont créées dans nos régions ont successivement disparu, et cependant quelques-unes d'entre elles produisaient des raffinés aussi beaux et aussi recherchés que ceux de Paris.

Si ces établissements ont succombé, ce n'est donc pas dans la nature même de leur industrie qu'il faut chercher la cause du succès exclusif de la raffinerie parisienne : cette cause, on la trouve dans la législation même Les fabriques raffineries du Nord sont exercées : tous leurs produits sont atteints par l'impôt et les excédants de fabrication ne leur profitent pas. Il n'en est pas de même à Paris ; aussi a-t-on réclamé une situation égale pour tous. C'était le seul moyen de prouver que les bénéfices considérables des raffineries ne se font pas aux dépens des fabriques.

Aujourd'hui rien n'est plus facile de réaliser une mesure attendue depuis si longtemps. La loi qui soumet tous les industriels à l'exercice a été votée. L'exercice qu'on déclarait impossible dans les raffineries, est organisé par un décret qui peut être appliqué demain. Qu'attend-on encore ?

Sans doute, on a tenté de rattacher l'application de la loi à une convention internationale ; on a profité du refus d'une des puissances contractantes pour en reculer l'exécution. Des conférences nouvelles sont, dit-on, ouvertes de nouveau à ce sujet. Ici encore nous croyons qu'il y a lieu, pour nos Représentants, d'intervenir.

Nous ignorons ce qui se passe dans ces conférences dont rien ne transpire au dehors, et où les intéressés n'ont pas été appelés ; nous espérons qu'ils pourront le savoir et intervenir dans l'intérêt de notre industrie. Ils pourront faire connaître l'importance de ces établissements si gravement menacés, et en regard des capitaux de la raffinerie, capitaux qui, on pourrait le dire, grâce aux procédés administratifs suivis, sont avancés pour les 9/10 par l'État, sans intérêts, faire ressortir ceux qui sont engagés dans nos établissements.

Dans le Nord, nous avons 173 fabriques de sucre, au capital moyen de 700.000 francs, soit 121 millions ; 33 râperies, au taux moyen de 250.000 francs, soit 8 millions et demi, et 95 distilleries, à 300.000 francs, soit encore 28 millions et demi ; au total, c'est un premier capital d'établissement de 158 millions pour le département du Nord. Pour la France, ce capital atteint le chiffre de plus de 900 millions.

Pour donner, du reste, une idée de l'importance de l'industrie sucrière, voici ce qui s'est passé dans l'arrondissement de Cambrai depuis vingt-cinq ans.

En 1850, il n'y avait, dans cet arrondissement, que huit sucreries, mues par douze machines à vapeur et produisant ensemble dix millions de kil. de sucre.

En 1875-76, il existait 33 sucreries, dont plusieurs très importantes, avec râperies annexes.

Ces 33 sucreries possèdent ensemble 225 machines à vapeur et occupent, pendant l'hiver, 7.000 ouvriers, à qui elles paient trois millions de salaires. Elles ont mis en œuvre, la campagne dernière : 770 millions de kilogr. de betteraves, qui ont produit à la culture 192 millions de kilogr. de pulpes, soit de quoi produire 4 millions 250 mille kilog. de viande.

Elles ont payé à la culture 16 millions de francs et produit 370 mille sacs de sucre.

Cette production provient de l'ensemencement de 133.63 hectares de betteraves, et comme un hectare de betteraves rapporte à l'État environ 2.800 fr. par an, c'est une somme de 37 millions que les sucreries et distilleries de l'arrondissement de Cambrai ont fourni au Trésor.

Et par qui ces capitaux ont-ils été fournis ? Examinez la constitution des sociétés sucrières. et vous verrez qu'ils sont en grande partie le fruit des économies des cultivateurs, qui, reconnaissant que la culture de la betterave est devenue une nécessité, ont réuni toutes leurs ressources pour parvenir à créer des fabrique dans leur rayon. Pense-t-on donc que les intérêts représentés par ce capital énorme ne sont pas aussi dignes de la sollicitude du gouvernement que ceux représentés par le capital des 33 raffineries de France ? Et savez-vous ce que valent actuellement ces établissements qui ont coûté si cher à établir ? On peut en citer, non un ou deux, mais par dizaines, dont le coût a été, il y a quelques années, de 700.000 francs à un million et qui ont été vendus cette année de 100 à 150.000 francs ! Plusieurs d'entre eux, n'ont vécu qu'une campagne et les acquéreurs sont en grande partie des entrepreneurs qui n'ont acheté que pour démolir et jeter aux vieux métaux l'outillage de ces usines.

Voilà la situation vraie et facile à constater ; du reste, c'est en juillet que les inventaires sont faits dans les fabriques de sucre, et d'après nos renseignements, aucune n'aurait donné de bénéfices, mais on en cite dont les pertes vont à 300.000 fr.

Non, Messieurs, votre Commission ne peut croire que ceux qui sont chargés de représenter le Gouvernement ne soient pas frappés de cette diminution de la fortune publique.

Pourra-t-on répondre encore, comme on l'a fait, dit-on, aux représentants des fabricants d'alcool qui viennent de se réunir pour demander que, comme pour eux, l'exercice soit rétabli pour les bouilleurs de crû : — Vous n'obtiendrez rien, car vous allez vous heurter contre des difficultés politiques insurmontables !.. — Quelles sont donc ces difficultés politiques et pourquoi doit-on leur sacrifier les intérêts des uns au détriment de ceux des autres ? Est-ce qu'il y a deux pays en France, l'un qui doit tout payer et ne rien recevoir, l'autre tout recevoir et n'avoir aucune charge ?... Oublie-t-on que le Nord paye le 11e de l'impôt ?

Comme vous le voyez, Messieurs, votre Commission a eu à s'occuper d'une crise très sérieuse qui compromet de grands intérêts dans le département dont vous êtes les défenseurs.

Votre commission a recherché la cause et les résultats de la crise qui avait été signalée à votre attention, elle a pour cela consulté les représentants les plus autorisés de nos grandes industries et les personnes et sociétés à même de la renseigner impartialement.

Elle a cru devoir vous donner une analyse des documents

reçus, qui vous permettra de reconnaître toute l'importance du danger qui menace notre industrie et des désastres qu'elle a déjà subis.

Nous concluons, Messieurs, en proposant au Conseil général d'émettre le vœu :

Que la législation sur les sucres soit définitivement arrêtée, car c'est la première condition d'existence pour l'industrie ;

Que les inégalités, au point de vue de l'impôt, entre les fabriques-raffineries des départements et les raffineries libres, disparaissent, et que les mesures prises contre la fraude s'appliquent également pour tous ;

Que l'impôt soit diminué dans une proportion qui permette de retrouver, dans une consommation plus grande, une compensation suffisante au profit du trésor ;

Que, dans tous les cas, des exemptions d'impôt soient accordées pour les sucres et les mélasses employés aux usages agricoles et industriels ;

Que le droit sur les alcools employés au vinage soit réduit à 20 fr. dans les conditions du projet de loi présenté à cet effet, l'an dernier, par M. le Ministre des Finances ;

Que, dans les conventions internationales à intervenir, il soit tenu compte des votes successifs de l'Assemblée nationale, et qu'il soit donné suite aux mesures proposées pour l'exercice des raffineries ;

Que les Sénateurs et Députés fassent valoir ces vœux devant le Gouvernement et les Chambres, nous laissons, en outre, à leur appréciation, le choix de toutes les mesures qui pourraient en amener la réalisation.

Le Rapporteur,
Émile MACAREZ.

— Les conclusions ci-dessus ont été adoptées par le Conseil général.

Session d'Août 1876.

Session d'Août 1876.

ANNEXE AU RAPPORT DE LA COMMISSION DES SUCRES ET ALCOOLS:

CULTURE DE LA BETTERAVE.

ARRONDISSEMENT DE LILLE.

NOMS DES COMMUNES.	Hectares ensemencés en 1875	Hectares ensemencés en 1876	En plus pour 1876	En moins pour 1876	REMPLACÉ PAR
Avelin	40	30	»	10	lin, pommes de terre.
Ligny	15	11	»	4	cultures diverses.
Touffiers	8	4	»	4	lin, pommes de terre.
Radinghem	110	73	»	37	blé, haricots
Santes	155	135	»	20	pommes de terres, avoine
Roubaix	606	601	»	5	» »
Ronchin	40	26	»	14	» lin
Sainghen-en-Mélant.	25	45	20	»	» »
Tourmignies	7	2	»	5	avoine, fèves.
Roncq	70	60	»	10	» lin.
Thumeries	80	62	»	18	» fèves.
Wasquehal	60	40	»	20	» pommes de terre
Wervicq-Sud	68	38	»	30	» blé.
Salomé	100	45	»	55	œillette, pommes de terre
A reporter	1384	1172	20	232	

NOMS DES COMMUNES.	Hectares ensemencés en		En plus pour	En moins pour	REMPLACÉ PAR
	1875	1876	1876.	1876.	
Report......	1384	1172	20	232	
Tourcoing............	34	22	»	12	» »
Wattignies.........	90	60	»	30	avoine, hivernage.
Wicres.............	68	45	»	23	» orge.
Seclin.............	320	240	».	80	» fèves.
Vendeville.........	32	15	»	17	» pommes de terre.
Templemars........	52	34	»	18	» »
Verlinghem	88	55	»	33	» lin.
Tressin...........	12	4	»	8	» pommes de terre.
Sequedin	53	40	»	13	lin, haricots.
Saint-André......	39	48	9	»	» »
Warneton-Bas	27	13	»	14	pommes de terre, avoine.
Willems..........	4	»	»	4	lin.
Sainghin	125	62	»	63	avoine, œillettes.
Chemy............	50	20	»	30	» fèves.
Bois-Grenier........	5	»	»	5	Cameline, haricots.
Cobrieux...........	5	»	»	5	blé.
Bouvines	20	5	»	15	lin. œillettes.
Aubers.............	290	140	»	150	blé, avoine.
Chéreng..........	35	24	»	11	lin, œillettes.
Boudues..........	110	90	»	20	lin, pommes de terre.
Attiches	45	15	»	30	» »
Capinghem	25	15	»	10	lin, »
Bourghelles........	16	8	»	8	lin, »
Ascq.............	41	30	»	11	lin, »
Bousbecque........	40	33	»	10	avoine, »
Camphin	116	35	»	81	colza, lin.
Allennes-lès-Marais..	150	95	»	55	» »
Camphin-en-Pévèle..	18	15	»	3	lin, hivernage.
Annœullin.,........	450	180	»	270	colza, œilettes.
Capelle............	2	»	»	2	» »
Beaucamps........	73	45	»	28	chicorée.
Armentières........	40	15	»	25	pois verts, horicots.
Carnin	75	40	»	35	céréales, pommes de terre
Templeuve.........	2	1	»	1	»
Herrin	25	12	»	13	œillette, lin.
Hellemmes	31	26	»	5	lin, avoine.
Marcq-en-Barœuil...	200	145	»	55	pommes de terre, avoine.
Marquillies	220	162	»	58	lin, avoine.
Faches Thumesnil...	69	46	»	23	» pommes de terre.
Hellemme..........	71	52	»	19	chicorée.
Erquinghem-le-Sec..	35	26	»	9	
A reporter......	5587	3082	29	1534	

NOMS DES COMMUNES.	Hectares ensemencés en		En plus pour 1876	En moins pour 1876	REMPLACÉ PAR
	1875	1876			
Report........	4587	3082	29	1534	
Gruson............	6	3	»	3	lin, avoine.
Marquette.........	78	53	»	25	» »
Flers.............	70	45	»	25	» pommes de terre.
Englos...........	16	12	»	4	avoine, haricots.
Comines..........	86	42	»	44	» pommes de terre.
Houplin..........	200	130	»	70	œillettes. »
Noyelles-lez-Seclin..	50	35	»	15	lin, »
Hantay...........	40	22	»	18	» »
La Bassée........	75	56	»	19	» haricots.
Maisnil..........	33	16	»	17	haricots, pommes de terre
Gondecourt........	85	40	»	45	avoine, »
Mons-en-Pévèle.....	150	60	»	90	lin, œillettes.
Lille.............	100	65	»	35	avoine, pommes de terre.
Mouchin..........	60	45	»	15	avoine.
Moncheaux	45	15	»	30	» fèves.
Phalempin.........	141	58	»	83	» pommes de terre.
Forest............	5	2	»	3	» cameline.
Illies.............	210	145	»	65	colza, haricots.
Erquinghem-Lys ...	43	41	»	2	
Prémesques........	50	20	»	30	lin, avoine.
Frelinghien........	110	30	»	80	» blé.
Loos.............	110	75	»	35	» avoine.
Mérignies.........	25	18	»	7	» féverolles.
Neuville-en-Ferrain..	24	8	»	16	» pommes de terre.
Pérenchies........	15	7	»	8	» avoine.
Emmerin..........	65	50	»	15	» »
Ennetières-en-Weppes	65	35	»	30	avoine, pois.
Provin............	90	50	»	40	»
La Neuville........	20	10	»	10	lin, fèves.
Hem.............	27	20	»	7	» pommes de terre.
Linselles	8	8	»	»	
Croix............	25	15	»	10	lin.
Péronne	2	1	»	1	» pommes de terre.
Haubourdin.......	70	50	»	20	» avoine.
Lompret..........	50	30	»	20	» pommes de terre.
Lezennes	44	28	»	16	» avoine.
Leers............	5	»	»	5	» escourgeon.
Mouveaux	35	30	»	5	avoine, pommes de terre.
Lys-lès-Lannoy.....	3	»	»	3	» »
Lambersart	150	120	»	30	lin, »
Escobecque	30	22	»	8	» »
A reporter...	7103	4694	29	2538	

NOMS DES COMMUNES.	Hectares ensemencés en		En plus pour 1876	En moins pour 1876	REMPLACÉ PAR
	1875	1876			
Report	7103	4594	29	2538	
Anstaing	10	5	»	5	lin, pommes de terre.
Baisieux	35	12	»	23	» »
Bachy.............	20	8	»	12	» avoine.
Chapelle..........	134	50	»	84	» blé.
Mons en-Barœul....	10	7	»	3	»
Warneton-Sud	15	9	»	6	» avoine.
Lomme............	100	60	»	40	» pommes de terre.
Quesnoy-sur-Deûle..	231	174	»	57	colza, »
Halluin	75	50	»	25	lin, pommes de terre.
Genech............	4	»	»	4	» »
Louvil	5	2	»	3	» »
Fretin............	80	20	»	60	» »
Fromelles.........	45	25	»	20	» »
Ostricourt.........	57	19	»	38	avoine, œillette.
Cysoing...........	25	»	»	25	» pommes de terre.
Wavrin	300	200	»	100	lin, chicorée.
Lesquin	53	35	»	18	» pommes de terre.
Sailly-lez-Lannoy...	10	3	»	7	avoine, pommes de terre.
Fournes...........	270	180	»	90	lin, hivernage.
Deûlémont.........	120	72	»	48	» avoine.
Bauvin...........	200	100	»	100	
Annappes.........	117	78	»	39	
Herlies...........	178	120	»	58	
La Madeleine......	16	8	»	8	
Wahagnies	50	25	»	25	avoine.
Houplines	160	110	»	50	avoine, lin.
Wambrechies......	85	53	»	32	lin, avoine, pois.
Total.....	9518	6019	29	3518	

ARRONDISSEMENT D'AVESNES.

NOMS DES COMMUNES.	1875	1876	En plus pour 1876	En moins pour 1876	REMPLACÉ PAR
Bavai.............	50	15	»	35	blé de mars, avoine.
Baives	»	»	»	»	» »
Bellignies.........	43	25	»	18	féverolles, avoine.
Bersillies	25	15	»	10	lin.
Frasnoy	150	55	»	95	seiglé, avoine.
Floursies	1	»	»	1	blé. »
Dourlers..........	5	3	»	2	» »
A reporter...	274	113	»	161	

NOMS DES COMMUNES.	HECTARES ensemencés en		En plus pour 1876	En moins pour 1876	REMPLACÉ PAR
	1875	1876			
Report.......	274	113	»	161	
La Longueville.....	40	30	»	10	avoine.
Englefontaine	45	34	»	11	»
Bettrechies........	20	16	»	4	»
Monceau-St-Waast..	15	18	3	»	avoine.
Taisnières-sur-Hon..	130	100	»	30	blé, escourgeon.
Recquignies........	20	15	»	5	lin, avoine.
Ferrière-Grande	26	26	»	»	» »
Eth...............	37	23	»	14	avoine, fourrage.
Maresches	92	90	»	2	»
Mairieux	35	16	»	19	orge, escourgeon.
Louvignies........	100	70	»	30	avoine, fèves.
Villers-Pol........	240	210	»	30	» »
Ruesnes...........	60	46	»	14	» orge.
Cerfontaine	35	12	»	23	»
Assevent..........	14	7	»	7	lin, hivernage.
Hargnies	60	20	»	40	avoine, féverolles.
St-Rémy-Chaussée..	15	6	»	9	» »
Leval	24	3	»	21	avoine, blé de mars.
Villers-Sire-Nicole..	20	12	»	8	lin, colza.
Colleret	20	17	»	3	lin, céréales.
Mecquignies.......	10	3	»	7	avoine.
Hautmont	83	60	»	23	» orge.
Ecuelin	11	9	»	2	lin.
Neuf-Mesnil	1	1	»	»	» »
Aibes	3	3	»	»	» »
Jolimetz..........	6	5	»	1	blé.
Villereau....	60	45	»	15	avoine, fèves.
Quesnoy..........	152	120	»	32	» »
Beaufort..........	25	19	»	6	avoine.
Jenlin............	104	60	»	44	» féverolles.
Sassegnies........	3	2	»	1	avoine.
Bousignies........	42	27	»	15	» lin.
Croix.............	39	30	»	9	» œillette.
Petit-Fayt........	5	5	»	»	» »
Hecq	7	8	1	»	» »
Aymeries.........	34	34	»	»	» »
Poix.............	144	108	»	36	avoine, fèves.
Boussois..........	33	8	»	25	» lin.
Bettignies........	40	25	»	15	» »
Hon-Hergies	60	35	»	25	avoine.
Forest............	70	55	»	15	» orge.
A Reporter....	2526	1768	4	767	

NOMS DES COMMUNES.	HECTARES ensemencés en		En plus pour 1876	En moins pour 1876	REMPLACÉ PAR
	1875	1876			
Report......	2526	1768	4	767	
Wargnies-le-Petit...	132	108	»	24	fèves.
Louvroil..........	50	39	»	11	froment, lin.
Louvignies-Bavay...	90	70	»	20	avoine.
Fontaine-au-Bois....	14	18	»	1	»
Sepmeries.........	75	70	»	5	avoine.
Landrecies.........	11	7	»	4	pommes de terre.
Vieux-Reng........	20	15	»	5	froment.
Bermeries.........	25	24	»	1	avoine.
Roussières........	6	4	»	2	lin.
Rousies	14	20	6	»	»
Amfroipret........	21	14	»	7	orge.
Gussignies	15	7	»	8	avoine.
Dompierre........	2	:	»	2	blé.
Maubeuge	37	24	»	13	avoine, orge.
Saint-Rémy-Mal-Bâti	20	15	»	5	marsage.
Houdain..........	100	100	»	»	
Preux-au-Bois......	40	30	»	10	avoine, fèves.
Salesches........,..	54	45	»	9	» orge.
Gognies-Chaussée...	145	25	»	25	lin.
Wargnies-le-Grand .	50	110		35	avoine, orge.
Potelle	30	15	»	15	» blé.
Elesmes...	17	11	»	6	lin.
Gommegnies.......	100	70	»	30	avoine, fèves.
Neuville...........	35	25	»	10	fèves, avoine.
Ghissignies........	90	45	»	45	orge.
Baudignies....	120	90	»	30	avoine.
Limont-Fontaine....	43	38	»	5	fourrage.
Ferrière-Petite......	8	7	»	1	blé.
Marbaix......... .	4	4	»	»	»
Saint Aubin........	9	5	»	4	féverolle, avoine.
Vendegies-au-Bois ..	40	30	»	10	»
Éclaibes..........	13	»	»	13	»
Feignies..........	40	25	»	15	lin, orge.
Marpent..........	17	17	»	»	»
Jeumont..........	60	35	»	25	seigle, lin.
Choisies..........	2	2	»	»	»
Raucourt	5	2	»	3	froment.
La Flamengrie.....	20	5	»	15	avoine, féverolle.
Vieux-Mesnil.......	12	8	»	4	
Robersart.........	20	14	»	6	
Étrœungt.........	66	35	»	31	
A Reporter....	4023	2836	10	1196	

NOMS DES COMMUNES.	Hectares ensemencés en		En plus pour 1876	En moins pour 1876	REMPLACÉ PAR
	1875	1876			
Report......	4023	2836	10	1196	
Bry	40	30	»	10	avoine.
Audignies	17	12	»	5	avoine.
Noyelles	40	25	»	15	colza, avoine.
St-Waast..........	90	42	»	48	avoine.
Busignies	42	27	»	15	avoine, cameline luzern.
Pont-sur-Sambre....	20	10	»	10	avoine, orge.
Preux-au-Sart	72	50	»	22	avoine, orge.
Berlaimont.........	181	120	»	61	avoine.
Obies.............	15	7	»	8	avoine.
Bachant...........	50	50	»	»	lin, avoine.
Orsinval	110	65	»	45	
Aulnoye...........	28	19	»	9	
Total........	4631	3226	10	1404	

ARRONDISSEMENT DE DUNKERQUE.

NOMS DES COMMUNES.	1875	1876	En plus pour 1876	En moins pour 1876	REMPLACÉ PAR
Volckerinckhove....	3	3	»	»	
Vulverdingue	8	4	»	4	lin.
Wormhoudt	10	6	»	4	œillette.
Looberghe.........	102	66	»	36	pois, féverolles.
Petite-Synthe	50	25	»	25	pommes de terre.
Quaedypre.........	2	2	»	»	
Grande-Synthe	50	30	»	20	
Hoymille..........	22	5	»	17	lin, pois.
Holque............	52	31	»	21	» céréales.
Gravelines........	23	11	»	12	blé, ecourgeon.
Pitgam	115	35	»	80	lin, céréales.
Mardyck	10	6	»	4	» pois.
Saint-Momelin	18	10	»	8	chanvre.
Tetegem	130	60	»	70	escourgeon, avoine.
Saint-Georges......	11	4	»	7	fève rutalliaga.
Oost-Cappel	2	»	»	2	œillette.
Rexpoëde.........	54	10	»	44	haricots, lin.
Lederzeele........	20	16	»	4	lin.
Zuydcoote	8	»	»	8	pois, lin.
St-Pierre-Broncq ...	75	40	»	35	lin, avoine.
Ghyvelde..........	68	35	»	33	» pois.
Watten	40	25	»	15	blé, avoine, lin.
A reporter.....	873	424	»	449	

NOMS DES COMMUNES.	Hectares ensemencés en		En plus pour 1876	En moins ponr 1876	REMPLACÉ PAR
	1875	1876			
Report......	873	424	»	449	
Moëres............	260	154	»	106	haricots.
Spycker...........	58	34	»	24	avoine, lin.
Loon	120	40	»	80	pois, fèves.
Zeggers-Cappel	2	»	»	2	lin.
West-Cappel.......	6	6	»	»	
Millam............	100	40	»	60	lin, avoine.
Merckheghem......	38	9	»	29	lin.
Leffrinkoucke	17	8	»	9	pommes de terre, orge.
Uxem.............	20	17	»	3	blé, fèves.
Steene	67	74	7	»	
Socx..............		»	»	6	froment, lin.
Rosendaël	7	»	»	7	chicorée.
Craywick	34	28	»	6	lin, pois.
Bourbourg.........	330	90	»	290	»
Drincham	8	8	»	»	
Coudekerque.......	76	60	»	16	avoine, pommes de terre
Brouckerque	80	65	»	15	lin, pois.
Eringhem	5	5	»	»	
Bierne	53	4	»	49	lin, pois.
Crochte	11	5	»	6	haricots.
Armbouts-Cappel...	75	45	»	30	lin.
Cappelle-Brouck....	85	80	»	55	lln, avoine.
Cappelle	48	25	»	23	fèves, pois.
Coudekerque-Bronch.	60	15	»	45	pois, avoine.
Warhem	50	25	»	25	
Total........	2529	1211	7	1365	

ARRONDISSEMENT DE DOUAI.

NOMS DES COMMUNES.	1875	1876	En plus pour 1876	En moins ponr 1876	REMPLACÉ PAR
Brunémont	50	20	»	30	avoine, œillette.
Arleux............	300	240	»	60	avoine. pommes de terre
Bugnicourt	140	125	»	15	» œillette.
Cantin	234	170	»	64	» »
Brouille-lès-Marchien	80	27	»	53	lin, »
Aix	80	25	»	55	» avoine.
Cuinchy	180	105	»	80	œillette, cameline.
Auchy	10	3	»	7	lin, fèves.
Coutiches.........	100	117	»	43	ovoine, fèves.
Aubigny–au-Bac....	45	18	»	27	» œillette.
A reporter......	1219	1211	»	434	

NOMS DES COMMUNES.	Hectares ensemencés en		En plus pour 1876.	En moins pour 1876.	REMPLACÉ PAR
	1875	1876			
Report	1219	845	»	434	
Auberchicourt......	250	100	»	150	avoine, œillette.
Beuvry...........	90	50	»	40	chanvre, lin.
Aniche...........	100	65	»	35	escourgeon, avoine.
Auby	200	50	»	150	céréales.
Douai...........	200	100	»	100	avoine, orge.
Alnes............	105	70	»	35	» chanvre.
Dechy	290	180	»	110	» lin.
Bouvignies	45	30	»	15	» pommes de tèrre.
Vred............	80	20	»	60	avoine.
Rieulay	28	15	»	13	» seigle.
Férin	137	91	»	46	» orge.
Hornaing..........	125	75	»	50	» lin.
Tilloy	63	42	»	21	» »
Fenain	132	90	»	42	» œillette.
Lauwin-Planque....	50	20	»	30	cameline, »
Lécluse	160	130	»	30	avoine, orge.
Flers	200	30	»	170	» pommes de terre.
Erchin..........	80	60	»	20	avoine.
Flines-lès-Raches ...	350	150	»	200	» pommes de terre.
Roucourt..........	51	25	»	26	avoine, œillette.
Lambres	290	146	»	144	» lin.
Landas...........	75	25	»	50	lin, fèves.
Saméon	30	20	»	10	» avoine.
Marcq	92	60	»	32	colza, œillette.
Gœulzin..........	100	80	»	20	orge, avoine.
Villers-Campeau....	50	25	»	25	lin, œillette.
Hamel	69	43	»	26	blé, orge.
Faumont	80	48	»	32	lin, avoine.
Estrées..........	75	50	»	25	colza, œillette.
Lewarde	55	25	»	30	avoine, orge.
Raimbeaucourt.....	95	30	»	65	» fèves.
Lallaing..........	100	70	»	30	» orge.
Loffre...........	25	15	»	10	» œillette.
Waziers..........	50	35	»	15	pommes de terre, haricots
Sin............	200	120	»	80	» avoine.
Roost-Wareedin....	150	90	»	60	lin, avoine.
Nomain	100	25	»	75	» pommes de terre.
Féchain..........	45	16	»	29	» avoine.
Marchiennes	280	150	»	130	blé.
Somain...........	320	150	»	170	lin, œillette.
Raches...........	200	150	»	»	avoine, pomme de terre.
Orchies	40	20	»	20	fève, chicorée.
A reporter	6536	3631	»	2905	

NOMS DES COMMUNES.	Hectares ensemencés en 1875	Hectares ensemencés en 1876	En plus pour 1876.	En moins pour 1876.	REMPLACÉ PAR
Report......	6536	3631	»	2905	
Wandignies........	120	70	»	50	chanvre, avoine.
Villers-au-Tertre....	90	60	»	30	lin, œillette.
Guesnain..........	45	30	»	15	œillette, pommes de terre
Pecquencourt.......	290.	190	»	100	» »
Monchecourt.......	132	88	»	44	lin, œillette.
Erre..............	75	50	»	25	avoine, œillette.
Ecaillon..........	100	30	»	70	» orge.
Masny	200	130	»	70	» lin.
Courchelette.......	23	14	»	9	
Anhiers..........	45	35	»	10	
Montigny.........	225	120	»	105	
Esquerchin	115	46	»	69	escourgeon, œillette.
Fressain....	139	118	»	21	avoine, œillette.
Marchiennes	75	54	»	21	avoine, fèves.
TOTAL......	8210	4666	»	3544	

ARRONDISSEMENT D'HAZEBROUCK.

NOMS DES COMMUNES.	Hectares ensemencés en 1875	Hectares ensemencés en 1876	En plus pour 1876.	En moins pour 1876.	REMPLACÉ PAR
Morbecque.	50	»	»	50	haricots, fèves.
Boeseghem	60	10	»	50	œillettes, colza.
Estaires..........	35	15	»	20	fèves, pois.
Hazebrouck........	54	»	»	54	blé, »
Zuytpeenne........	6	»	»	6	blé, »
St.-Jons-Cappel	21	23	»	»	
Ebblitghem........	25	16	»	9	fèves, pois.
Lynde	20	»	2	20	œillette, cameline.
Bavinchove	5	6	1	»	
Sercus	5	»	»	5	lin, fèves.
Oxélaere	9	10	1	»	
La Gorgue.......	85	50	»	35	lin, fèves.
Steenbecque.......	70	10	»	60	lin, œillettes.
Noordpeene........	7	3	»	4	avoine, fèves.
Blaringhem........	100	25	»	75	lin, œillettes.
Nieppe...........	70	26	»	44	haricots, pommes de terre
Renescure.........	100	65	»	35	fèves, lin.
Hondeghem........	2	»	»	2	» »
Staple............	7	3	»	4	millets.
Thienne.	75	30	»	45	pommes de terre, blé.
Houtkerque........	1	»	»	1	blé, avoine.
Merville..........	200	75	»	125	pommes de terre, fèves.
Haverskerque	30	15	»	15	blé, millet, haricots.
St.-Sylvestre-Cappel	38	»	»	38	
Vieux-Berquin	4	5	1	»	
Neuf-Berquin.......	10	15	»	»	
Total	1094	402	5	697	

NOMS DES COMMUNES.	Hectares ensemencés en 1875	1786	En plus pour 1876	En moins pour 1876	REMPLACÉ PAR
ARRONDISSEMENT DE VALENCIENNES.					
Anzin	48	45	»	3	blé.
Avesnes-le-Sec	150	125	»	25	œillette.
Abscon	160	75	»	85	avoine, orge, chicorée.
Bruay	170	160	»	10	» pommes de terre.
Bouchain	90	75	»	15	orge, avoine.
Château-l'Abbaye	21	17	»	4	avoir, pommes de terre.
Aulnoy	110	90	»	20	» etc.
Beuvrages	85	64	»	21	» »
Bellaing	42	27	»	15	lin, avoine.
Artres	208	184	»	24	blé, avoine.
Douchy	230	100	»	130	avoine, lin, œillette.
Crespin	100	80	»	20	» plantes médicales
Bruille-St-Amand	50	15	»	35	» orge, pom. de terre
Condé	98	60	»	38	»
Denain	226	191	»	35	blé de mars, orge.
Aubry	85	45	»	40	grande partie, par avoine
Saint-Amand	306	210	»	96	lin, avoine.
Vieux-Condé	113	59	»	54	partie avoine, part. seigle.
Saultain	200	130	»	70	»
Verchain-Maugré	218	145	»	73	avoi. blé de mars, œillet.
Vicq	100	80	»	20	» chicorée.
La Sentinelle	100	60	»	40	»
Thivencelles	50	30	»	20	» chicorée.
Wavrechain-s-Denain	100	70	»	30	»
Wavrechain-s.-Faulx	52	49	»	3	»
Estreux	140	100	»	40	» orge, fourrages.
Hergnies	80	55	»	25	»
Thiant	215	172	»	43	» orge de mars.
Marly	240	230	»	10	»
Fresnes	140	108	»	32	pom. de terre avoine.
Maulde	80	20	»	60	» »
Mortagne	9	4	»	5	blé.
Emerchicourt	104	80	»	24	orge, avoine.
Saint-Saulve	175	130	»	45	avoine, cameline, blé.
Hélesmes	150	100	»	50	lin de mai, avoine.
Rœulx	60	22	»	38	avoine, peu de blé mars.
Quiévrechain	52	40	»	12	chicorée, avoine.
Prouvy	100	90	»	10	orge, avoine.
A reporter	4657	3337	»	1320	

NOMS DES COMMUNES.	Hectares ensemencés en		En plus pour	En moins pour	REMPLACÉ PAR
	1875	1876	1876	1876	
Report....	4657	3337	»	1320	
Rouvignies.........	90	80	»	10	orge et avoine.
Rumegnies.........	90	70	»	20	»
Rombies...........	44	36	»	8	avoine.
Rosult...........	50	20	»	30	chanvre, lin, œillettes.
Haveluy..........	108	52	»	56	avoine, orge. lin.
Quarouble........	175	131	»	44	»
Thun.............	65	40	»	25	»
Wallers..........	400	250	»	150	» blé de mars.
Lieu-Saint-Amand...	95	65	»	30	»
Petite-Forêt.......	90	45	»	45	blé, avoine
Hasnon...........	80	50	»	30	»
Haspres	185	115	»	70	lin, avoine.
Préseau	90	60	»	30	» œillettes.
Raismes..........	89	58	»	31	céréales.
Flines-Mortagne....	140	90	»	50	avoine, pommes de terre.
Querenaing	60	60	»	»	» sarrazin.
Noyelle-sus-Selle....	90	80	»	10	»
Hérin............	120	90	»	30	œillette, avoine.
Lourches	50	24	»	26	avoine, orge.
Escautpont........	56	35	»	21	blé de mars, avoine.
Maing............	300	230	»	70	pommes de terres, avoine
Mastaing	100	80	»	20	avoine.
Nivelles	80	45	»	35	blé. avoine.
Hordain	100	70	»	30	chanvre.
Neuville-sur-l'Escaut	70	52	»	18	avoine, œillettes.
Millonfosse........	85	25	»	60	» orge.
Onnaing..........	186	206	20	»	» chanvre.
Odomez	25	21	»	4	»
Lecelle	300	200	»	100	chicorée, luzerne.
Escaudoin.........	290	260	»	30	avoine, pommes de terre.
Saint Aybert	50	32	»	18	cameline, œillette.
Sabourg..........	120	100	»	20	chicorée et plantes.
Sars-en-Rosière.....	40	8	»	32	blé, lin.
Wasnes-au-Bac	85	70	»	15	avoine, lin.
Brillon	40	20	»	20	escourgeons, œillettes.
Famars...........	85	68	»	17	avoine, luzerne.
Oisy.............	55	39	»	16	»
Valenciennes.......	256	197	»	59	»
Marquette.........	190	115	»	75	»
Trith-St-Léger......	190	130	»	60	avoine, orge.
A reporter....	9504	6756	20	2745	

NOMS DES COMMUNES.	Hectares ensemencés en		En plus pour 1876	En moins pour 1876	REMPLACÉ PAR
	1875	1876			
Report.....	9504	6766	20	2745	
Monchaux.........	88	51	»	37	orge, avoine.
Haulchain.........	150	100	»	50	blé, maïse, avoine.
Curgies..........	160	90	»	70	avoine, luzerne.
Raismes..........	41	30	»	15	féverolles, avoine.
Total.......	9943	7027	20	2917	

ARRONDISSEMENT DE CAMBRAI.

NOMS DES COMMUNES.	1875	1876	En plus pour 1876	En moins pour 1876	REMPLACÉ PAR
Romeries..........	118	126	8	»	
Sommaing.........	75	50	»	25	avoines orge.
Vendegies-sur-Ecaill.	94	76	»	18	céréales.
Vertain...........	100	90	»	15	avoine, pommes de terre
Viesly	200	160	»	40	œillettes, colza.
St-Waast	150	80	»	70	œillette, avoine.
Soulzoir..........	200	150	»	50	orge, »
St-Python	170	172	2	»	
Solesmes	290	220	»	70	œillette, avoine.
Haussy	300	225	»	75	avoine, fourrages.
Montrecourt	60	45	»	15	œillette, avoine.
Bermeräin.........	105	75	»	30	orge, œillette.
Beaurain	7	13	6	»	
Capelle	165	130	»	35	avoine, fèves.
Escarmin..........	95	70	»	25	plantes oléagineuses.
Briastre..........	128	100	»	28	œillette, orge.
Busigny	170	65	»	105	avoine »
Bazuel	120	60	»	60	œillette, colza.
Bethencourt........	105	70	»	35	» »
Bevillers	100	80	»	20	» orge.
Beaumont	40	10	»	30	» »
Paillencourt........	150	100	»	50	» avoine.
La Groise	12	4	»	8	» »
Cantaing..........	77	52	»	25	œillette, avoine.
Cagnoncles	125	68	»	57	» colza.
Bantignx..........	55	42	»	13	lin, avoine.
Bertry	38	12	»	26	avoine, œillette.
Avesnes-lez-Aubert .	154	109	»	45	» »
Aubencheul-au-Bac .	68	40	»	28	orge, avoine.
À reporter ..	3367	2594	16	993	

NOMS DES COMMUNES.	Hectares ensemencés en 1875	Hectares ensemencés en 1876	En plus pour 1876	En moins pour 1876	REMPLACÉ PAR
Report......	3367	2594	16	992	
Abancourt.........	66	44	»	22	œillette.
Cambrai	94	31	»	63	» colza.
Audencourt.	60	25	»	35	» orge.
Boussières.	100	90	»	10	» avoine.
Bantouzelle	95	70	»	25	» »
Beursies..........	120	80	»	40	blé, avoine.
Banteux..........	125	65	»	60	œillette, avoine.
Anneux	91	5	»	35	» »
Beauvois	75	50	»	25	» avoine.
Awsingt	100	50	»	50	» colza.
Biécourt	47	27	»	20	» »
Cateau..........	300	225	»	75	» »
Honnechy	68	40	»	28	blé, orge.
Esnes...........	280	200	»	80	œillette, avoine.
Quiévy	150	100	»	50	» »
Malincourt	100	40	»	60	» »
Haucourt.........	80	33	»	47	» »
Eswors	70	18	»	52	lin, colza.
Gonnelieu	60	40	»	20	œillette, orge.
Proville	180	60	»	70	œillette, colza.
Ramillies.........	59	24	»	35	avoine, orge.
Inchy...........	70	25	»	45	orge, avoine.
Escaudœuvres......	75	55	»	20	colza, œillette.
Fressies..........	46	15	»	21	lin, avoine.
Flesquières	140	94	»	46	œillette, chicorée.
Masnières	150	80	»	70	avoine.
Lesdain	125	90	»	35	œillette, orge.
Naves...........	80	60	»	20	» avoine.
Raillencourt	140	113	»	27	» orge.
Marcoing.........	120	115	»	105	» »
Cuvillers	42	31	»	11	lin, avoine.
Morenchies	18	9	»	9	œillette, colza.
Carnières.........	160	140	»	20	» »
Clary...........	100	42	»	58	» avoine.
Fontaine-au-Pire ...	120	80	»	40	» orge.
Caullery	34	13	»	21	» avoine.
Elincourt.........	80	45	»	35	» »
Ribécourt	80	50	»	30	» cameline.
Mazinghien........	100	90	»	10	avoine.
A reporter....	7417	5109	16	2528	

NOMS DES COMMUNES.	Hectares ensemencés. en 1875	Hectares ensemencés. en 1876	En plus pour 1876	En moins pour 1876	REMPLACÉ PAR
Report......	7417	5109	16	2528	
Cartenières	150	100	»	50	» œillette.
Hem-Lenglet.......	113	69	»	44	lin, »
Doignies	98	52	»	46	œillette.
Neuvilly ....,.....	245	200	»	45	» avoine.
Crèvecœur.........	600	400	»	200	» lin.
Montay	85	45	»	40	avoine, féverolles.
Pommereuil........	30	20	»	10	» blé.
Iwuy.............	200	160	»	40	œillette, orge.
Caudry...........	250	160	»	90	» avoine.
Maretz	120	60	1	60	avoine, œillette.
Estourmel.........	64	65	»	»	» »
Haynecourt........	110	57	»	53	orge , œillette,
Ligny.............	110	70	»	40	avoine, »
Cauroir	88	53	»	35	lin, »
Gouzeaucourt	200	80	»	120	fourrages, »
Neuville-Saint-Rémy	50	22	»	28	colza, »
Fontaine-Notre-Dame	145	85	»	60	» »
Mœuvres	170	106	»	64	lin, »
Ors...............	30	16	»	14	avoine, »
Dehéries	30	10	»	20	» »
Honnecourt........	325	220	»	105	féverolles. »
Forenville.........	45	15	»	30	chicorée, »
Rieux.............	200	140	»	60	avoine, »
Saint-Martin.......	101	76	»	25	avoine, luzerne.
Reumont..........	10	8	»	2	orge.
Wambaix..........	95	39	»	56	» avoine.
Sancourt	53	18	»	35	colza, œillette.
Tilloy.............	50	30	»	20	graines.
Rumilly	120	75	»	45	œillette.
Selvigny	80	45	»	35	» avoine.
Villers-Outreau.....	300	150	»	150	» fourrages.
Villers-Plouich	139	104	»	35	»
Saint-Benin........	65	40	»	25	» colza.
Saint-Aubert.......	180	85	»	95	» »
Villers-en-Cauchies..	160	120	»	40	» avoine.
Thun-Saint-Martin..	85	45	»	40	» colza.
Wallincourt........	40	40	»	»	» »
Villers-Guislain....	160	128	»	32	œillette.
St-Souplet.........	46	36	»	10	» blé de mars.
St-Hilaire..........	125	80	»	45	» orge.
A reporter ...	12684	8433	17	4472	

NOMS DES COMMUNES.	Hectares ensemencés en		En plus pour 1876	En moins pour 1376	REMPLACÉ PAR
	1875	1876			
Report......	12684	8433	17	4472	
Troisvilles........	130	60	»	70	œillette, avoine.
Thun-l'Evêque	125	92	»	33	» colza.
Séranvillers........	80	32	»	48	» orge.
Noyelles..........	2	1	»	1	fourrages.
Sailly...........	80	20	»	60	orge, œillettés.
Maurois..........	11	6	»	5	fourrages.
Catillon	63	57	»	6	avoine, œillettes.
Montigny.........	84	50	»	34	» »
Total	13363	8651	17	4729	

NOTA. — Aux réponses communes, on trouve les appréciations données sur les causes de la diminution de la culture de la betteraves. Toutes indiquent comme causes principales, les **bas prix offerts et l'hésitation que les fabricants de sucre mettent à s'engager dans de nouveaux marchés, la législation ne leur permettant plus d'établir des bases à l'avance.**

Avril 1877.

VŒU CONCERNANT L'INDUSTRIE SUCRIÈRE.

M. Desmyttère, au nom du 4º bureau, présente le rapport qui suit :

M. Macarez a déposé un vœu ainsi conçu :

« Au nom d'un grand nombre de cultivateurs, je viens prier le Conseil général de voter des remerciements à la Commission extra-parlementaire formée par les sénateurs et les députés pour la défense de la sucrerie indigène et de l'agriculture du Nord, dont les intérêts sont si intimement liés.

» La Commission extra-parlementaire, dont l'idée est due principalement à l'initiative des sénateurs et des députés du Nord, a fait faire un grand pas à la question sucrière, en l'élucidant et provoquant la réunion d'une nouvelle conférence internationale, qui, cette fois, a bien fait ressortir les tendances des pays contractants. Malheureusement, on est obligé de constater que les fonctionnaires chargés de la défense des intérêts français près de la Conférence, passent pour avoir été de tout temps les plus disposés à sacrifier les intérêts de la sucrerie indigène au monopole de la raffinerie, monopole qui, en affirmant de plus en plus sa puissance financière, lui permet d'aller dans les pays étrangers chercher, même à prix plus élevés, les matières premières que la France agricole produit en surabondance pour la consommation intérieure.

• Il est aussi à remarquer qu'à la Conférence internationale, les représentants de la Belgique, de la Hollande et de l'Angleterre étaient en relations constantes avec les délégués des industries dont ils avaient mission de débattre les intérêts et que rien n'était convenu ni décidé, sans qu'au préalable ils en eussent eu connaissance. Les représentants français, au contraire, n'ont voulu, en aucun cas, se mettre en rapport avec les délégués de la sucrerie indigène.

» Aussi, Messieurs, le projet sorti de cette réunion et qui n'a été connu en France que par les journaux étrangers, a-t-il soulevé une réprobation presque générale. S'il venait à être admis dans son entier par les Chambres, et sans que les articles qui semblent, aux yeux de beaucoup, renfermer des équivoques et devoir donner dans l'application, naissance à de fausses interprétations du texte fussent modifiés, il serait désastreux pour notre agriculture ; ce serait le dernier coup porté à notre population agricole, déjà si éprouvée, et dont le recensement qui a eu lieu cette année constate la diminution croissante.

» Il est facile de le démontrer :

» La rédaction de l'article 7, entre autres, du projet adopté par la Conférence, avait été proposée tout d'abord comme suit :

» Les sucres *de toute origine* importés de l'un des pays con-
» tractants dans un autre ne pourront y être assujettis à des

» droits de douane ou d'accise, supérieurs aux droits applicables
» aux produits similaires de fabrication nationale. »

« Le secret n'ayant pas été suffisamment gardé, les délégués
de la sucrerie indigène ont fait présenter des objections qui ont
été appuyées par nos sénateurs et députés. Pour paraître en
tenir compte, sans altérer le sens de l'article 7 projeté, on a
supprimé, dans la rédaction définitive les mots « *de toute origine ;* »
et, en effet, à première vue, l'article 7 ainsi modifié, semblait
devoir donner une légitime satisfaction.

» Ce n'était pourtant qu'une fausse apparence, car il paraît
que quelques jours après la séparation de la Conférence, au ministère, on déclarait aux délégués des raffineries de Nantes et de
Marseille, que l'article 7 ainsi modifié avait la même valeur
qu'auparavant, *et que la suppression des mots* **« de toute
origine »** *ne signifiait rien !...* c'est-à-dire, que la raffinerie
française pourrait continuer à aller chercher ses approvisonnements dans les pays où on accorde une prime à la sortie, pays
qui ont refusé de se faire représenter à la Conférence pour continuer librement ce système de primes, dans la mesure qu'ils juge-
ront convenable, afin d'assurer un écoulement plus ou moins
rapide, suivant les circonstances, aux produits de leur agriculture.

» Si le projet en question était admis sans modifications, il
suffirait pour se procurer à bon compte les sucres de la Russie,
de l'Autriche, de l'Allemagne, de les faire passer par un des
entrepôts des pays représentés à la Conférence, pour qu'ils pussent
entrer en France aux conditions énumérées dans l'article 7.

» Les pays contractants qui ne produisent pas assez de sucre
pour leur consommation intérieure, auraient tout intérêt à voir
établir cet état de choses qui, nécessairement, ferait passer sur
leurs marchés des sucres de toute origine, et assurerait à leur
commerce un trafic considérable.

» Mais, pour la France, où s'écoulerait alors le produit principal de son agriculture ? Comme cette annnée, les acheteurs étrangers auraient toutes raisons pour s'abstenir de fréquenter nos
marchés, et seuls, les raffineurs profiteraient de cette situation,
car chacun sait que nos voisins peuvent produire le sucre à bien
meilleur compte que nous, et que les primes ont été instituées
principalement pour compenser les frais de transports et autres
des marchandises exportées.

» Cette situation, si elle pouvait s'établir, serait sans doute favorable à la raffinerie, mais elle serait en même temps désastreuse pour l'agriculture comme pour la sucrerie, dont les intérêts sont inséparables, et il n'est pas possible que l'on puisse ne pas favoriser dans la plus large mesure, cette source si considérable de la fortune du pays.

» En conséquence, Messieurs, je propose au Conseil général d'accepter le vœu des cultivateurs en votant des remerciements aux Sénateurs et Députés du Nord qui tous, ont pris si chaleureusement l'initiative de la réunion extra-parlementaire ayant pour but la défense des intérêts des industries sucrière et agricole ;

« Et de les prier de vouloir bien continuer résolûment leur œuvre, en faisant ressortir, lors de la discussion de la convention adoptée par les délégués des puissances, combien notre agriculture, tout particulièrement, est intéressée dans la question, *et que c'est à ce point de vue principalement que doivent être traitées nos relations sucrières avec l'étranger.*

« Ils n'oublieront pas que si notre agriculture produit plus que ne réclament les besoins directs du pays, elle donne ainsi un aliment considérable à l'exportation, ce qui constitue un des principaux éléments de la richesse publique. Elle n'a fait, du reste, que suivre les encouragements qui lui étaient donnés de toutes parts et sous toutes les formes.

» Tout le monde sait, mais il est bon de le redire, que si, aux impôts écrasants qui pèsent déjà sur l'agriculture, viennent se joindre le désastreux effet d'une convention internationale traitée en dehors d'elle et contre elle, son avenir déjà si ébranlé, serait irrémédiablement perdu. »

Le 4ᵉ bureau, sans s'associer à certaines des considérations émises par l'auteur du vœu, vous propose de voter des remerciements aux Sénateurs et Députés du Nord, ainsi qu'aux Membres de la Commission qui ont bien voulu défendre, d'une manière si énergique, l'industrie sucrière.

— Conclusion adoptée.

Août 1878

VŒU. — INDUSTRIE SUCRIÈRE ET AGRICULTURE.

M. Macarez, (4° bureau), rapporteur :

I. — Au sujet de l'industrie sucrière, les Conseils d'arrondissement ont renouvelé, dans leur dernière session, les vœux déjà précédemment émis en faveur :

De l'exercice de la raffinerie,

De la réduction des impôts qui grèvent le sucre,

De l'établissement d'une législation stable,

Du dégrèvement des sucres employés au sucrage des vins et des mélasses entrant dans l'alimentation des bestiaux.

Le 4° bureau propose au Conseil de s'associer énergiquement aux vœux des Conseils d'arrondissement et aux réclamations de l'industrie sucrière, qui est unanime à voir dans le régime actuel des sucres, un obstacle au progrès, non seulement de la consommation, mais aussi de la production du sucre en France, et de dire :

Que le Conseil général du Nord, de plus en plus ému de la situation qui est faite à l'industrie sucrière, émet le vœu que la législation des sucres soit modifiée le plus tôt possible en vue :

1° De ne laisser subsister aucune prime ;

2° De réaliser une large réduction de l'impôt pour développer le consommation ;

3° Et d'accorder, aussitôt la rentrée des chambres, la franchise des droits ou tout au moins un large dégrèvement aux sucres et mélasses dénaturés, additionnés aux vendanges ou destinés à la fabrication des boissons fermentées et à l'alimentation du bétail.

M. le Préfet, est prié d'insister tout spécialement auprès des ministres compétents, pour qu'enfin les vœux du Conseil général du Nord et les réclamations des fabricants de sucre, représentés par les membres de leur Comité central, fussent pris en considération

Nul n'ignore qu'il y a urgence non seulement pour l'industrie sucrière, qui l'an dernier a été sauvée de la ruine par la richesse saccharine tout à fait exceptionnelle de la betterave, mais aussi par la culture et un grand nombre d'industries qui souffrent et parmi lesquelles on peut placer en premier lieu l'industrie houillère du Nord.

— Conclusions adoptées ; le vœu est émis.

Avril 1879.

VINAGE ET SUCRAGE DES VINS.

M. Macarez (4e bureau), rapporteur :

La Chambre des Députés a été saisie d'un projet de loi sur le vinage et le sucrage des vins, mais elle en a ajourné la discussion jusqu'après la session des Conseils généraux pour avoir leur avis.

M. le Préfet, dans son rapport, nous demande que cet avis soit favorable.

Certes, vous n'hésiterez pas, et c'est à l'unanimité que vous donnerez votre approbation à un projet de loi que vous réclamez depuis longtemps et qui enfin, donnera une première satisfaction à nos intérêts agricoles.

Actuellement, le vinage s'exerce ; c'est par fraude et au détriment du commerce honnête, ou bien dans les entrepôts et au moyen des alcools étrangers.

C'est grâce à des entraves de tous genres, résultant de l'application de notre législation, que les alcools étrangers sont préférés aux alcools de production française.

Il est inutile, Messieurs, de nous étendre longuement sur l'économie de ce projet ; vous entrevoyez trop bien les bons résultats qui peuvent en découler pour notre agriculture et notre industrie, et les considérants des vœux que vous avez antérieurement émis ont suffisamment démontré l'urgence du vote de a loi proposée au Parlement.

Nous ne pourrions, du reste, paraphraser ce qui a été dit à ce sujet, et par le Ministre et par l'honorable rapporteur du projet.

Néanmoins, il a semblé à votre 4ᵉ bureau qu'une lacune existait dans le projet de loi tel qu'il a été soumis aux Chambres.

L'art. 8 est ainsi conçu :

» Le droit sur les sucres employés au vinage des vins, à la » cuve avant fermentation, est réduit à 10 fr. par 100 kilo-» grammes. »

Nous pensons que cet article doit être complété, et qu'après les mots : *vinage des vins*, il doit être ajouté : *et à la fabrication de toutes les boissons fermentées.*

En effet, Messieurs, le vin n'est pas la seule boisson fermentée qui réclame, pour sa bonification et l'extension de ces principes hygiéniques, l'introduction du sucre dans sa préparation.

Certaines bières, par exemple, ne peuvent être fabriquées qu'avec une addition de sucre.

C'est ce qui se pratique en Allemagne et en Angleterre, où on peut à volonté employer le sucre, puisqu'aucun droit ne le frappe.

Avec notre législation actuelle, la fabrication de ces bières est impossible, car, outre les droits assez élevés que cette boisson a à supporter, elle aurait encore à comprendre, dans son prix de revient, les droits exorbitants qui frappent les sucres qu'elle pourrait employer et qui correspondent à plus de 400 p. % de leur valeur.

Nous cherchons partout des débouchés aux excédents des sucres que produit notre agriculture ; la facilité de les employer à la fabrication des boissons fermentées en général, en créerait un sérieux.

La brasserie anglaise employait en 1874, aussitôt après le dégrèvement des sucres, qui quelque temps après, étaient exonérés de tous droits, 68 millions de livres de sucre et plus de 100 millions en 1875.

Depuis, cette gradation dans l'emploi du sucre pour la fabrication de la bière, n'a fait que s'accroître.

On peut, par là, estimer ce qu'elle serait en France et quels revenus elle apporterait au Trésor, si le paragraphe qui vous est signalé était introduit dans l'art. 8.

Ce complément sera du reste, de toute justice, car si le vin est la boisson du midi, la bière est celle du Nord, et l'égalité devant la loi étant un des principes du Gouvernement, il ne pourra qu'approuver cette observation.

En conséquence, votre 4e bureau, vons prie de donner un appui énergique au projet de loi sur le vinage et le sucrage des vins, proposé par le Gouvernement, *avec, toutefois, modification de l'art. 8, comme il est dit plus haut.*

— Ces conclusions sont adoptées.

Avril 1880.

SURTAXE DES SUCRES.

III. — Le vœu suivant vous a été soumis dans une précédente séance :

« Considérant que la crise de l'industrie betteravière ne fait que s'accentuer ;

» Que l'effet du dégrèvement des sucres dont l'agriculture attendait un si grand soulagement et pour lequel elle était si reconnaissante envers le Gouvernement est complètement annulé par les primes d'exportation consenties aux producteurs étrangers par les Gouvernements voisins, primes qui ont ruiné notre exportation et favorisent une importation incroyable de sucres étrangers sur nos marchés ;

» Les soussignés prient le Conseil général de demander que la surtaxe insuffisante mise à l'importation des sucres étrangers en France soit élevée, de façon à compenser efficacement les primes d'importation de sucres venant de l'étranger. »

Pour développer l'importance de ce vœu nous ne vous referons pas un tableau de la malheureuse situation agricole de notre pays ; vous la connaissez, vous n'avez pas cessé de vous en préoccuper, et à chacune de vos sessions vous la remettez en relief.

Vous savez aussi que nos agriculteurs ne peuvent plus se passer de la culture de la betterave, c'est la seule plante industrielle qui leur reste ; malheureusement cette culture, comme vous l'avez déjà constaté, a cessé aussi de devenir rémunératrice ; le fabricant de sucre chassé des marchés étrangers, écrasé par les importations sur nos marchés intérieurs, ne peut plus payer à son prix la betterave ou matière première, parce que lui-même n'a que pertes et déboires dans sa fabrication.

Les chiffres suivants vous résumeront mieux la situation que je ne pourrais le faire, en vous en faisant connaître les causes alarmantes :

En 1875, la production sucrière de la France se chiffrait par 450 millions de kilos, elle est tombée depuis en-dessous de 300.

A cette époque, la France marchait haut la main en tête des pays producteurs ; aujourd'hui elle vient après l'Autriche, l'Allemagne et la Russie. Elle n'a plus derrière elle que la Belgique.

Dans ces autres pays, et depuis cette époque, la production s'est développée jusqu'à 186 p. %, chez nous elle a diminué de 18 %.

En même temps, l'exportation de ces mêmes pays étrangers s'est accrue pour les uns de 281 et pour les autres de 1.000 p. % ; nous avons vu se restreindre la nôtre de 50 p. % compris 33 % pour les raffinés, et tout indique que pour l'an prochain elle n'existera plus.

Enfin, des documents statistiques publiés par l'Administration des douanes, il résulte que, pour les trois premiers mois de cette année, l'Allemagne nous a envoyé 22.066 tonnes de sucre, et c'est son début, puisque c'est la première année qu'elle exporte chez nous.

L'Autriche avait commencé en 1880 par 10.000 tonnes, elle était au 30 mars à 16.149 tonnes.

En un mot, des pays producteurs d'Eurppe, il n'était entré pendant les trois premiers mois de 1879 que 1.420 tonnes ; pendant la période correspondante de 1880, cette importation atteignait 14.871 tonnes et, pour celle de cette présente année, le chiffre officiel est de 47.638 tonnes !

Et tout le monde sait qu'actuellement l'Allemagne crée de nouvelles usines et transforme son matériel, que sa culture augmente la superficie de ses terrains ensemencés en betteraves dans de fortes proportions, que des maisons d'exportation établissent de nouveaux comptoirs à Paris pour donner encore plus d'impulsion à cette fabuleuse croissance d'exportation.

Chez nous, toutes les Sociétés d'agriculture reconnaissent que nos ensemencements en betteraves, presque terminés en ce moment, ont diminué du 1/4 au 1/3 sur l'année dernière.

Voilà le tableau fidèle de la situation ; je dis fidèle car tous les chiffres sont tirés de publications officielles ; et de quoi cela résulte-t-il ? tout simplement de ce que chez nos voisins on s'arrange pour donner des primes aux sucres, de façon à faciliter leur exportation *et dans le seul but de favoriser les intérêts agricoles* ; et aussi parce que nos sucres, pour entrer dans ces pays, doivent supporter un droit de 30 à 33 francs, tandis que ceux des Allemands ne sont frappés chez nous que de 2 francs.

Comme le vœu le rappelle, l'agriculture attendait un grand soulagement du dégrèvement des sucres, c'est pour elle que le Gouvernement l'avait fait, les cultivateurs éclairés le savent, et en tiennent mémoire, mais la grande masse ne voit que les résultats et ils sont désastreux.

Les agriculteurs des pays betteraviers s'étaient presque désintéressés de la discussion des tarifs des douanes, lorsqu'ils ont connu le dégrèvement : Nous avons la betterave, disaient-ils, et quand la betterave va, tout va ; et voilà que leurs espérances s'évanouissent !

Il n'y a qu'un remède à ce regrettable état de choses, non la protection, on ne la demande pas, mais l'égalité dans les transactions.

Il faut absolument compenser l'effet des primes directes et indirectes par des droits équivalents, et s'entendre avec les pays intéressés comme nous à l'abolition de ces primes.

C'est notre agriculture qu'il faut voir avant tout, ne pas la perdre de vue, lui donner le moyen de lutter à armes égales. Elle ne demande que cela.

Pour ces motifs, votre 4e bureau vous prie d'appuyer énergiquement le vœu qui vous a été présenté.

— Le vœu est adopté.

Août 1880.

DÉGRÈVEMENT DES SUCRES EMPLOYÉS AU SUCRAGE DES VINS.

II. — Au début de la session, le vœu suivant a été soumis au Conseil :

« Les soussignés prient le Conseil général de vouloir bien donner son appui au rapport concernant le dégrèvement des sucres employés au sucrage des vins, bières, cidres, poirés et hydromels, déposé à la Chambre des Députés, par M. Fouquet, député, rapporteur de la Commission spéciale dont notre honorable collègue. M. Giroud, est le président. »

Après le large dégrèvement accordé aux sucres par la Chambre, et dont la contrée doit une reconnaissance toute particulière à nos députés du Nord, il semblait qu'on ne devait plus avoir rien à réclamer à ce sujet et que la culture allait enfin recevoir une première compensation.

Mais le premier moment passé, les fabricants de sucre ont dû penser à s'entendre avec la raffinerie ; la loi tout en abaissant le taux de l'impôt modifiait aussi les bases de sa perception.

C'est alors qu'ils se sont trouvés en face d'exigences les moins justifiables.

Ne pouvant plus comme jadis sous l'ancienne administration. et lorsqu'il s'est agi de l'exercice de la raffinerie voté par deux fois par les Chambres, faire considérer les décisions du Parlement comme lettres mortes, on a imaginé que c'était le fabricant de sucre et par conséquent le cultivateur, qui devait rembourser aux raffineurs le produit des fraudes exercées, et estimées par le Ministre lui-même à plus de douze millons.

Pour ce, les mandataires de la raffinerie prétendent imposer, pour l'achat des sucres buts, des marchés renfermant des conditions telles que, tout en paraissant payer un prix de ...... qui sera officiellement reconnu, il serait retenu au producteur sur sa facture de 4 à 5 fr. par 100 kilog., comparativement avec les prix anciens.

Il est indiscutable que ce sera encore le cultivateur qui subira cette retenue, car le prix de la betterave ne peut s'établir que suivant le prix réel du sucre.

C'est une fois de plus prouver que la force prime le droit, et le gouvernement verra, s'il n'y met ordre, que ce qu'il a fait si largement pour la culture et toute l'économie de ses prévisions, résultant du dégrèvement est mis à néant par le fait des détenteurs d'un monopole qui ne peut être modifié que par une loi.

Malheureusement, elles devront être subies, ces conditions, tant que la raffinerie restera maîtresse du marché français, et elle en restera maîtresse absolue, tant qu'une convention internationale n'aura été conclue.

Il faut donc que le fabricant de sucre, pour profiter du dégrèvement et en faire profiter le cultivateur, trouve un débouché autre aux excédants de la production sur les besoins de la consommation actuelle, l'exportation des sucres bruts qui donnait jadis un un frêt si recherché dans nos ports maritimes étant aujourd'hui réduite à néant.

C'est un de ces débouchés que ceux de nos députés qui ont déposé le vœu sur le dégrèvement des sucres employés au sucrage des vins, etc,, ont voulu créer. Par son rapport si clair et si explicite, l'honorable M. Fouquet prouve que ce débouché peut absorber des quantités considérables de sucre, et que la réduction de droits, loin d'obérer le Trésor, sera pour lui une nouvelle source de revenus.

En conséquence, le 4ᵉ bureau propose d'appuyer le vœu dont vous venez d'entendre la lecture.

— Le vœu est adopté.

Août 1881.

SURTAXE A L'IMPORTATIÒN DES SUCRES ÉTRANGERS.

V. — M. Macarez et plusieurs de nos collègues ont déposé le vœu suivant :

« Considérant que le vœu émis lors de la dernière session et concernant la surtaxe sur l'importation des sucres étrangers n'a pas encore obtenu de solution, les soussignés prient le Conseil général de vouloir bien le renouveler. »

La situation de l'industrie sucrière est rendue fort critique par l'importation, qui va toujours croissant, des sucres étrangers. Pour en donner une idée au Conseil général, il suffira de lui rappeler que l'importation des sucres étrangers, qui a été pendant les deux premiers mois de 1880, de 15 millions 1/2 de kilog. a été pendant la période correspondante de 1881 de 42 millions, soit 274 °/₀ d'augmentation.

Cette fâcheuse situation va empirer encore, car l'Allemagne crée de nouvelles usines, sa culture augmente dans des proportions considérables la superficie de ses terrains ensemencés en betteraves, et des maisons d'importation établissent de nouveaux comptoirs à Paris, pour développer encore cette fabuleuse importation, surtout en présence des primes de sortie accordées aux sucres étrangers.

Il est donc incontestable que les droits de douane qui protègent la fabrication indigène contre la concurrence de l'étranger sont insuffisants.

La Société des agriculteurs de France, les Chambres de commerce de la région ont demandé l'élévation des droits compensateurs.

Le 1ᵉʳ bureau propose au Conseil général de renouveler le vœu qu'il a émis dans ce sens lors de sa session dernière.

— Le vœu est renouvelé.

***

PROPOSITION DE LOI

Autorisant l'usage du sucre dénaturé pour le **sucrage des vins à la cuve,** *moyennant un droit de 10 fr. par 100 kil.* (Renvoyé à la Commission du vinage).

Présentée par MM. Desprez, Fanien, Bernard (Nord), Pierre Legrand (de Lille), Bouilliez-Bridou, Outters, Giroud, Marmottan, Franck Chauveau, le comte de Douville-Maillefeu, Georges Graux, Florent-Lefebvre, Ansart; Ribot, Fouquet, Villain, Trystram, Cirier, Masure, Carette, Bernot, Ringuet, Députés.

***

EXPOSÉ DES MOTIFS.

Messieurs,

Les conditions d'infériorité faites à la viticulture française par les conventions récemment conclues avec l'Espagne et l'Italie préoccupent à juste titre le Gouvernement et l'ont déterminé déposer, il y a quelques jours, sur le bureau de la Chambre, un projet de loi portant autorisation de verser de l'alcool sur les vins, moyennant un droit de 25 francs par hectolitre d'alcool pur en principal et décimes.

Sans discuter ici le projet du Gouvernement que la Chambre jugera, nous ne pouvons nous dispenser de regretter que M. le Ministre n'ait pas cru devoir y ajouter l'article que la Commission de 1879, dont notre honorable collègue, M. Escanyé, était le Rapporteur, avait adjoint au projet du Ministre d'alors et qui était ainsi conçu :

« Le droit des sucres employés au vinage des vins à la cuve avant la fermentation, est réduit à 10 francs par 100 kilogrammes.

« Un règlement d'administration publique déterminera les conditions de dénaturation et le mode de surveillance de la régie. »

Et il disait :

« La Commission a jugé qu'il y avait connexité entre les deux dégrèvements ; elle pense que le sort de l'un des dégrèvements est entièrement lié au sort de l'autre — les procédés sont différents, mais le résultat est complètement identique. — »

Cette proposition de loi sur le sucrage des vendanges ayant partagé en 1879 le sort du projet sur le vinage par l'alcool et ayant été rejeté par la Chambre, nous avons l'honneur de la renouveler ; aujourd'hui comme alors, elle nous a paru répondre à une véritable nécessité et présenter de grands avantages.

L'État ne saurait s'opposer à notre proposition en alléguant la question financière ; car, s'il l'alléguait, il nous serait facile de démontrer que l'adoption de notre proposition ne serait pas onéreuse au Trésor, et que les sucres employés au sucrage des vendanges n'empêcheraient nullement la consommation usuelle de ce produit de suivre son cours ascensionnel.

On ne pourrait davantage invoquer les arguments opposés en 1879 par les adversaires du sucrage à bon marché, qui affirmaient que le procédé était peu connu, et qu'il rencontrerait dans l'application de graves inconvénients.

Le sucrage a fait ses preuves ; il a répondu victorieusement à ceux qui doutaient de ses bienfaisants effets et, ainsi que nous le déclare M. le Ministre des Finances dans son exposé des motifs, malgré le prix élevé des droits sur le sucre, plus de deux millions d'hectolitres de vin ont été obtenus en 1881 par le sucrage du vin de 2ᵉ et de 3ᵉ cuvée.

Combien en aurait-on obtenu, si les droits sur le sucre employé au vinage et dénaturé avaient été réduits à 10 francs ?

Assurément, beaucoup plus !

Pourquoi entraver la diffusion d'un procédé qui donne satisfaction aux intérêts généraux du pays ? Et puisque l'on n'a pu trouver encore le moyen d'arrêter le phylloxera dans sa marche dévastatrice, pourquoi ne pas se servir dans la plus large mesure du remède qui en atténue les funestes conséquences ?

Nous devons aussi signaler, en terminant, les avantages que procurerait aux départements betteraviers l'abaissement des droits sur le sucre employé au sucrage des vins.

La fabrication du sucre en France, si on n'ouvrait à ses produits des débouchés à l'intérieur, succomberait bien vite sous la terrible concurrence des sucres allemands et autrichiens, favorisés à la sortie de leur pays par des primes dissimulées.

Ces nouveaux débouchés permettraient aux cultivateurs de la région du Nord de reprendre avec l'ardeur d'autrefois la culture de la betterave à laquelle leur prospérité est étroitement liée.

De quelque côté qu'on l'envisage, notre proposition nous paraît mériter d'être prise en considération, et, sans entrer dans de plus longs détails sur les avantages et les conditions de l'emploi du sucre pour augmenter la quantité comme la qualité des vins, nous avons l'honneur de présenter à la Chambre une proposition de loi ainsi conçue :

PROPOSITION DE LOI.

ARTICLE UNIQUE.

Les sucres employés au sucrage des vins avant la fermentation, sont passibles d'un droit de dix francs par cent kilogrammes, à condition qu'ils seront préalablement dénaturés soit dans les fabriques, soit dans les entrepôts.

Un règlement d'administration publique déterminera les conditions de dénaturation.

TABLE DES MATIÈRES.